U0350239

葡萄酒101夜

WINE 101 NIGHTS

袁晓斌◆著

中国出版集团 東方出版中心

说实话，到提笔为止，我还没见过我为之写序的人。

但我们确实也不陌生。应该说，我们是那种熟悉的陌生人。算是网友吗？两个中年男人，我们在葡萄酒社交应用 Dr. Wine 里最初相识、互动，又经过共同朋友的介绍，加了微信，互相开放了朋友圈。

我没有刻意去观察他，一年多来，也算基本了解了他的价值观、性格、喜好。通过有限的几次互动，发现彼此都是热情的人，有大致类似的爱好，朋友圈还有些重叠。我们还有一个共同点，就是“当真”，我们把一切当真。从前，网友只是小孩子们玩的把戏，如今，我们朋友中的很多都成了神交——网上认识，并主要在网上交往。

据说，晓斌是一个珠海的本土音乐人，喜欢葡萄酒，也喜欢交朋友。我们几个伙伴，在尝试 Dr. Wine 葡萄酒社交应用的创业时，晓斌是最早加入的用户。我们此前并不相识，但他很快成为种子和天使用户，就是特别积极认真投入应用使用的那种重度用户，这是应用开发者最喜欢的用户，好比是——真正意义上的“亲——”（拖长音来表达感激之心）。

由于是第一次转型移动应用的开发，没有成熟的技术背景，一开始选择了外包，我们的应用并不是那么好用。但像晓斌一样，一边抱怨提意见、一边坚持使用的，还是有不少用户。这些人，后来都基本成了朋友。晓斌是这些朋友中很特别的一位，比较懂葡萄酒，属于那种级别比较高的发烧友，Dr. Wine所谓扫描识酒的工具对这种用户其实帮助意义不大。但他很快掌握了应用中的"笔记"功能，就是发文字发图片记叙"酒人酒事"的功能。而且他不是随意发发，一开始就搭了大框架的"晓斌闲聊葡萄酒101夜"，并第一夜、第二夜地连续发了下去，一发就不可收拾。

这就是今天我们要赞赏的晓斌的《葡萄酒101夜》。当时，我很认真地阅读了每一夜的故事，并且基本都转发到微博、微信的朋友圈。这也是鼓励我们创业的精神补品。可能很多专业葡萄酒人士，看不上这样的认识和文字，但对于我这样的半吊子，以及比我发烧程度更低的小白，我以为是非常好的入门普及。这些文章非常轻松，涉及面广，历史、文化、诗歌、音乐、宗教混杂在里面，不会觉得闷。也许他本身有足够深的热爱，也有文史艺术的积累，还是个老师，所以信手拈来，写得顺畅，读者也读得轻松。

我是个葡萄酒的伪发烧友，但也看了不少葡萄酒的书。一开始，就觉得晓斌这个风格隐约接近法国媒体人、葡萄酒爱好者贝尔纳·皮沃那本流传甚广的《恋酒事典》。可能中国喜欢葡萄酒的，一大半读过这本书。

我后来推波助澜所做的，就是在与他建立微信关系后，提议他坚持写下去，最终成为一本书——而且我可以协助他完成出版方面资源的协调。那时，我参与的赞赏社交出版创业项目还在摸索，没有明确走到今天聚焦社交出版的模式。但由于我长久以来，是个书籍的重度发烧友，自己已经帮助不少朋友完成了出书的心愿，我相信只要他坚持累积内容，质量过关，我一定有办法帮他把书做出来。

不知道这个目标是否吸引到他，使他本来可以拖拉的事情有了某个明确的目标，总之，我看着101篇文章以惊人的速度完成了，简直不敢相信。一念既出，万山难阻。拿到书稿之后，我从头到尾又认真看了一遍，可以自信地说，即使存在着一些瑕疵，即使还未必正规专业，但与市场上绝大多数的葡萄酒图书相比，这本书毫不逊色。就我个人而言，非常喜欢。我喜欢真挚与自然，更甚于深度与技巧。而事实上，他并非没有深度和技巧。尽管我常去香港、台湾搜罗葡萄酒书籍，但真正被一本葡萄酒书打动，这还是第一次。

“如果你不懂葡萄酒，请翻开这本书；如果你懂葡萄酒，也来翻开这本书。这本书关于葡萄酒，关于寻欢作乐，更关于友谊，关于爱情。这分明是酒话连篇，但是真诚、动心。”

这是晓斌书开头的几句话，有点古典歌剧开幕唱白的感觉，我就很喜欢。

我最反感的，就是用所谓的专业语言，说着自己都不明白的话去评酒，什么“凡尔赛宫沙发坐垫般的丝滑感和18世纪香榭丽大道落叶和泥土混合的味道”，放他妈狗屁！好多人都被这些话吓跑了，以为喝葡萄酒全部是这样的疯子、装逼犯。就像那些所谓汽车专业媒体记者写的试车报告一样，通篇没有几句人话。晓斌用菜鸟也看得懂的文字、故事和情绪去说葡萄酒，比如关于著名的1855法国葡萄酒分级，晓斌比喻的是王爷分封；比如他用金陵十二钗比较葡萄品种；比如他讲述美国酒盲品打败法国酒，是个“弑父的故事”；他甚至给长相思这个品种专门颂了一首诗；他回忆遭遇车祸的初恋女友和1989年的巴塔叶葡萄酒，因为相识就在那一年；他写日本葡萄酒和《神之水滴》，嬉笑怒骂，痛快利落，是我看过最好玩的版本。

> **“如果我有片葡萄园/我会和你在清晨里漫步/看阳光洒在你的脸上/那时候你是世上最美的女子/我就是那幸福的男人**
>
> **如果我有片葡萄园/我摘一串葡萄给你看/微笑挂在你的嘴角/那时候那是世界上最美的笑/我就是那最幸福的男人”**

这是书中写给我也认识的一对喜欢葡萄酒夫妻的小诗，简单真挚，我也很喜欢。

对即将出版的这些内容，我比晓斌更有信心。这有可能成为中国葡萄酒普及教育中，非常重要的一本小书。我并不夸张，因为看过太多所谓专业人士的写作。他会让无数葡萄酒小白因此走上发烧的道路，也会让更多喜欢葡萄酒的人鼓足勇气，探索更美妙的新世界。你赞赏这本书，也可以通过这本书，试试你有没有办法抵御葡萄酒、抵御晓斌《葡萄酒101夜》的诱惑。

说说晓斌这个人吧。出生于江西宜春的袁晓斌，父亲是当地采茶戏的男一号。农闲时节，看父亲在舞台上表演，那盏照明的汽灯，也启发了他最早的音乐梦想。

我看过一篇关于晓斌的报道，讲述小学五年级时，遇到了一位普通乡村教师，从野孩子变成音乐信徒的故事。潘老师夸奖晓斌的音色，从此指导这个农村孩子练歌，也让这个孩子爱上音乐，有了信心。有一次因天色已晚，袁晓斌就宿在了潘老师家。在老师家吃完面之后，袁晓斌便准备睡觉，然而老师的一句话让他羞愧难当。老师说："你不刷牙的吗?"那时的袁晓斌面红耳赤，在潘老师的指导下他开始了人生第一次刷牙。一个人对另一个人，也许是无意的认可和改变，也许可以改变这个人的一生(这也许就是赞赏的意义)。

21世纪初，他来到珠海，短暂的教师工作后，创办了自己的琴行、音乐中心和工作室。他一直认为，音乐教育和培训的目的不是培养大师，而是让更多的人懂得音乐的美好，因为世上很少有像音乐一样的东西，能够让人如此简单、如此快乐。

呵呵，如果还有一样，那就是葡萄酒。抛去广东音乐家协会会员、珠海音乐家协会理事等名头，晓斌对自己的定位是音乐制作人、音乐教育者、服务商，现在，还有一个标签，就是葡萄酒发烧友。他有音乐，有葡萄酒，这样丰富又简单的人生，着实让人羡慕，由衷为他高兴。

我一直认为，出书不是什么特别困难的事情。但就晓斌出书这件事情，一方面，我非常希望看到朋友的努力有某种形式的结果，我也非常享受朋友们心愿达成的那种快乐，有时甚至比他们本人还要快乐；另一方面，坦诚地说，我还是有私心的，推动晓斌出书成功，至少给如此支持我们 Dr. Wine 的种子用户某种回报。否则，怎么过意得去？也希望晓斌开一个头，更多的葡萄酒发烧友能够从 Dr. Wine 起步码字，通过赞赏成书，让越来越多的人能够为葡萄酒发烧。

事实上，晓斌是我们计划的一个先行者。受到晓斌的启发，Dr. Wine 联合部分葡萄酒媒体和教育机构，以及葡萄酒专业及发烧群体，正在发起"葡萄酒发烧"赞赏文库计划。希望借助赞赏"人人都能赞赏成书"的平台机制，实现更多的人写作和翻译葡萄酒书籍，也能让更多的人为葡萄酒发烧。这也算是在中国葡萄酒文化兴起的大潮下，能够做的一点点小事，快乐而自然的小事。

希望更多的人，能够像晓斌一样，写出自己葡萄酒发烧的文字来。

黄　维

2014年12月8日

（黄维，天使投资人，合鲸资本合伙人，参与创办《新闻晨报》，创办《每日经济新闻》、《橄榄餐厅评论》和《橄榄美酒评论》，创办巨流无线，投资社交协作软件明道、移动视频一条、葡萄酒社交应用Dr. Wine和社交出版平台赞赏等。）

写《葡萄酒101夜》这样一本书，对许多专业人士来讲，技术深度有待商榷，其中有些描述更是需要推敲，但对于一个业余爱好者，从饮者的角度阐述对葡萄酒的认识与感受，则是全新的视角，是一个以快乐生活为出发点的音乐人的心路历程，这里无须探讨对与错，只需用心感受生活的魅力，足矣。

初识袁晓斌老师是在一个朋友聚会的酒局上，那个时候的袁老师是个不折不扣的中国白酒的粉丝。按照他的说法就是，中国白酒历史悠久、博大精深，岂是葡萄酒可比？这样一个顽石音乐人是如何嬗变成一个葡萄酒的终极爱好者的呢？

记得那晚的三支酒是：一支智利名酒2008年的活灵魂，一支2005年意大利的布鲁奈罗，一支2009年的新西兰Craggy Raggy酒庄的梅洛。三瓶酒分别由不同的葡萄品种酿制，风格迥异的同时确实各自特色鲜明，把这样完全不同的酒放在一起品尝是很容易感受到葡萄酒的多样性的，一个长期被中国白酒浸淫、被长城干红浸泡的音乐人这时候非常诧异，原来葡萄酒是这样的味道，这是怎么回事呢？品味着品味着，随着酒会的进行，一种从未有过的感觉与晓斌老师几十年积累下来的音乐素养找到了共鸣，这时候的晓斌老师意气风发，他分别用三首歌曲来表现三瓶酒带给他的感受。以下是我按照他当日的描述整理出来的：第一瓶来自智利的活灵魂，简单，清新，似乎能闻到乡野青草的气息，让人想起乡间那些简单的爱情，和物质无关，和地位无关，仅仅是简单的爱和轰轰烈烈的投入。用一首《在那遥远的地方》来附和，歌里那些简单纯净的爱情，何尝不是如同这酒一样简单和令人怀念？第二瓶来自意大利的布鲁奈罗，有着辛香的气息，些许辣味的刺激感，伴着野蛮的气息，酒体厚重饱满。用一首《美丽的西班牙女郎》最应景，奔放、热烈和让你难以适应的疯狂，往往让你手忙脚乱，惊慌失措。第三瓶来自新西兰的梅洛，气息丰富，优雅多变，层次分明，使我想起那些性格神秘的女孩。你永远不知道她在想什么，当你在夜里醒来时，你发现她可能正在倚窗沉思，甚至突然有一天，就消失在你的生活里。你始终不知道她离去的原因，你会觉得她难以琢磨。就好像这酒，你是那么喜欢，细腻、优雅，变幻无穷，你如此爱她，可却难以了解她。汪峰那首《你是我心爱的姑娘》，那个消失的女孩，就如同这酒。

在这样一个夜晚，晓斌从葡萄酒中寻找到生活的本质，只是一瞬间，领悟了音乐与葡萄酒的共通之处。雨果说：音乐、葡萄酒、女人是上帝带给人类的三件礼物。在那个夜晚，有这样一扇门为某个人打开了。

对于这本书，我的理解就是，这是一个音乐雅皮士的浅吟低唱，有哭、有笑、有朋友，更有音乐，当然少不了音乐人的风月。

徐　均

2014年3月5日

（徐均，深圳伟邦投资管理有限公司董事长，英属持久投资有限公司中国区首席代表，珠海金伯利葡萄酒公司董事长，Dr. Wine天使投资人。）

目录 DIRECTORY

第1夜
我为什么迷上葡萄酒

好吧，我来坦白吧！

我是农民的儿子，那片土地给我的烙印不变。我热爱土地，热爱土地上的农作物，以及农作物加工出来的食物和饮料。从某种意义上来讲，葡萄酒就是农产品，上千年来，欧洲的农民在葡萄园和酿酒间里，用时间和智慧，用祖祖辈辈的传统，维护自家葡萄酒的风格，保持农作物的天性，吸天地之精华，应自然之法则。

很长一段时间，饮料的不安全，饮用水的不洁，曾经让我对液状物有一种恐惧感。我们曾经多么放心畅饮，但是×牛欺骗了我们，××山泉忽悠了我们，白酒的塑化剂实验了我们，我还能喝什么？直到有一天我了解了葡萄酒，在葡萄园亲眼看见了人们的劳动，了解了葡萄酒的历史。我才发现，原来葡萄酒其实就是欧洲的饮料。感谢生命让我在旅途中遇见了葡萄酒。

我打小就参与劳作。作为来源于农业的高级别产品，葡萄酒所呈现出来的丰富，确实让我着迷。葡萄酒的法律界定是：没有添加任何物质的葡萄汁发酵形成的，含有酒精浓度的饮用液体。我们常常在其中闻到丰富多彩的气味，常常有小伙伴问我，添加了蜂蜜吗？添加了咖啡吗？添加了辣椒水吗？……我告诉你，没有！欧洲对葡萄酒的保护和法律界定十分严格，如果生产者欺瞒消费者，一定会带来严重的后果，倾家荡产是常有的事情。葡萄酒的气息那样迷人，小伙伴们，让我们一起来在杯中感受花园、菜地、果园和大自然吧，神奇的葡萄酒！

再怎么样，我们也是念过些书的人吧。读书人对历史有出奇的好感，呵呵。葡萄园的历史和家族的荣耀，赋予了葡萄酒悠久和深远。

当追溯那些葡萄酒庄的历史，我们常常穿越长长的时光隧道：我们看到拿破仑的军队在向勃艮第庄园敬礼；我们看到公爵夫人指挥长长的酒船队，开往远方；我看到了贝多芬、肖邦、勃拉姆斯在酒中的乐思；我们甚至看到牧师带着葡萄苗和《圣经》，奔向遥远的蛮荒之地。葡萄酒的历史，交融着人类文明的风水。

我从世界各地收藏来的葡萄酒，静静地躺在我书房的酒柜里，和我整墙的书和CD一起，陪伴我度过人生最美的夜晚。我亲爱的兄弟姐妹们，来，干杯！享受我们短暂的生命吧。让我在以后的深夜，和着音乐，随着酒香，一起开启一段美妙的葡萄酒之旅。

第2夜
寻找杯中的挚爱

首先，我们要颠覆对葡萄酒的偏见。其次不要让国产葡萄酒毁掉你对葡萄酒的美好印象。

在很长一段时间，大家都认为葡萄酒是种昂贵的饮料。其实不然。这么说吧，在法国，普通酒庄酿造的葡萄酒，成本甚至低到几欧元，折合人民币就是30元左右。哪怕是那些名庄的葡萄酒的成本也就40欧元。我们常常听到天文数字的葡萄酒，那是炒作，或是物以稀为贵。中国“土豪”们把葡萄酒妖魔化了。常常有旅居美洲和欧洲的朋友回来说，国外超市里的葡萄酒便宜得一塌糊涂。没错，这是真的。葡萄酒作为一种普通“农副产品”，能贵到哪儿去？大家放心吧，喝葡萄酒不会把你喝穷！

在我看来，我们饮用的葡萄酒，一种是就餐时使用的餐酒，另一种就是专门用来品鉴的葡萄酒。餐酒，就是我们去超市，陈列货架上那些100元左右的葡萄酒，用来我们聚餐时，合着鸡鸭鱼肉、大蒜辣椒一起饮用。那些品质高些的酒，就是闻闻和浅浅品尝，就让人梦牵魂萦，是专门用来品鉴的，而不是出现在饭桌上配餐饮用的，食品和菜肴是完全为酒服务的。

面对超市数以千计的葡萄酒，我们怎么选择！标准在哪儿？当然，价格是个标准。越贵越好。但是，懂酒的人，通常能用平实的价格，买到美妙的好酒。呵呵呵！

找酒，就好像寻找你的挚爱，不能光看对方有没有车子和房子。潜力股是需要眼光的，你有这个眼光吗？

全世界的酒庄数以万计。仅仅法国一个波尔多地区，酒庄就有接近7 000家。真是梦里寻她千百度，伊人却在灯火阑珊处。

说到菜鸟学酒，我们必须谈三个界定，逐渐缩小菜鸟的选择范围。

一、葡萄酒产地分旧世界和新世界两大阵营。旧世界的葡萄酒主要集中在欧洲的法国、意大利、西班牙、葡萄牙、德国。其他那些通过远洋、发现新大陆、殖民战争进行西方文化渗透的国家，就是新世界。这样看来，美国、澳大利亚的酒一下就被踢出去了。为什么？因为新世界的葡萄酒都是向老大学习的。欧罗巴文化的精髓就是传统、经典。因此，作为菜鸟，我们必须认祖归宗，前往欧洲，找到你心中的酒。

二、当我们把目光锁定欧洲时，别以为这下简单了，其中还有很多诀窍。这么说吧，意大利算是葡萄酒祖宗那一辈，但是，当今世界，最好的葡萄酒在法国。当教皇带着《圣经》和葡萄苗前往法国时，就意味着法国葡萄酒的伟大时代开始了。德国地势偏北，白葡萄酒是他的强项。西班牙在过去几百年时间里，战乱纷争，农业几乎处于瘫痪状态，葡萄酒就更是惨不忍睹了。葡萄牙自从18世纪失去了强者地位后，凡事都不愿出头了。在旧世界，虽然德国、意大利和法国都制定了葡萄酒的等级标准。但是，法国的标准做得更为精细，法律更加严明，让生产者更加谨慎。标准精细到什么程度呢？就是一个稍微懂酒的人，就能从酒标上判断出酒的价格。因此，作为学习者，先拿下法国葡萄酒，才能找到放诸欧洲的标准！意大利、德国有好多好酒，我们回头再来说！

三、好了，范围缩小了，终于来到法国了。

那就让我们从波尔多开始，这个位于巴黎西南方，靠近大西洋的地区，一条名叫吉伦特(Gironde)的大河，向西流入大西洋，左岸和右岸密密麻麻，都是酒庄和葡萄园。左岸右岸，这个被中国西餐厅用烂了的名字，大名鼎鼎的拉菲葡萄酒庄(Chateau Lafite Rothschild)和木桐酒庄(Chateau Mouton Rothschild)就来自左岸，当然还有王室珍藏的柏翠斯美酒庄(Chateau Petrus)就在右岸。

好吧，目光锁定波尔多。让我们就从波尔多开始我们的葡萄酒之旅。

Let's go！小伙伴们！

第3夜
61名王爷的故事

1855年,世界工农业和艺术博览会在法国召开,就是相当于现在的世博会。史上第一届世博会是1851年英国伦敦的万国工业产品博览会,由于种种原因,法国的葡萄酒没能在英国展出。在本届博览会上,法国人摩拳擦掌,立志要让全世界的人知道,好酒在法国。当时执政的拿破仑三世指示农业大臣选出美酒参加博览会,为国争光!

奉天承运,皇帝诏曰:尔等即刻办理,在全法甄选出数十家优质酒庄,参加本次大会,扬我法兰西国威,不得有误。钦此!

大臣组织了一个由贵族和品酒专家组成的评委团。当时法国境内只有波尔多的酒庄最为集中,产量最为大,是法国葡萄酒出口的重镇。于是,专家们决定在波尔多选出代表法国的优质葡萄酒。经过专家们夜以继日的花天酒地,他们终于向皇帝提交了一个包含60家酒庄的伟大名单。这就是后来160多年称霸世界酒坛的王爷名单。因为这60家酒庄,都以Chateau做名头。Chateau就是城堡的意思。在西方拥有城堡都是贵族。还有个佳的美酒庄(Chateau Cantemerle)是世博会结束后加进去的,总共61家庄。

这61家酒庄,被评为法国伟大的酒,Grand Cru,行话叫列级酒。如果你家的法国葡萄酒瓶子上有Grand Cru Classe 1855,请善待它。

这61家酒庄,在此后的160年的时间,几乎没有变化。波尔多其他的数千家酒庄,只有在酒后骂骂娘拉倒。1973年,二级的木桐庄,在时任法国农业部长希拉克的主持下,升到一级。其他一概不变。这样一级庄,就有五家。这五家酒庄的酒,喝它不容易啊。任何一瓶,国内售价不会低于5 000元。但是其他四个级别,倒是经常喝到。61家,随后,我一一说来。61家列级酒庄,分成五级。一级庄有五个庄。第一家:拉菲庄,我就不说了,说她我觉得我俗,当然你送我,我不俗,前提是真拉菲;第二家:拉图庄(Chateau Latour),唯一一个在葡萄园保留中世纪塔台的酒庄,森严,如同她的酒;第三家:玛歌庄(Chateau Margaux),玛歌庄的酒以温顺著称。胡锦涛访问法国时,曾专门拜访过玛歌庄;第四家:奥比安庄(Chateau Haut-Brion),波尔多第一家，甚至全法第一家在酒瓶上注明生产人和生产园的庄园，开启法国农民葡萄酒品牌的庄园；第五家，就是不屈不挠地奋斗130年终于转正的庄园——木桐酒庄(Chateau Moutou)，港人翻译为武当酒庄。

这份61个酒庄一出炉，立马在全法引起轩然大波。村头李大嫂，村头王二麻子，隔壁陈家村，还有隔壁桃花县。意见多多。但是专家就是专家，皇帝就是皇帝，你们继续吵吧，博览会上，61家代表法国的葡萄酒，闪亮登场。"远方的客人请你留下来，留下来，法国美酒让你美哎！"

为了安抚那些嘈嘈嚷嚷的酒庄老板。后来又出台了一个中级酒庄标准(Cru Bourgeois)。但是这个标准可有麻烦，每过几年会重新考核审查，一会儿颁给你，一会儿又吊销你。

因此，法国干脆做了个兜底的标准，就是法定产区。这就是传说中的AOC。AOC，全称：Appellation d'Origine Controlee，在酒标上显示的是全名Appellation＋Origine(产区名)＋Controlee，重要是看中间的产地。在酒标的正面中间下面位置，有这么一行字。取前面首个字母，就是AOC。中间就是产地，产地越小，说明酒越好。

AOC的意思，就是法定产区。什么叫法定产区。就是该葡萄园的面积，葡萄树数量，每年产量，都在政府那里备案。例如，你拥有一个酒庄——袁公堡庄园，年产3 000瓶，你今年卖了4 000瓶，你就等着法院找你麻烦吧。话说回来，法国酒庄自己一般不卖酒，酒庄只生产酒，卖酒是酒商的事，就好像咱们镇上收红薯的，农民不管城里红薯卖多少钱，只管镇上收红薯多少钱。在政府那里备案，对消费者来说就是一种保障，也是法国葡萄酒名誉树立的保证。AOC成就了法国葡萄酒，伟大的法兰西。

如果还不明白，这样说吧，AOC就相当于我们的科级干部，在组织部备案的。叫他一声领导，那是杠杠的。还有些干部，就是股级干部，组织部不备案，就是委任你个办公室主任，其实就是逗你玩的。法国葡萄酒也有股级干部，就是他们，看清啰！

当然除了AOC之外，法国还有这个档次之下的葡萄酒，那就是VDP、VDT，你们家酒柜说不定就有。我就曾经拥有数瓶，每天还喜滋滋地看着，舍不得喝，其实全是餐酒。仔细看看你的酒柜，看见正面有这几行字的，立马拿出去和兄弟吃个夜宵，干掉，然后说：兄弟，好久不见，我带了法国葡萄酒与你分享。

看清了，小伙伴们，Vin de pay，Vin de table 这些在 AOC 之下的葡萄酒，由于政府监管力度比较小，所以品质都是一般，价格也便宜。

说到这儿，你们该明白了，小伙伴们。

来吧，开动！把家里的酒翻出来，读酒标吧！

第4夜
金陵十二钗的葡萄酒情缘

世间各位男子，你们都看过《红楼梦》吧？如果我问你，你怎么看大观园里那些女人。如果你流着口水说："美女啊！都是美女啊！"我只能说，你是一个农民！我唾弃你！如果你告诉我，你喜欢林妹妹的清婉，喜欢宝姑娘的爽朗大气。我只能说：哥们你有品位。如果你说：听我慢慢讲来，她们都是我喜欢的女子，先说黛玉吧……此处省略 1 000 字。此时，我只能顶礼膜拜，曰：兄台受小弟一拜。执手相看泪眼，知音啊！

这世间的葡萄何尝不像这世间女人。泰戈尔说过，世界上，适合做你太太的女人有五万个，但是你未必每个都去爱一次。这世界上的葡萄有上万种，有名的，无名的，可以酿酒的，可以食用的。但是有名有姓的葡萄至少有1 000多种，能够用来酿造明星葡萄酒的也就只有 50 多种，你倒是可以一一品尝。就如同这大观园中，上百号女子，个个生动活泼，娇人可爱。但是宝玉身边也只有常见的那十几位。

葡萄酒的迷人之处，就在于用不同的葡萄来酿制，不同性格的葡萄苗搭配不同的风土，产生不同的葡萄酒。所以，小伙伴们，别以为葡萄酒就是用一种葡萄酿出来，全世界各地，不同国家、不同地区酿造的葡萄酒都不一样，因为原材料不同，风土也不同。

就如同这金陵十二钗，寄托了曹公所有的幻想那样。我要引荐葡萄世界里十二位美女，穿越时空，和你来次约会。

1. 黑皮诺(Pinot Noir)VS 林黛玉

个小，皮薄，难以琢磨的成熟期。娇柔多情，才华横溢。实在惹人疼，惹人爱。倒入杯中，慢慢苏醒，香气四溢，花丛中嫣然一笑。就如同那林黛玉生性孤傲，多情柔美，说上一句："什么臭男人拿过的，我不要这东西！"也令我等世俗男子，无地自容。

2. 赤霞珠(Cabernet Sauvignou)VS 薛宝钗

赤霞珠，大家闺秀。宝姑娘，贾府上下，没有不喜欢的。大气，聪慧，容貌美丽，肌骨莹润，举止娴雅。她恪守封建妇德，而且城府颇深，能笼络人心，得到贾府上下的夸赞。赤霞珠就如同宝姑娘，四平八稳，口感饱满丰富，陈酒期相当长。具备齐家治国平天下的气魄。因此用来酿造的拉菲可以问鼎天下。

3. 西拉(Syrah)VS 王熙凤

说起凤姐，大家总会背上冒汗吧，反正我会。体格风骚。她精明强干。西拉就是如此，原产地法国南部隆河，倒也有好酒，只是不稳定，产量也不多，但是嫁入澳大利亚和新西兰后，却非常出色，强劲的酒体，丰富的气味，沉重的口感。这是让人感到泼辣和霸道的形象。用来佐餐湘菜和江西菜，倒是极佳。

4. 长相思(Sauvignou Blanc)VS 巧姐

巧姐因生在七月初七，刘姥姥给她取名为"巧姐"。巧姐从小生活优裕，是豪门千金。十二钗中，巧姐篇幅最少，我们只有在大厦倾覆的刹那，看见巧姐立于事外。长相思是一款简单的白葡萄酒，清爽的酸味，简单的香味，薄薄的酒体，让你想起巧姐美好的乡野时光。

5. 雷司令(Riesling)VS 秦可卿

《红楼梦》中的女性们，我最爱两人，可卿和晴雯。秦可卿长得袅娜纤巧，性格风流，行事又温柔和平，这非常像雷司令。风情万种，香气四溢，有着熟女的娇媚和内敛。也难怪宝玉梦于可卿。新西兰的雷司令如同风情万种的可卿，德国的无糖雷司令，更像可卿立于窗前，清新淡雅！

6. 霞多丽(Chardonnay)VS 史湘云

湘云出身豪门千金，寄居叔叔家。她心直口快，开朗豪爽，爱淘气，很懂的平衡，不学黛玉的叛逆，也不学宝姑娘的圆滑，只做一个平淡从容，真实可爱的女子。霞多丽何尝不是本真和可爱，深受知性女性的喜爱。

7. 梅洛(Merlot)VS 李纨

李纨，是中国传统女性的代表，女子无才便是德，她的时光就是在孩子们的女红里，在孩子们的功课里，在早春慵懒的曲廊里，消耗自己的青春。

梅洛就是这样一种葡萄,个大皮薄,口感富饶,真的好想躺在她的怀里,做个孩子,大口大口吸着她的奶水,哎呀,不正经啊。梅洛常常作为赤霞珠的搭配,就好像帮助赤霞珠处理所有麻烦事。波尔多的左岸葡萄酒,只要是赤霞珠酿制,都掺进4成以上的梅洛,去中和赤霞珠的坚强和霸道。

8. 琼瑶浆(Gewurztraminer)VS 妙玉

气质极好,诗书才华。但遁入空门。在红楼梦的回忆里,我始终不认为妙玉真的已经红尘缘尽,世俗远去,我总在幻想她青灰的道袍里面定有娇艳的底裙。就如同这琼瑶浆,冷眼的外表下,激情和热烈一直在奔放,冲撞着少女的心房,需要释放美好的青春。

9. 马尔白克(Malbec)VS 贾探春

贾探春精明能干,有心机,能决断,远嫁他乡。源自法国的马尔白克,粗糙,气息复杂。但是远嫁阿根廷的马尔白克,在门多萨的高原上,却酿出了精致,美妙的丝绸顺滑般的美酒。我想远嫁他乡的探春,一定可以忘记贾府的阴影,获得重生,用自己的智慧和能干,开拓一个家族新的未来。

10. 佳美(Gamay)VS 贾迎春

迎春姑娘算是一个最为随性的姑娘,贾府上下都认为她"二",但是这种清新之风何尝不让人感到生活的真实和美妙。博若莱(Beaujolais)的新酒是出了名的,每年11月第三个周四凌晨上市。全世界的人们等待法国来的新酒。这种用佳美葡萄酿造的葡萄酒,就如同迎春一样。清淡,柔和,易饮。任何一个葡萄酒爱好者,都能够宽容博若莱新酒的简单。就好像大观园的姑娘们都可以接受迎春的"二",一样简单。

11. 金粉黛(Zinfandel)VS 贾元春

之所以将金粉黛和元春放一起,原因主要是元春嫁入皇宫,自然是金粉世家了。金粉黛在美国是一款非常受欢迎的美酒。美国人口味重,金粉黛颜色迷人,酒精度高达17度,口感甜润,是美国人餐厅常选饮料。

12. 桑娇维赛(Sangioverse)VS 晴雯

各位看官,请接受这个没有惜春的版本,因为我实在不喜欢惜春的结局。对生活,对命运失去信心,遁入空门,可惜啊。还不如晴雯妹子,轰轰烈烈爱一场,痛痛快快死一场。我实在太喜欢这个角色。我儿时第一次为异性流泪,就是为了晴雯。那是一个暑期的午后,9岁的我在同学家里看电视连续剧《红楼梦》。场景是宝玉去探望被赶出贾府回到破落家的晴雯。那是一场残忍的哭戏啊。身为下贱，命比纸薄。我那是泪奔啊，那时我才发现，原来除了妈妈揍得我肉痛、号啕大哭以外，原来世界还有这种情愫可以让我泪奔。晴雯开启我的情商大门啊。桑娇维赛，意大利种植最广的品种。可口，活泼，多变，乡土气息极浓。这不就是晴雯吗？相对于法国那些高贵典雅的姑娘，桑娇维斯带着梅子味和辛辣味，矗立在地中海的海风里。真让人又爱又怜啊！

不容易啊。小伙伴们！总算把"十二钗"给你们找出来了！想办法去找来喝喝吧！

第5夜

弑父，巴黎的黑色星期一

1976年5月24日，星期一。巴黎。

一幕弑父的历史剧隆重上演。作为葡萄酒世界的法国和美国，就像一对父子。因为新世界的葡萄酒源于法国，从葡萄品种到酿酒技术。所以如果说法国是父亲，那么美国就是儿子，当然包括新世界的新西兰、澳大利亚、智利，都算儿子辈。弑父情结，在父子的关系里，是一种常见的心理现象。强壮彪悍的父亲，往往会激发年富力强儿子的弑父情结。众多的文学作品和现实案例，屡屡重演。16世纪，当移民新大陆的法国人在加利福尼亚栽下第一棵赤霞珠葡萄苗，就注定少年美利坚总有一天会回到欧洲老家，要回葡萄酒的权杖和荣耀。

如今，这一幕上演了。当老态龙钟的法国国王，看着少年美利坚在殿下玩弄小刀。老人只是嗤之以鼻：小子，你还嫩了些。

在英国人的吆喝怂恿下，美国雄心勃勃地带着加州的葡萄酒来到法国，要和法国的葡萄酒一决高低。骄傲的法国人根本就没有把这当一回事。玩笑，小样！

一个10个人的评审团组成了，全部是来自法国的著名葡萄酒专家和吃货们。少年美利坚目光炯炯，嘴角带着随意的微笑。死死盯着华丽艳服、头戴王冠的皇帝。弑父的阴谋在少年的心里酝酿，权杖和威严把持在老人的手里。

少年扬起小刀，快速飞向老人，迟暮的老人还没有反应过来，就轰然倒地。又是一场莎士比亚式的弑父正剧在英国人的鼓动下，精彩地上演。

美国和法国各出10瓶红葡萄酒和10瓶白葡萄酒。把瓶子全部蒙起来，10位来自伟大法兰西的专家们和葡萄酒大师们，一番品尝，打分。最后公布的结果成为法国人葡萄酒历史上最大的悲痛。红葡萄酒和白葡萄酒的第一名都不属于法国。美国人的白葡萄酒和红葡萄酒都是以6∶4的成绩完胜法国人。现场顿时陷入一片混乱。专家们，发疯，痛哭和郁闷。“关门！关门！防止走漏风声。”法国所有的媒体保持沉默，或许沉默就是最大的悲伤。

大西洋对面的美国，陷入了欢乐的海洋。荣耀和权杖，终于传递给了少年美利坚。王爷扶着伤口落寞地回到后宫，任凭欢庆新王的歌声和碰杯声回荡在豪华的宫殿。一个新的王朝开始了，父亲的时代结束了，九王争霸的年代开始拉开帷幕——西地王美利坚，西北王加拿大，西南王阿根廷，南地王南非，东南王澳大利亚，东南新王新西兰，东王中国，东北王日本，中土王以色列。当然，西地王美利坚目前是当之无愧的王魁。让我们举杯欢庆这个伟大的时刻，因为从这天开始，民主和自由，荣耀和权杖属于一切智慧和勤奋的人。贵族一家独大的时代结束了，葡萄酒的民主时代来临了！

弑父的血迹永远定格在那个星期一，九王分地的时代开始了。太上皇隐于深宫，威严的声音依然反抗着这个热火朝天的时代！

第6夜

Oh My God

法国的6月，南部，阿维尼翁。

教皇夏宫的后院里，紫色的薰衣草在初夏的风里摇曳，明媚的阳光照在大地上，白色的鹅卵石，映射着刺眼的阳光。城堡周围的葡萄园里，葡萄苗争先恐后地在风里低语，葡萄花开始悄悄开放。丰收的前奏，正在轻轻奏起。

这真是一个美丽的午后。这是在1314年。

院子的椅子上，斜靠着一个老人，面前的葡萄瓶空空如也，酒杯斜躺在桌子上，红色的葡萄酒滴在他白色的衣服上，酒醉的老人，嘴里念叨："哈利路亚！因为主，我们的上帝，全能者做王了……世上的国成了我主和主基督的国；他要做王，直到永永远远……万王之王，万主之主。"（《启示录》第11、19章）

念叨中，老人的梦又开始了，又是同一个梦，一个做了十年的梦。

梦中的老人站在罗马教皇宫的大阳台上，下面的广场，站满了成千上万的教徒，大家跪在地上，虔诚的高唱《主的赞美》。老人慈祥地俯瞰人群，当他举起手臂时，雷动的欢呼声感动得老人流下眼泪。圣洁的阳光笼罩着广场上的人们，金黄而又柔美。光线突然变亮，老人眯着眼睛，无法睁开………

老人醒过来，用手遮挡阳光，把手挥挥，长长地一声叹息。又是那个同样的梦境。老人把目光转向东方，因为东方有应该属于他的教皇宫殿。

老人就是当今的教皇克雷芒五世。

漫长的中世纪走到了黎明的时刻，教皇和世皇的斗争已经接近尾声。教廷的势力正在逐渐衰弱，世皇开始控制教廷的事务。然而，教廷的斗争也更加激烈，法国派和意大利派分庭抗礼。双方协商由法国波尔多大主教出任教皇，但是，新教皇不能前往罗马教廷，不能住在罗马教廷皇宫里。新任教皇来到了法国南部靠海的城市——阿维尼翁。

这里是离罗马教廷最近的城市，而且这里还有教皇最好的朋友普罗旺斯伯爵。教皇日夜想念早日去往罗马教廷，做一个真正的教皇。

但是，这一等，就是10年。盼望，希望，失望，绝望……

好在上帝没有抛弃他在地上的王，教皇宫殿外面的葡萄园，酿造了出色的美酒。教皇在漫长的时间里，尊主的旨意，感恩天地，行人之智慧，酿出优质葡萄酒。只有在酒酣的时刻，教皇才觉得自己已经回到了罗马教廷。

这块地，就是今天赫赫有名的法国教皇新堡葡萄酒产区（Chateu Uneuf Du Pape），广泛种植歌海娜和西拉，酿造出一种浓郁、厚重、复杂的葡萄酒。透过那深沉的颜色，我似乎总是看到克雷芒五世苍老迷离的眼神。感谢上帝，让这块土地承载更多的赞美、更多的希望。

因为，这是主的旨意。

从诺亚酒后失态，引发后世中东的战争；从罗德酒后乱伦（《创世记》19章30节）的罪恶；到耶稣空手变葡萄酒的惊奇和超力量。

一部圣经，洒满了鲜红的葡萄酒。感恩，罪恶，希望，宽恕。

上帝爱世人！

耶稣说：现在，你们因我讲给你们的道，已经干净了。你们要常在我里面，我也常在你们里面。枝子如果不常在葡萄树上，自己就不能结果子，你们若常不在我里面，也是这样。

耶稣告诉我们，耶稣是葡萄树，耶和华是种植葡萄树的人，我们便是树上的枝子。我们若在树上，便可以结出葡萄，我们若不在树上，便一无所成。

圣经里，葡萄苗的神圣的地位由此产生。葡萄酒变成了圣酒。

在最后的晚餐里，耶稣说：我告诉你们，从今以后，我不再喝葡萄汁，只等到天国的来到。耶稣端起酒杯，对使徒们说：你们可以喝，这是我血所立的新约，为你们而流。

于是，一部西方文化史，就是一部上帝的历史。这部历史，斟满葡萄酒鲜红的神圣和崇高。

在过去的漫长的中世纪，教堂成了葡萄酒最高水准、规模最大的葡萄酒制造者。教徒们甘愿把自己的土地奉献给教廷，酿造圣酒，洗脱自己的罪，蒙主的福。每当教堂聚会和节日时，大家来到教堂，喝下这圣洁的圣酒，感恩主的伟大！

当新世界的大门打开，基督教和天主教的春天又来了。教父和传教士带着圣经和葡萄苗漂洋过海，足迹遍布非洲最南端的开普敦，丝绸之路尽头的中国，扬帆南下的澳大利亚、新西兰，西去大陆的南美洲和北美洲。教廷摆脱世俗，找到了自己真正的使命，在天父的指引下，照看这地上的麦子。在收割季节来临的时候，全心照顾，带去西方文明，传主的福音，连同这鲜红的葡萄酒。

当我们饮用葡萄酒的时候，我们情不自禁地说：Oh My God!

让我们发自内心地赞美：上帝保佑世间善良的人们。

喜欢葡萄酒的人定是善良的人！

第7夜

长相思(Sauvignou Blanc)

为何我总是怀念，

你发际淡淡的清香
如同我与你
穿过了桃林
化身桃果的仙灵，
让我此后，
流浪尘世，
再无相见。

为何
甜蜜的酸楚，
一直停在清晨的草叶之上，
晶莹而纯洁。
流淌的泪水，
我将其舔入嘴角，
或酸或甜，
我常常闭目怀念！

长相思，
为何相思长长，
不见过往。
而是，
那时光那样短暂，
回忆甜酸皆有，
让我牵肠挂肚，
蓦然上心头。

人生已秋，
暮色已沉。
这无尽的思念，
在夜的深处簌簌作响。

少了你的细细鼾声，
春夜如此孤独！
只有蛙鸣那样烦心和失眠！

——写给葡萄酒长相思

第8夜
古来征战几人回

弗朗索瓦醒来时，已是黄昏。

1812年，9月7日。

战争是中午开始发起进攻的。18岁的弗朗索瓦，瘦弱的身材，孩子般的脸庞。端着火枪，站在巷道里发抖。战争并不像拿破仑先生说的那样顺利。弗朗索瓦所在的纵队，受到了俄军的强烈抵抗。弗朗索瓦的主要工作是为大家分配葡萄酒。这可是好差事，虽然弗朗索瓦不怎么好酒，但是，闻着葡萄酒，总让想起波尔多左岸的故乡——圣于连。但是战争进行的这几天，纵队伤亡惨重，自己也被派到前线来了。此时，弗朗索瓦站在巷道里，等待进攻的号角。对于死亡，他害怕极了。

同村的让西斯，就站在他身边。让西斯可是老兵，已经跟随拿破仑先生打过很多场战争了。让西斯看着瑟瑟发抖的弗朗索瓦，笑着说："嗨，伙计，不要怕。给你。"说罢，从包里掏出小酒瓶说："喝了她。喝了她，你就不怕了。"弗朗索瓦接过酒瓶，喝了一口。额，Chateau Talbot。这是家乡Talbot的酒。弗朗索瓦顿时想起了美丽的圣于连村，亲爱的家乡，还有在院子里修葺的妈妈。弗朗索瓦勇气大增，为了亲爱的妈妈，自己必须凯旋回家。想到这里，弗朗索瓦咕噜咕噜地喝完了让西斯的葡萄酒。

就在这时，重逢的号角吹响。弗朗索瓦被冲锋的人流带进了快速的队伍。弗朗索瓦只听到火枪的开枪声，空气中弥漫着火药的味道，夹杂着同胞呐喊的声音。弗朗索瓦的呼吸加快，头开始晕眩，听到自己沉重的呼吸声。他端着火枪对着越来越近的俄国佬"砰"的一声，扣响了扳机，就在自己要再扣一枪时，脚底一滑，摔倒在地。弗朗索瓦心里刹那间想：这下死定了。伟大的法兰西!

这是弗朗索瓦现在能记起来的最后情景。

黄昏的战场,异常安静。温暖的阳光映射着自己的脸,脚被什么东西压着,动弹不得。他睁眼看到有人躺在他的腿上。当他尝试推开时,他意识到对方死了。弗朗索瓦直起身,看了看周围。横尸遍野,硝烟弥漫,空气里的气味难闻极了。弗朗索瓦重重地躺回去,难过得闭上眼睛。美丽的家乡和亲爱的妈妈出现在自己的眼前。

过了许久,弗朗索瓦听到了让西斯的声音:"弗朗索瓦,你这个家伙,还活着吗?……"

葡萄美酒夜光杯
欲饮琵琶马上催
醉卧沙场君莫笑
古来征战几人回

1812 年,信心膨胀的拿破仑率领四国联军,60 万人兵临俄国莫斯科城下。随军马车,装载了 2 100 万升葡萄酒,共计 2 800 万瓶。11 月的时候,葡萄酒所剩无几。当然,也无所谓了,在 11 月寒冷的西伯利亚的寒风里,拿破仑率领残兵败将 1 万人,逃回了法国。1812 年,法俄战争以法国惨败而告终,留下了无数的酒瓶在莫斯科的郊外。留下的还有几年后著名音乐家柴可夫斯基的《1812 序曲》,这是对法国佬烧毁大教堂的控诉的名曲。那音乐里的枪炮声,那嘶鸣声,久久回荡在圣于连村的老兵弗朗索瓦的晚年回忆录里。让此后的 Chateau Talbot 的美酒,成为让西斯的墓前酒。

战争是一架绞肉机,以国家的名义,进行绞肉。公民没有选择。那些年轻的生命在战场上消失,那些年轻的妻子在远方哭泣。还是让我们的战士,好好喝上一杯,醉上一场。这仗,不打也罢!

在很多电影中,常常会看到敢死队在出发前喝酒壮行的镜头。我一直忽略了酒的作用,以为这就像兄弟结拜的血酒一样,只是一个仪式。我今天才明白,原来是酒壮英雄胆。

葡萄酒,可以立刻使人兴奋起来,好斗起来。所以经常听到有学生酒后打群架。这帮臭小子没喝酒时,温柔得像猫。

葡萄酒还可以让人感官迟钝,知觉敏感度降低。进入阵地战后,只要不致死的伤,都忽略不计。就好像杀红了眼,其实是醉酒给闹的。

可别小看法国大军的葡萄酒。拿破仑非常热爱葡萄酒。听闻,拿破仑将军不喝香贝丹的葡萄酒,仗肯定赢不了。拿破仑每次用兵打仗,一般都要按照人头配酒,每人每天平均0.5升,大概就大半瓶吧。喝完酒,仗就差不多打完。凯旋和出发时,经过勃艮第的香贝丹庄园时,全军将士向葡萄庄园行军礼。对法军来说,葡萄酒就是他们的一员。

渴了,喝上两口,因为河流会被敌人下毒;受伤了,可以做麻醉药,减轻痛苦;还可以鼓舞士气,家乡的葡萄酒,总能牵动战士的思乡情,激发战士的英勇气概。

弗朗索瓦,我告诉你,其实那日,你喝得太猛了,你醉了,倒在战场上。葡萄酒让你后半生无比勇敢和骄傲。因为你是从死人堆里爬出来的酒后战斗英雄!真心不是笑你。

Bonjour(法语,你好),弗朗索瓦!

第9夜
遇　见

面对那抹红
曾经是那样浅薄
我那样自闭
因为居于东方的土地
我那样自负
翻开你浩瀚的往事
我沉醉在你的过去
我怀念金字塔内那三缸美酒
我愿做那缸上泥沙
日夜拥抱你的醇美和芳香
愿做送往维也纳贝多芬府的莱茵美酒
赶在大师闭眼的那刻
让大师在家乡的美酒中睡去

回忆大师那苦涩的童年

我愿做舒伯特钢琴上那樽酒杯

陪伴舒兄写下不朽的乐章

在穿越千年的时光里

沐浴那荣耀

我愿做那盛满耶稣鲜血的圣杯

盛满圣子的红色

荡涤人间的罪恶

拯救那些挣扎的灵魂

面对你

我久久不能平静

在欧罗巴的土地上

你在战争的嘶鸣中

挥洒战士的勇猛

在越洋的船队里

你将芳香送去天涯海角

那些纯真的人们饮用你

品尝你

沉醉你

感受主赐予的微醺和欢乐

这才是真正的人生

美酒

诗歌

音乐

爱情

第10夜
情系香贝丹

夜宿广州天河城，酒友涛携 Chapelle Chambertin，Grand Cru 2001，

Domaine Rossignoltrapet。

聚会农垦大道，一餐馆。

法国勃艮第的香贝丹，一贯以孔武有力著称。但是今晚的特级田颠覆之前的印象，极其美妙。涛哥小心翼翼，打开了这瓶珍藏13年的佳酿。倒入酒杯，习惯的优质勃艮第的气味，扑面而来。有一种预感，这将是一个美好的夜晚。深秋的广州，香贝丹正在苏醒，我们等待中，开始走进她的世界。

第一口下去，我的心被她抓住了。我分明看见了一名女子，站在院子的木栅栏前。脸色有些苍白，嘴角带着温和而略显戒备的微笑。静静地看我，让我觉得格外亲切，似乎有一种游子归乡的感觉。此女子为何如此熟悉？难道是童年的妞妞？亲切而陌生。余味悠长，在鼻腔和后浓里久久不散，但是口感却如此平易近人。

这是家乡土地的感觉，熟悉而亲切。

就这样，对目相视，时光在绿色的庭院里慢慢流淌。没有阳光，这是阴凉的天气，你花边裙摆在风里轻轻摇曳。你白皙的脸庞，映衬这冬日的白光。你美丽的嘴角慢慢扬起。

"进来吧，喝一杯吧。"

温软的感觉，包围着我，我静静地看着你忙碌，热气腾腾的蘑菇青菜汤端到我面前，在黄色的灯光下，你白皙的脸庞有些红晕，我只能想，这或许是忙碌的原因。

我只能感受这温暖，你端出红色的葡萄酒，和我对饮，没有过问这是什么葡萄酒，我只能感受到温暖，还是温暖。却不敢有任何想法。后半段，香气变得更加复杂和浓烈，这已经是第三个钟了。

你脸上红晕了，你冷静的嘴角开始变得柔和，你深情的眼睛表达你的渴望，我手足无措地坐在桌子的另一侧。任凭你的风情和娇媚燃烧着这宁静的空气，让我感到面红耳赤。

美妙的时光那么短暂(我和涛哥说，完了，就要彻底消失了)，最后一口，下去，我分明又看到了你冷静的嘴角，那样骄傲和淡然。Chapelee Chambertin, Grand Cru，2001年，带来一个美好的夜晚。认识一个冷静、风情、变幻快速的女性酒灵。

第 11 夜

勃艮第妈妈——勒鲁瓦(Leroy)

勃艮第,葡萄酒爱好者的朝圣地。如果说勃艮第的酒是艺术品,那么波尔多的葡萄酒就是家具城的商业美术作品。艺术是少有的,如同勃艮第的酒庄每年生产 1 000 瓶,那么相对于拉菲庄年产 250 000 瓶,你说这是什么概念。真正的葡萄酒人,酒柜珍藏大部分来自勃艮第。

勃艮第的事情太多了。

今天我们来说说勃艮第的葡萄酒女神,勒鲁瓦。就是我心目中的勃艮第妈妈。

说到勃艮第,大部分都知道罗曼尼康帝酒庄(Domaine de Romanee-Conti)。因为这个酒庄的葡萄酒已经名声在外了。但是,在罗曼尼康帝的发展过程中,有一个小个子的勒鲁瓦家族的女性一定不可以被忽略。

勒鲁瓦的爷爷在 1868 年创立了勒鲁瓦酒庄。勒鲁瓦女士从 1955 年进入家族生意。随着家族生意的发展,随着酒庄合作和股权转让的进程,到 1992 年为止,勒鲁瓦持有罗曼尼康帝 50%的股份。

1991 年,勒鲁瓦酒庄的发展,和罗曼尼康帝酒庄发展产生了冲突。勒鲁瓦被逐出了康帝的董事会。勒鲁瓦酒庄的辉煌从此开始,光芒直逼康帝酒庄。

勒鲁瓦女士现年 80 多岁,见证了勃艮第的起起落落,也证明了自己的葡萄酒理念。生长在勒妈妈庄园的葡萄是幸福的。老妈妈每天在地里散步,在勃艮第夏日的风里,倾听葡萄们的欢声笑语。葡萄们也聆听到妈妈的嘱托:大家好好成长哦,秋天的时候,你们要变成世界上最美的葡萄酒。有些时候,妈妈会睡在葡萄地里,看着勃艮第漫天的繁星,听着孩子们的歌唱。

在勒妈妈的庄园里,葡萄们只享受阳光、土壤和勒妈妈的轻言细语。葡萄就像孩子一样自由自在地成长。是天地人的完美结晶。

当镇上那些老爷们在酒吧里胡吃海喝的时候,当他们在以小人之心度君子之腹、怀疑嘲笑勒鲁瓦女士的时候,勒妈妈,徜徉在地窖的酒库里,那成排的橡木桐，散发着新鲜的气息。妈妈屏住气息，聆听葡萄酒和酵母沸腾的声音，那细小的、欢天喜地的情景，让妈妈脸上露出幸福的笑脸。小个子的勒妈妈，提着灯轻轻地行走在橡木桐之间，就像是妈妈照看熟睡的孩子。偶尔，勒妈妈打开桶上的小孔，端详孩子们的颜色，品尝葡萄酒的味道，骄傲的笑容挂在妈妈的嘴角。葡萄酒们争先恐后的欢呼声，让美丽的夜晚多么幸福。

自从马塞尔（勒鲁瓦的先生）离世之后，无数个夜晚，老妈妈待在酒窖的时间更长了。温文尔雅、沉默稳重的马塞尔一直是妈妈坚强的后盾。

如今镇上的男人们都阴阳怪气地说着勒鲁瓦酒庄的事。杰出的酒，让这些男人感到羡慕、妒忌，甚至怨恨。

但是镇上的葡萄农民都很敬重勒鲁瓦女士。勒鲁瓦不介意和大家分享自己的成就。勒鲁瓦不仅酿制自己庄园的酒，而且还从其他葡萄园收购葡萄，然后照看他们，酿出美酒。并且大方地在酒瓶上，标上自己的名字。让全世界的人品尝勃艮第的美酒。勒鲁瓦女士就像妈妈一样用博大的胸怀，温暖着勃艮第，创造一个个奇迹。

勒妈妈的酒，是举世无双的。

听听这些美誉之词：

作家让勒偌瓦说："勒鲁瓦酒庄就是国家图书馆，是伟大的艺术作品的诞生地。"

酿酒学家雅克·普斯斯(Jacques Pusais)说："现在我在勒鲁瓦酒庄，这些酒就是葡萄酒和葡萄酒语文的里程碑。"

法国大革命后的土改运动，一夜之间，让勃艮第的每个人都分到了葡萄园。所以这是个诞生伟大酿酒师的年代。但不是每个葡萄园都有自己的酿酒师。美酒以酒庄为荣耀，酒庄以酿酒师为荣耀。因为同一块地，不同的酿酒师，体现出不同的风格。

勒妈妈没有停止步伐，她行走在葡萄园的垄间里，她行走在列队欢迎的橡木桐中间。瘦弱的妈妈，嘴角挂着倔强的微笑，充满对葡萄酒的温情。她就像映射在墙壁上的身影，刹那间是那样的高大伟岸。因为你代表了勃艮第，因为发髻上带着"葡萄酒女神"的桂冠。但是，我感觉到你是勃艮第的妈妈。我从你的酒里，感受到了温暖、顺滑、包容，感受到了孩子般的娇宠和简单。

我们爱你，勃艮第妈妈。

第12夜
意大利阿玛若尼印象

深秋的时候，黄灿灿的太阳落山了。

我伸直腰，擦干汗水，看着你，你乌黑的长发柔和地躺在你弯下的背上。汗水打湿了你白色蓝碎花的衬衫。

在昏暮的风里，我说：今天就这样，回吧！翠！你伸直腰，莞尔一笑：好，我摘几把辣椒。晚上给你做油爆辣椒。

入夜的村庄，酒香四溢。

秋草干燥的热气夹杂大地的气息，沁人心脾。

熟悉的酱香，和着辛辣的青椒，充满了我鼻腔，我咽了咽口水。

对忙碌的她说：我吃了。

斟满一碗谷酒，凝望暮色沉沉的村庄。

人生如果有另外一种选择，又是怎么样。

或许，只有这种朴实，相守和乡土，才是内心最满足的所要吧。

意大利北部瓦不里切拉(Valpolicella)的阿玛若尼(Amarone)，初入口，辛辣横溢，酱香飞扬，饱满霸道，回味长久；中后段，梅子和糖香飘逸，粗犷阳光的意大利风格。让想起另一个我的生活，在另一条永不交织的命运平行线。每每想起，就怅然……

第13夜
波尔多的庄，勃艮第的田

勃艮第，法国葡萄酒的博物馆，葡萄酒艺术的画廊。也是每个葡萄酒爱好者登堂入室的门阶。当你端着酒杯，站在勃艮第面前。我想，你才发现，这才是葡萄酒的圣殿。

勃艮第，位于巴黎东南面，天子脚下。中世纪以来，修道院的僧人在葡萄酒里酿造倾注的智慧，使得勃艮第的葡萄酒成为皇室和贵族的挚爱。因为产量甚少，所以勃艮第成了名副其实的御酒供应地区，用我们的话来说，就是贡酒。因此，大革命以前，勃艮第的酒庄和皇室有着千丝万缕的关系。要不就是皇室的御用酒庄；要不就是权贵的私人酒庄，要不就是皇亲国戚的门人所有地或者天主教教会的酒庄，当法国大革命来临时，勃艮第地区的酒庄倾巢之下，岂有完卵。主人们被绞的绞，被流放的流放。土地没收后分给了农民，新兴的贵族，趁着政府不注意，开始收购葡萄田。这样说来，今天的勃艮第的酒之所以复杂，是有历史原因的。

今天的话题就是波尔多的庄，勃艮第的田。

花开两枝，表一表波尔多。

波尔多位于法国西南的大西洋海岸，一条吉伦特河（Gironde），将波尔多城和大海连在一起。去往大海的两岸，葡萄园林林总总。这里是法国历史上最繁华的商贸区。就好像广州商埠，承载着国家繁忙的国际贸易。古时候，波尔多的葡萄酒基本上是专供出口的，通过吉伦特河，驶入大西洋，前往全世界。相对于勃艮第狭长的山地斜平地势，那波尔多算是一马平川了。这也决定了波尔多可以大量栽种葡萄，提供大量的葡萄酒给港口的商船。因此，富得流油的葡萄酒庄，在这平原上建造了无数的城堡。葡萄庄园庞大无比。所幸的是，法国大革命对波尔多的葡萄园的冲击甚小，因为大部分庄园都是家族所有，不在土改范围之列。

从波尔多兴冲冲赶到勃艮第，葡萄酒菜鸟会发现勃艮第的酒标也太素了吧，就那么几行字。这是特供的节奏吗？

在波尔多的酒标上，你会看到了一个 Chateau 的单词，绝大部分的酒庄前面都加上这个前缀。Chateau 就是“城堡”的意思。在法国只有贵族才有城堡，葡萄酒庄主用 Chateau 来命名自己的酒庄，想必是虚荣心在作怪。更有意思的是，1855 年，列级酒评定时，大家发现所有的酒庄都冠名 Chateau。好家伙，一夜之间，波尔多所有的酒庄，都变成了 Chateau，哪怕家里只有楼上楼下两层，左中右三间房，都威武地自称为“Chateau”，现在成了波尔多标配了。在勃艮第的葡萄酒标上，你会发现一个单词，Domaine。这个单词意思也是酒庄的意思。但是，它和 Chateau 的区别就是：Chateau 是完整一个葡萄园，进行酿制和出品，而 Domaine 则可能拥有几个葡萄园，分别进行酿制和出品。大名鼎鼎的DRC(Domaine Romanee-Conti)就拥有六个葡萄园：罗曼尼康帝(Romanee Conti)、拉塔须(La Tache)、李琪堡(Richeburg)、艾雪索(Echezeaux)、罗曼尼圣维望(Romanee-Saint-Vivant)、梦哈谢(Montrachet)。但是，在波尔多，会出现一个老板拥有几个Chateau，但是不会像勃艮第那样，归拢成一个Domaine。

这种现象的产生，就是勃艮第土地革命的后遗症。在勃艮第有四怪：一块葡萄田，会有十几个主人；一瓶相同名字的葡萄酒可能来自不同的酒庄；一个葡萄酒庄可能拥有不同地方的葡萄田；一个酿酒师会酿出不同风格的同一个村的酒款，因为田分三六等。

说到这里，总算绕到我的题目了：波尔多的庄，勃艮第的田。

波尔多的酒，是按照酒庄来评级的。评委会根据酒庄的酒的质量、大家的反馈，以及生产的工艺，进行评级。

勃艮第地区是怎么分级的呢？政府主导的评定机构是对葡萄田进行分级的，而不是给Domaine分级。政府会考察葡萄田的土壤结构、葡萄品种、过去的表现和酿酒师的技巧，对勃艮第区的葡萄田分为四个级别。最好的是特级田Grand Cru，有33块田(波尔多1855年评定了61个Grand Cru酒庄)；其次是，一级田，Ler Cru，有500多块一级田，占总产量的十分之一；然后就是村级田，可以在酒标上标上村子的名字，产量占到总产量的十分之四；最后的就是地区葡萄田，这种田酿出的葡萄酒只能在瓶子上，标识勃艮第(Bourgogne)字样。

这样看来，有实力的酒庄，会拥有特级、一级田多块。但是有一个有意思的现象来了，勒鲁瓦妈妈的酒庄也拥有李琪堡的田，罗曼尼康帝酒庄拥有李琪堡的田。一代酒神亨利迦叶(Henri Jayer)酿造的李琪堡，被视为无人可比。但是，勒鲁瓦妈妈酿造的李琪堡要挑战已作古的亨利迦叶的李琪堡，葡萄女神挑战勃艮第酒神。这就引出了另外一个话题，酿酒师成了勃艮第酒的核心。

这就如同世上画马的人太多了，画虾的人不计其数，来挑战徐悲鸿大师，还是来问鼎齐白石先生。这是由于艺术家的伟大成就的精彩纷呈，世人关注。勃艮第的美酒，隐藏着一个复杂的命题：酿酒师和勃艮第。

最后，我想说：波尔多的庄，勃艮第的田，酿酒师才能赚来钱。

晚安。小伙伴们！

第14夜
梦里伊人来

谁都有过青春，哪个年少男儿没干过混账事。我也不例外，如果要忏悔，估计小教堂也是装不下的。从来不想去回忆和反思，想想谁对谁错，甚至不面对自己的问题，总是对自己说：以后再说吧！韶华易逝，转眼已到中年。总的来说，年少那些事，对对错错，归结于人性，归结于童年伤痛，归结于青春年华。

那个女孩，必须要说说。

年纪大了，总是想起年轻的事情，而且还想去了却那些遗憾的事情。好像就要告别世界似的。世事沧桑，人事无常。身边的人，也开始冷不丁地就离我们而去了。有些话不说出来，只怕永远埋在心里。但是，说往事，不知恰当否，因为牵扯到其他人，牵扯到情感事。她已做他人妇，我也已是人夫。之所以说说，是因为那些事压在心头，本以为挨到人老珠黄，荷尔蒙不分泌，自然无人顾忌你这个糟老头说什么。但是，昨日，你突然梦中到访，令我措手不及，早晨醒来，怅然若失。年轻时候的事情，大家就当是肥皂剧看吧！

她，两年前遭遇一场车祸。导致下半身瘫痪。埋在心头的对不起，一直没有对她说出。年少时，面对流泪的她没说；后来重逢，她面带笑容，若无其事，我没有说，因为她嫁做商人妇，有钱有人疼，我就更没必要说；直到前年，旧友相聚，闻得她出车祸，下身瘫痪，顿觉心酸，更不适合说对不起了，难道上帝和我一伙的，专门找她麻烦。

那是很久以前的事了，那是磁带时代，学校的广播每天播放齐秦的《大约在冬季》、陈汝佳的《黄昏牧牛》。那个冬天，我人生第一次恋爱结束，文学青年加伤感诗人的我，沦陷在世界的末日。吃饭不香，走路没劲，说话没音，上课睡觉，找碴吵架。看着流水流泪，望着夕阳呐喊。看不到希望的日子一天天流去了。是她陪我度过了那段灰暗的日子，夕阳西下时，我们漫步河畔；月光倾斜时，我们散步树下；她就像一头小鹿，惊慌，纯洁，勇敢地陪着我这头受伤的狼，度过了那个寒冷的冬天，春天来临的时候，我不辞而别，望着受伤的她，我没有说对不起，径自远离。

昨夜，她突然拜访我的梦中。笑容依然灿烂，雪白的牙齿依然如故。背景是温暖的晨光，她就那样凝视着我。没有那一贯的羞涩和惊慌，坚定和勇敢地、微笑地看着我。那份勇敢和坚定，就是那个冬天她给我的全部。

旧人入梦来，
春晓登高台。
望乡归去路，
恐人自徘徊。

人生如果是条河，你就是我经过的那片河滩。给我舒展，让我逗留，洗刷湾畔的石块，留下枚枚回忆，长久搁在滩上，月光照过，阳光烤过，但是，河水却无法回得去了。这段，世事纷纭，生生死死。世事无常，恐朝会夕离。飞机不一定能着地，去了车站也不一定能登上列车。上的船去，也避不开冰山。还是珍惜眼前的一切，哪怕不完美，那也是上帝的恩赐。

或许，在她心中，早已忘记那些事，因为人生纷繁，光阴苦短。

但是我心里一直憋着，一块叫心病的石头，散落河畔的滩上。

女孩，我一直欠你一句：对不起。

虽然，你今天应该 40 岁了，但是，那个女孩一直在春天的小路上。望着我绝情的背影。

早上发去短信问候，她回话：老公很好，照顾很细致，勿念！

真心希望她幸福，那个她身边的哥们，你会有好报！

来自法国波尔多左岸波亚克村的列级酒庄五级庄，巴塔叶酒庄(Chateau Batailley)1989 年。就是我们认识的那一年，距离现在 25 年了。真是缘分啊。当这瓶 1989 年的葡萄酒放在我的面前。我何尝不是充满期待，然后，这瓶 1989 年的巴塔叶，就像现实一样，除了岁月的沧桑，还是岁月的沧桑。除了开瓶时的期待带来的幻觉，期待记忆中 1989 年的优雅和美好，已经消失在岁月蹉跎之中。我缓缓饮下这岁月的汁液，任凭消瘦和苍白，冲洗我的咽喉。1989 年的巴塔叶评分是 14 分，满分是 20 分。这就注定这年份的酒有很大的不确定性。就好像 16 岁的爱情故事也是包含这很多不可知性。现实就是这样,总是可以轻易地击碎回忆里所有的美好。

但是结果很好。1989年的巴塔叶,至少告诉我一个道理。一段25年的期盼,往往是消瘦的。她远比我们的回忆消瘦。

第15夜
以列祖列宗的名义酿酒

今天,我们继续来聊聊勃艮第葡萄酒庄的故事。记得在前夜《波尔多的庄,勃艮第的田》,我们提到勃艮第政府没有给酒庄分级,而是给田分级。这一措施,使得酒客对勃艮第的了解,更是扑朔迷离。菜鸟们更是望而却步,匆匆又回到波尔多享用左岸酒去了。

33个特级田,500多个一级田。村级田暂且不讲,这533块田,就让你快崩溃了。

好在一个窍门可以让你简单理顺它们之间的关系。

田好自然它的主人非同寻常,能够拥有好田的酒庄自然不多。因为只有有实力的酿酒庄,才能持有好田。不然,早就有例如康帝和路易加多这样的土豪上门来游说你卖田了。因此,勃艮第的好田,其实都掌握在那些知名的酿酒师的酒庄里。因此,只要记住勃艮第的30家著名酒庄,勃艮第的问题就迎刃而解,勃艮第的葡萄酒也就简单得多了。俗话说,母以子贵,酒以庄出名。从好田的葡萄到成为佳酿,酿酒师起着重要的作用。就好像酒神亨利迦叶说:采摘葡萄时,我们拥有80%的好酒,瓶装时,我们只剩下20%的好酒。因此,无论名庄,还是名田,一切取决于人,所以人定胜天。勃艮第的问题就是人的问题。因为勃艮第的酒庄是以列祖列宗的名义在酿制葡萄酒,酿酒师就是酒庄持有者。就好像北京宋庄画家村里,门口挂的全是:李巢工作室等。酿酒师,基本就代表酒庄,因为大多数酒庄的名字就是以他的姓来命名,祖先传下来的姓。

来自世界各地的专家们和吃货们,在消耗大量金钱之后,推举了20多家名庄。我对这些名庄进行了分析和总结。发现了下列几个规律:

首先，勃艮第的酒庄Domaine，都是以人的名字来命名。绝大部分是以祖宗的姓名来命名，就是创立酒庄时长辈的名字。就好像，广东人的黄记凉茶、李锦记酱油、通利琴行（TOM李），还有晓斌音乐，嘿嘿。看来，全世界人关于家族荣耀、祖先德行的爱护和捍卫，是相同的。有谁愿意顾客在骂自己的产品时，一起把祖先也骂了呢？如果有人骂亨利酒庄是一堆垃圾，亨利祖先晚上肯定托梦给后人。可是，你如果骂蒙牛真不怎么的，当然遭殃的是牛，董事长没事，心安得很。列举，这些珍惜祖先德行的Domaine有：罗曼尼康帝（Romanee Conti）、亨利迦叶（Henri Jayer）、勒鲁瓦（Leroy）、路米尔（Roumier）、卡幕泽（Meo-Camuzet）、拉蒙特（Remonet）、勒夫来福（Leflaive）、拉芳伯爵（Lafon）、李杰贝奈尔（Liger-Belair）、彭索（Ponsot）。这些都是以祖宗名字命名酒庄的Domaine，在浏览后辈经营酒庄的历史里，我们看到了几个关键词：家族的荣耀、发扬光大、永不放弃。

其次，在现有的名庄里，我们还看到了父子庄。俗话说，上阵父子兵。酒庄由父子一起经营管理，这就算是后继有人了，在酒标上就会出现Pere & Fils字样，父子的意思。他们是阿芒卢梭父子庄（Domaine Armand Rousseau Pere & Fils），杜嘉父子庄（Domaine Dujac），叶里尼父子庄（Domaine Hubert Lignier），子承父业，关系重大，这活儿咱能搞黄吗，绝对不会！父亲大人请放心，孩儿一定继承父业，发扬光大，才对得起列祖列宗。父亲大人说：这样甚好，不然，你老爹怎么去见列祖列宗啊。

然后就是夫妻庄，在勃艮第，夫妻庄有意思。在勃艮第有这么个风俗，嫁女时，陪块田去给姑爷。这下姑爷赚大发了。歌里唱道：如果你要嫁人，不要嫁给别人，一定要嫁给我。带着你的嫁妆，带着你的妹妹，坐着那马车来。这哥们志气啊，收了嫁妆，还要小姨子，这是要疯的节奏吗？勃艮第陪嫁是葡萄田，你知道吗？名庄乔治·路米尔（Domaine G-Roumier），1920年光棍一条，流落到香波密西尼（Chambolle Musigny）。娶了当地女孩，获得陪嫁葡萄园一块，开始起家，如今名扬四海，他们家的香波密西尼2005年的葡萄酒卖到50 000元人民币，不知道老丈人知道吗？夫妻庄的特点就是酒庄的名字含有夫妻的名字在里面，例如：COCH（夫）-DURY（妻），A（ANNA妻子）-F（夫）-gros（父母），DUJIA（夫）-PY（妻）。这几个名庄告诉我们，夫妻同心，其利断金。目前，我经过调查得知勃艮第几个名庄，庄主膝下无子，只有女儿待嫁闺中，美貌敦厚，关键是能下地干活啊。

最后有一种酒庄就是，买下败家子的酒庄后，用自己长辈的名字来命名。例如 Domaine Eugenie，这个就是大土豪，佳士得拍卖行老板，买下后，用母亲的名字来命名。

这样看来，勃艮第的人们，都挺狠的。祖宗，夫妻，父子，孝道全来了，能不干好吗？现在大家明白勃艮第是法国葡萄酒的巅峰了吧？瞧人家那狠劲。

怪不得波尔多的大老板罗斯柴尔德家族（拉菲、木桐的老板），开始要在酒标上打上家族的名字了。名声多重要啊！

第16夜

澳大利亚，Are you crazy?

悲催男：大哥，最近周转不开，去年买的一块表，想卖了它。

大哥大：别呀，你不是很喜欢那块表吗？咋了？

BC（悲催男简称）：砸了。

DGD（大哥大简称）：咋砸了？

BC：我的葡萄酒库存厉害，卖出不去了。这样行不，我按照原产地进货价，加上运费，全部给你。大哥你救我一命呗。

DGD：多少？

BC：3 000箱，我们三个股东，一人分3 000箱。

沉默18秒钟……

BC：大哥，算我没说！（此处应该有喝酒的声音）

DGD：兄弟，我刚才上洗手间了。你压存的酒哪儿的？

BC：（音乐起，《二泉映月》）澳大利亚。

DGD：UHG（你活该）！（此处应该有掌声）

兄弟，Are you crazy?

其实，真的是这位兄弟疯了吗？

NO!

请看大屏幕：

1996年，澳政府立志，要在2025年以前，葡萄酒生产量要突破45亿澳元。但是这个目标2003年就实现了。短短的十年，澳大利亚就成为世界葡萄酒强国，名列世界第六。由于政府减税和导向的原因，澳大利亚葡萄酒以疯狂的方式，一直往前冲冲冲。到2006年葡萄园的面积增加到了167 000公顷。

澳大利亚的葡萄酒发展路线就是：做价廉物美的葡萄酒。在政府的引导下、在关税的优惠下，葡萄酒源源不断地运往全世界，但是恶果就这样酿成了。在商业社会，产品如果不能占领高端市场，前途就可能麻烦了。因为门槛低，关税低，每个国家都可以做到。葡萄酒也是这样。

来看中国和澳大利亚之间的葡萄酒交易(数据来自网络)。2013年，中国进口红酒约15.6亿美元。其中澳大利亚进口的葡萄酒占到3.2千万升，每升合计6澳元，共计人民币12亿人民币，合计2.3亿美元。约占到葡萄酒进口的七分之一。大家现在明白，为什么桌子上都是澳大利亚葡萄酒了吧。利益所驱，澳大利亚酒便宜。中国人疯狂进货，澳大利亚兄弟高兴坏了，涨价呗。原来更便宜，每升3澳元(人民币18元)。这两年涨了，6澳元(人民币30元)。关税是17%。所以到达本埠的成本价是50元左右，经销商利润，店铺租金，广告宣传，国内物流。所以成3倍定价，是合理的。这就是为什么小伙伴发来澳大利亚酒求鉴定时，我直接说，不用鉴定，喝吧。反正不是假酒！谁吃饱没事干，造澳大利亚酒的假啊！有这功夫都瞄准拉菲下毒手呢。

有小伙伴问，澳大利亚有名庄吧？有啊，奔富(Penfolds)的格兰齐(Grange)。1950年的奔富庄的格兰齐在1999年世界拍卖会上，卖到120 000元人民币。2004年卖到240 000元人民币。但是放心，这些名庄的酒，暂时还不会到你的桌上，因为"土豪"们还不够分，所以你放心喝吧，你不会糟蹋掉名酒。

我现在特别同情小伙伴们。要不就喝到假拉菲，要不就喝到农民的餐酒。昨天，我还叫一个正在桌上的兄弟，马上去洗手间抠喉咙，因为你正在享用的是假酒，涉嫌工业酒精兑加红色颜料，外加葡萄香料（化学添加剂）。

原本没想过这么早来聊澳大利亚的酒，但是，这段小伙伴们被我点起来喝酒的火，一个个在家里翻箱倒柜，微信酒标给我看。十瓶有七瓶是澳大利亚酒，还有两瓶是假酒，最后一瓶是 VDP。我现在总算理解我们的干部不容易啊。喝点酒，咋就这么难呢？我告诉你，自己买酒就可以了。自己真金白银地掏钱买酒，你的葡萄酒知识就快速提升了。

我总算知道澳大利亚的酒都上哪儿去了。原来都在我们小伙伴的书架上，在客厅的展示架上。当然农村的“土豪”们都在享用“王长华”（王朝、长城、华夏）。

可以断言，澳大利亚是肯定要疯的。因为中国政府严查三公经费。澳大利亚酒之前走的就是公款采购，所以文章开头的哥儿们在贱卖手表。这里的原因，那哥儿们还以为自己的销售网络出了问题，其实是大环境造成的。澳大利亚葡萄酒对中国的政策是猪肉注水的政策，下锅才知道，下了锅，晚了，只能闷着，哥儿们，你就是被闷着的那个。现在这些澳大利亚商贩要疯，接下来就是澳大利亚的农民要疯，最后澳大利亚政府就要疯！这是要坑爹啊！

我来说三个想法，帮助大家理解澳大利亚葡萄酒：

首先，目前的澳大利亚的局势，就像一百年前的法国，AOC 诞生的前夜，葡萄酒行业缺乏行业管理和分级。大家没有做高做强的想法，就是一味地大跃进啊。当新西兰的酒庄开始盯住国际高级葡萄酒比赛的时候，澳大利亚的农民还在一个劲儿地造。当然，目前澳大利亚也在出台类似法国的 AOC 制度，他们称之为 GIS。但是，目前推行的难度挺大，因为，酒农没有这个意识，因为酒不愁卖啊。当卖不动的时候，他们就会想如何告诉别人，我的酒是更好的，不是普通的餐酒！那个时候，澳大利亚的分级制度就浮出水面了。欧洲的经验告诉我们，葡萄酒分级是行业健康、持续发展的必要保证。当然，很长一段时间义乌的产品不需要品牌。但是，现在有了。市场的惨痛教训！

其次，澳大利亚的地理环境和气候，决定了澳大利亚没有可能酿出欧洲优雅、精致、丰富的葡萄酒。就好像村姑穿晚礼服，浓妆艳抹，香气四溢，美吗？不美！但是有人说美。村长说：美极了。

最后，澳大利亚的葡萄酒需要沉淀，1791年，才生产出第一批酒。整个国家的葡萄酒历史还不如一个勃艮第庄的历史。前半段一直在为主子英女王做英国风味的酒，直到1945年，从法国、意大利逃难来的农民才开始开启了法国干红普通葡萄酒的酿制历史。澳大利亚是新世界葡萄酒的领军人物，他开启了一个简单的酒的时代，在瓶子上简简单单写上产区和葡萄品种的名字。难道还需要鉴定吗？开了喝吧！小伙伴们！

以上观点，仅代表我个人。写到这里，我觉得我对澳大利亚葡萄酒确实有点不够严肃，闲聊而已！希望有一天，有人拿一支澳大利亚酒来征服我，当然不要奔富的酒！

对不起，澳大利亚！

因为，今天我没有给澳大利亚一个赞。

第17夜

Wine，你这一生

春天来临的时候
天与地
父与母
凝视着你生长

你在父母的身上延伸出生命
从家族的大树上分出新枝
繁星是你催眠的旋律
晚风是你轻盈的被盖
你伸展着
你舞蹈着
你歌唱着
迎着蝴蝶的歌声

你吸取这大地的乳汁
贪婪可爱
你承受这晨露的芳泽
梦想滋生

这小小的花簇
这串串的果实
梦想在春夏的朝暮里长大
有人从你身边走过
折剪你的酸楚
成长的喜悦
让你欢欣鼓舞

金黄的季节来临了
蓝天在叮嘱你
大地在叮咛你
你沉甸甸的果实
寄托着天地的抚爱
和世人的奔波
你就如同生命的 20 岁
果实熟了
等待命运的挑选
等待掌声和鲜花
来映衬这丰硕的果实和秋天的重彩

然而
你必须面对
甄选
头破血流
拥挤

你看到血液的流淌
你感受到被埋没
你感受到沸腾
你感受前所未有的苦涩
你心中的甜蜜正在慢慢减少
你意识到这是成长
这是父亲的嘱托
这是母亲的叮咛
你
没有选择
保持沉默和忍受煎熬
甜蜜不再是你的座右铭
深度，酸度和酒精刚强
成为你的墓志铭
那一天，你觉得
新的世界要开始了
因为你觉得黑暗要结束了
那夜行人的探望也结束了
直到
那束光照进你的心
你披一件透明的风衣
立于世上
繁花似锦
尘嚣喧哗
但寂寞和孤独从此一生一世
你不需要别人的赞美
你不需要别人的肯定
你只为着艰难的过去
你只为那重生的喜悦
你就这样立在天地之间

人们从你身边走过
你听不见他们的评论
因为你的微笑和淡然融化了这世间的怨恨
直到有一天
你们相逢
惊喜
弥漫着空气
美妙的灵魂交融
你对自己说
这是美妙的终点
就如同那个莫扎特完美的尾奏
无怨无悔地淡然超世
或许
你错过那次相逢
任凭生命在吱吱呀呀地老去
任凭静静地褐色深去
慢慢失去知觉
那钢样的结构
那酸涩的回忆
那香溢的收藏
那绽放的预备
但也是安然
这就是你的一生
只为那绝美的重逢
和那安然的老去

第18夜
打苍蝇蚊子,老虎也要打

前夜,关于澳大利亚葡萄酒的闲聊,引发大家热烈的讨论和回帖。主要观点有三：澳大利亚也有好酒，那是自然。每个产区都有用心做事的酒庄，中国还有宁夏的银色高地呢！我们还是要看大环境，以及产业规划和未来。从2013年开始，澳大利亚进口中国的葡萄酒数量下降，这是事实，今后还要降，而且报表会很难看。

其次，澳大利亚的葡萄酒要比“王长华”要好，那也是必须的，澳大利亚政府在葡萄酒产业的投入，是我们难以比拟的，中国葡萄酒教育培养的人才，不到一万人。简直就是沧海一粟，雨滴大地。想想澳大利亚的葡萄酒人才，多如牛毛，都人才剩余了，甚至输出到欧洲了。葡萄酒文化教育和普及层面上来讲，我们没有可比性；宁夏老高家，为了我们的葡萄酒事业，已经做了不少工作，但是改变不了中国葡萄酒文化蛮荒的状况，这是我写这个系列的主要原因，算是葡萄酒普及吧。

最后最严重的问题，就是假酒泛滥，正在毁掉刚刚萌芽的中国葡萄酒事业。如果不是遇到金伯利酒业的徐均先生，我恐怕一直要愚昧下去，完完全全地错过美妙的葡萄酒；“王长华”时代，我对葡萄酒没有一丝好感。时而寡淡，时而酸痛，时而苦涩，头痛欲裂，这就是葡萄酒吗？我曾经疑问，继而忽略，现在很多人都在经过这个阶段。

假酒问题非常严重，Dr. Wine 的 Kenchan 和我聊了假酒的种种。我们深有同感，目前中国葡萄酒界问题，就是打假、打假、再打假，为葡萄酒创造一个健康的环境，这样我们的葡萄酒事业就有希望了。

今天，我们来说说假酒，揭开它肮脏的外衣，让它现形。用时下流行的话，我们来打老虎、苍蝇和蚊子。因为，在葡萄酒造假界，也是分为三个阶层，按照技术含量和犯案轻重来区别。

先说第一种，我称之为蚊子。这类造假集团，属于低智商，没什么技术含量，打劫，小偷，人人喊打。他们的做法是假酒标、假酒。酒标上错误百出，由于没有文化，连酒庄的拼写都出错，真是让人哭笑不得，没文化可怕啊，大哥，你读点书呗。这种酒就是假的，用工业酒精勾兑，掺点颜料，混入葡萄剂。这种酒关系到我们普通老百姓，因为这类酒的售价都在80元以下，投放的市场都在二三线城市。这个消费群其实是将来真正葡萄酒的消费群，但是这些假酒进入老百姓生活后，直接毁掉了葡萄酒的形象。好在这种葡萄酒鉴别很简单，稍微有些文化的人都可以看出来。方法有四，请大家拿出笔记本。第一，假酒的酒标经常出错，文字经常拼错，Chateau（酒庄）产区、AOC全称、DOC全称。Domaine这些常用的单词，造假者竟然会少上一个字母。估计原因是怕和原装雷同，引发官司。最搞笑就是拉菲造假，法语里拉菲的拼写是Lafite，造假者把它拼成Lafei，或者Lafee，然后在背标上写上人人敬仰的拉菲古堡几字，祸国殃民啊；第二，注意酒标背面，国家规定葡萄酒贴标必须注明葡萄品种、产地、酿造工艺、二氧化硫、生产时间、条形码，缺一不可，如果没有中文背标，那只能说，你的酒没有进口批准，不受法律保护；第三，国外葡萄酒的包装工艺十分精美，产品设计包装已超出我们许多年，那些印刷粗糙的酒标，一眼就可以识破它。第四，就是开瓶，这是无奈的事，如果到了开瓶，估计你的钱也花出去了，就算是教训和学费吧，开瓶以后，看木塞。通常红葡萄酒的瓶塞由于熟成的原因（就是葡萄酒灌装后，要静止放置三四个月，才会出庄），软木塞的里端，会被红葡萄酒浸染而红，而假葡萄酒估计刚刚瓶装，会显得干净白皙，所以真假已分；第五，当然就是品尝了，就算你是菜鸟，当你闻香时，你发现恶心，吞咽时，发现反胃，千万不要以为，你不适合葡萄酒，因为你喝的极有可能就是假酒。哎哟妈呀，防不胜防啊。被这一类酒伤害到的人，占50%。今天，你喝了假酒吗？蚊子最可恨，无处不在，防不胜防。打，我打，我打打打！

第二类造假者，我称之为苍蝇，好烦。倒也不害人，只是真真假假，忽悠百姓。不老实做人，不老实做事。中国生产的葡萄酒，非得整成外国样，误导消费者，认为这就是外国酒，对付这种酒，只有一个妙招，就是看条形码。条形码前三位代表国家，中国的代码是690.691.692.693.694.695，注意看清那些条形码是中国的代码，但是整个瓶上没有一个中文字的坑爹玩意，就是这类，搞笑的是，法国原装进口，下面来个中国条形码，我晕；还有一种酒就是公海灌装酒，这个，我就不知道该说谁了。葡萄酒上注明：在酒窖里灌装。而且出口批文也是显示灌装出口，可为什么公海上那么多船，停在那里灌酒，他们是怎么拿到合法批文，堂而皇之进入国门的。你们这些人干什么吃的？在酒庄灌装，和在公海灌装那是一个概念吗；没错，这不是假酒，喝不死人，但是，这不符合商业规则，扰乱秩序，欺骗消费者。公正两字有什么意义，如果人类没有公正这个标准，那我们还是人吗？当然，能喝到这种酒的人，已经是中产阶级，可以舍得在一个预算400元的饭局上，开一支150元的葡萄酒。因为还有很多人，只能来两支啤酒，吹顿牛皮；这个阶层的消费群占到20%。你是这个阶层的吗？

第三种，就是大老虎。看起来好像我们没有什么关系。你会说关我嗨事。话可不能这么说。这类造假者的技术含量非常高，因为极有可能操作者就是葡萄酒高手，水平在我等之上，因为他们造假的对象就是那些价值上万的酒，一批假酒可能涉及上亿资金；世界上什么酒最贵，他们就造什么酒。由于造假者是葡萄酒方面的专家，已经防备了消费者种种的可能，但是，狐狸总会露出尾巴的。这种造假的手段通常有两种，一、换酒，那些昂贵的葡萄酒，喝完后，你的瓶子估计可以值1 000元，因为造假者买了你的瓶子后，再灌装新年份该园的葡萄酒，很多土豪是分不出来的；酒瓶没错，酒标没错，口感没有假，但就是假酒；要知道1982年的拉菲和2013年的拉菲差10倍价格。10万元，1 000瓶下来，就是一个亿。这样说吧，中国地区年消耗拉菲庄的葡萄酒是拉菲产量的两倍，这真是活见鬼了，拉菲老板欲哭无泪啊；二、改年份，酒是真，酒瓶也是真的，但是篡改年份，要知道年份多重要；手法和前者相同，又是一个亿；当然判断这种假酒有几个方法，一、拿掉或者割开酒帽。新年份的葡萄酒，软木塞不会浸染到很深的程度，而且要关注塞子上的信息；二、就是留意酒标和酒帽。那种陈旧和岁月，您老人家能看出来吧？崭新的酒标和酒帽是值得怀疑的。喝到这种酒人大概是1%，老虎毕竟是少数的。

这样算来，还有29%的人，喝到的酒是正常的。夜深了，一想到假酒横行我神州，我如何能安睡，伫立窗前，路灯寂寞，夜归的汽车划破安静的夜夜夜。我不由得吟诵：

路漫漫其修远兮，“我等上下而求‘喝’”！

第19夜
自力更生，都成酒仙

自力更生的脾气，有时真是害人不浅。

有时看晚间新闻，还有无节操的网络新闻，今儿个，王某某自制潜水艇；

明儿个张某某自制诺亚方舟；珠海那几个自制潜水艇下去，没上来，估计是龙王招婿了；福建那个做诺亚方舟的，不知道那一屁股债还了没？我倒不是反对国人自己动手做工，但别拿生命开玩笑。

这会儿好了，隔壁王阿姨开始自己酿葡萄酒了，昨儿个还和我妈交流经验。国人自己酿葡萄酒的初衷是什么，无非有三：一、自己出品，安全食品；二、葡萄酒太贵，自己酿，划算；三、优良传统美德发扬光大。很明显，我是不主张自酿葡萄酒的，但绝不是要贬低劳动人民的智慧和价值。

我见过大把开车不会修车的。所以您呢，喝酒不一定要自己酿酒。但是我还是和大家唠叨唠叨酿酒这玩意。

很简单，就是果实发酵，将果糖转化成酒精。果糖在酶的帮助下进行化学反应。但是也不简单，你看啊！王阿姨，$C_6H_{12}O_6$（葡萄糖）＋酵母→$2C_2H_5OH$（酒精）＋$2CO_2$（二氧化碳）＋能量。这是什么意思呢？……此处省略100字。傻眼了吧？至于吗？不就是酿个葡萄酒，还给弄这么复杂？

王阿姨酿酒的流程是这样的：1. 买葡萄；2. 洗葡萄；3. 晾干葡萄，摘去葡萄梗；4. 加一大碗白糖在葡萄里，双手一顿猛挤乱搓；5. 汤汤水水导入大玻璃缸，进行发酵，自从前次玻璃缸爆炸后，再也不敢盖死玻璃缸；6. 一周后，等到葡萄皮成白色，进行过滤，倒入另一个缸子继续发酵；7. 过了三周后，用矿泉水瓶子装起来。大功告成，我们家分享了一瓶。

这个酿制过程，倒没有问题，而且挺科学的，这技术挺到位。目前，欧洲葡萄园优质葡萄酒的酿制流程基本上也是这么做的，只不过有些细节，你没有做到，而恰恰正是这些细节才产生了优质葡萄酒。

但是，我喝了一杯后，首先，满嘴的塑料瓶子的味道，然后就是下午上了两次厕所。

法国人用了上千年的时间，酿出了美酒，当然新世界短短几十年也酿出了美酒。可是，王阿姨，你还真的酿不出美酒，为什么？别瞪眼，我和你说来！

大家记得留意我刚才总结的自酿葡萄酒的七个环节。

第四环节，加白糖，葡萄酒的酿制过程，其实就是葡萄糖转化成酒精的过程，加糖的原因，是因为食用葡萄含糖量严重不足，如果不加糖，酿制出来的葡萄酒就会寡淡无味。因此只有加糖来增加糖分，通过发酵，获得酒精；

但是，这种白糖的纯度和来源，暂且不追究。

第五个环节，几个大缸放在厨房进行发酵，发酵过程其实就是微生物的诞生过程，这些微生物和细菌如何进行控制和灭杀，完全没有体现。这种做法，会导致葡萄酒严重不洁，诱发肠胃炎。

第二环节，清洗葡萄的作用，是洗掉葡萄表面的杂质和残留农药，几乎所有的葡萄园都不敢承认自己的葡萄园洒过农药，为了追求产量！但是这种水清洗的方式，不可能彻底洗干净。就算洗得很干净，那么葡萄表面的野生酵母就荡然无存了，给第一次发酵带来严重缺失。

我们来留意最后一个环节，二次发酵完成后的葡萄酒没有进行过滤，就直接装瓶，那些残留的微生物和残留酵母，会继续进行化学反应，从而影响葡萄酒的化学稳定，会出现一日三变的可能性。

还有就是，用矿泉水瓶子来装葡萄酒，是有害无益的。在当今中国主妇的厨房里，使用塑料矿泉水瓶子和食用油塑料瓶子来装液体，几乎是我们劳动人民的一贯做法。但是，根据我旅行西方国家的经验，人家连餐厅的饮用水都用玻璃瓶灌装，要知道塑料里有一种物质容易溶解，会导致癌症，伤害身体。这就是为什么车子后备厢的矿泉水不能喝的原因。用塑料瓶装葡萄酒，会再次进行化学反应。

顺便再说一个秘密，在葡萄酒酿制过程中，有一个很重要的东西，你没法操作就是二氧化硫，而二氧化硫它承载着整个过程里抗氧化、杀菌的作用。用多了，会出人命，你敢实验吗？王阿姨！王技术员!!

话已至此，还是让我们来探讨下法国是怎么酿酒的。当然要简单地来说，你们这帮家伙肯定没耐心关心酿酒师的工作，你们只在乎酿酒师的名气。

没错，很简单。酿制葡萄酒就是让葡萄里的糖分进行发酵，转化成酒精的过程。

发酵前的工作，就是采摘，挑选，破皮，压榨，然后进入发酵槽进行第一次发酵。

在这个阶段，把握采摘的时机和时间，尤为重要。酿酒师在临近采摘的季节里，时刻掌握葡萄成熟的程度，了解糖分的含量。先进的测糖仪解决了问题，但是还有些原始的农民，直接摘一颗葡萄，用牙齿咬开，切碎葡萄籽，通过压碎葡萄籽的声音和感觉来判断葡萄成熟情况。

在进行了第一次发酵后，将红酒灌入橡木桐进行陈酿，这个过程非常重要。酒的好坏，全靠这个过程。第一次发酵后的葡萄酒酸涩苦，将在这个过程变得柔和、芳香。

发酵完成的红葡萄酒，将会装入橡木桐进行陈酿。陈酿的过程就是澄清和沉淀的过程，波尔多常用的做法是鸡蛋清处理法。这个过程，要换桶，把澄清的葡萄酒换到新桶，原来的桶底部有沉淀物。

最后进行过滤、澄清和灌装。至此为止，葡萄酒可以出库了，出现在世界各地的餐桌上。

各位酒客，葡萄酒大概就是这样酿出来，我知道你们不关心，但是，有一天，你们会注意这些环节的。因为好酒是人酿出来的。当你们探寻酒的根源时，我相信你们一定会追到酿酒的日夜里去。

王阿姨，你听懂了吗？

这酒咱还是不酿了吧！我送你一瓶法国葡萄酒，VDP，市价55元。

第20夜
重归苏莲托

看这海洋多么美丽
多么激动人的心情
看这大自然的风景
多么使人陶醉
看这山坡旁的果园
长满黄金般的蜜柑
到处散发着芳香
到处充满温暖
可是你对我说“再见”
永远抛弃你的爱人
永远离开你的家乡
你真忍心不回来

请别抛弃我

别使我再受痛苦

重归苏莲托

你回来吧

当我写下这行字的时候，我的电脑播放器，潮涌的弦乐如海浪般涌上我的心头。年少种种涌上心头。今夜是意大利之夜，是的，该有一夜来谈谈意大利。

看客，请你搜索出意大利歌曲《重归苏莲托》和《我的太阳》，循环播放吧。

意大利，内心的美好和忧伤，填满了年少的音乐时光，很长一段时间都不敢直视她，就好像男子在人生的低谷，都没有信心面对心爱的姑娘。要知道，意大利三个字，对一个音乐人的分量。音乐家身上所有的浪漫和忧伤全部来自意大利。

忧伤的《重归苏莲托》，阳光灿烂的《我的太阳》就是音乐的全部。忧伤的内心和热情奔放的前进，构成了艺术人生的全部。你听到了吗？朋友，你听到了你拨动心弦的旋律吗？如果你能感觉到，晓斌的眼泪已经盈眶而出，模糊了屏幕。

年少时意大利的情结，在 20 年后夏夜深处，依然毫无防备地放进我的青春回忆。

你无法想象，少年的我，躺在床上一遍遍聆听这两首歌曲，时而忧伤，时而热情。一遍一遍地聆听，一遍遍在模糊的意识里沉醉和感受，那是人生唯一的低谷，每天就吃着辣椒炖白菜和白米饭，所幸意大利的歌声，让我至今仍然难忘，以至于当我再次听到这旋律时，我又想起了美味的炖白菜和白米饭的味道。

就这样，我闯进了回忆中的意大利，闯进了贫穷而志存高远的少年时光，和着忧伤的歌声、热情的旋律。走进意大利，你是否感受到了地中海的海风吹过你的发线，你是否看到西西里姑娘从你的前面走过，留下伤感和惋惜。在此后长长的青春回忆里，意大利，你满足我年轻时光里所有的幻想和追梦。

就如同今夜的相逢,布鲁诺的 Poggio Al Wento,和巴洛洛(Barolo)的 Spinetta。就像两位好友闯进我的记忆,让我措手不及。狮子头发型的巴洛洛的 Spinetta 就好像大哥,清秀英俊的布鲁诺的 Poggio Al Wento 就是年轻的小伙子。你们携带意大利惯有的热情和爽朗笑声,从屋外走进来,大大咧咧地坐在我的身旁,身上携带土地里浓郁的松露和豆蔻的香气。让我透过窗户,看见绚丽的阳光照耀在海里,蔚蓝的天空染蓝了这一海的水,让我在梦里再次感受那真实的错觉。

我们一如既往继续聊着。从历史中来,从普契尼,从艺术歌曲,从帕瓦罗蒂,从那不勒斯,从佛罗伦萨,从水城威尼斯。时而细致,时而粗重,时而芳香,最后绵绵如你柔和的目光,让我看到了勃艮第的表妹那熟悉的眼神。

我常常漫步在那前辈留下的乐谱中,常常用意大利的语言朗诵着你的诠释。全世界的音乐家可以不懂英语,但是必须懂你,因为意大利语在乐谱坚守了 400 多年,那时英国人还在蛮荒之地。意大利,音乐的圣城,是乐圣贝多芬日思夜想的地方,是乐父巴赫一生的梦想之地。

普契尼的歌声,让全世界变得安静、优雅。

帕瓦罗蒂,那个铁匠的儿子,带着地中海那热情、炽热的声音,征服了世界。美妙的歌声,似乎是你的代名词。

米兰的姑娘们,是你豪爽、真实、优雅、浪漫的集中体现。站在你的街头,我看见美丽的姑娘捧着鲜花,在晨光里,嫣然而过。我迷失在你的安静的晨光里,任凭老人的烟草气息,久久不能消散。

很多年了,你一直在我心里,圣洁、美丽、憧憬和追往。今夜,我再次走进你的世界,为那一杯美妙的葡萄酒。为你的子民们的辛勤劳动和在你土地上结出的果实,为你的人民酿出的美酒佳酿。

这是我之前不曾了解的。我要更多地走进你的世界,触摸你真实的乡野,正是这乡野的美酒,养育这土地上的人们。滋养我年少的梦想和意志。

你是葡萄酒世界真正的王者,你是欧洲葡萄酒的祖地。从托斯卡纳(Toscana)、阿玛若尼(Amarone)、巴洛洛(Barolo),我拂过你的每寸土地,葡萄酒弥漫你的国度,你的每寸土地都盛开着葡萄苗的骄傲和倔强。你用无数第一,让欧罗巴列强臣服。葡萄品种数量第一、种植面积第一、出口葡萄酒第一。你有着意大利人的传统经典，你也富有创新时尚的精神。葡萄酒也如你，五彩缤纷，精彩纷呈。

此时此刻，我杯中的布鲁诺和巴洛洛已经美妙万分。芳香弥漫着这南国夏天孤独的深夜。

重归苏莲托的歌声，萦绕在我的书房里。淡然和自信涌上我的心头。我似乎听懂了你的声音。

Enjoy your life. Enjoy wine and music!

Welcome to Italy!

Tiamog Italy!

我爱你，意大利！

（推荐音乐《重归苏莲托》、《我的太阳》、《今夜无人入睡》）

第21夜
迟到的DOC

当你徜徉在庞贝城的废墟里，穿越千年，你看尽繁华，我听到了灾难来临时人们的撕心裂肺的呼喊；

当你穿过空阔的罗马古城，圆柱静谧，残垣断壁。你听见了杯盏交错的声音了吗？你听到奢靡骄淫的笑声了吗？壮观的帝国在你的面前徐徐展开。如今只有孤独的行者，走过这千年的路径，拾起繁华的碎片；

当你撑着贡多拉穿行在水城威尼斯，城市入口处大厦顶上那尊雕塑，凝望了千年，看尽潮起潮落；

当你面对灿烂金色的佛罗伦萨，就如同面对一幅骄傲热情的油画，你久久无语，心灵震撼。

你常常迷失在历史的缝隙里。

这是个伟大的国度，是个让你流连忘返的国度。

葡萄酒滋润了这片国土。连同奢华的帝国，连同帝国的百姓，连同来拜访的臣国使者。葡萄酒一天都没有离开这片土地。

这片土地上，拥有全世界最多的葡萄品种。

这片土地种植了世界上最多的葡萄苗，她的每寸土地都适合种植葡萄树。

这片土地的人们酿制了世界上最多的葡萄酒，多到要把它转化成工业酒精。

所以，这个国家的人们怎么可能不幸福，因为随时都处在美妙和眩晕的时光里，真实、浪漫、热情和奔放。

但是，葡萄酒皇冠却没有戴在她的头顶。

Dr. Wine 的 Chenchan 说：意大利葡萄酒的复兴是不是要来了。是啊，意大利是文艺复兴的发源地，但是葡萄酒能复兴吗？那是我们美好的愿望。

葡萄酒的今天，包含许许多多，商业价值，世界格局，广告策划，产品定位。毫不怀疑，美国和法国是做得最好的。早在 20 世纪 30 年代，面对复杂的国内葡萄酒市场，面对成千上万的葡萄酒，法国人出台了 AOC，国家法定产区管理体系。将葡萄酒进行三六九等的区分，规范生产者的劳动，获得规范的商业产品。从而引导消费者有目的地选择法国葡萄酒，使得法国葡萄酒市场就如同一个井井有条的葡萄酒超市，才迎来了如今繁荣的市场和商业回报。

然而，意大利这个昔日的王，却一直错过，恣意散漫，就如同这个国家的历史一样。罗马帝国灭亡后，葡萄酒生产也进入了冰河期。漫长的中世纪里，葡萄酒只存在教堂昏暗的烛光里。

直到 14 世纪，文艺复兴的时候，葡萄酒的文化才开始逐渐恢复，但是意大利四分五裂的政治格局，葡萄酒依然没有成为国家的名片，只是安东尼桌上的饮料。

19 世纪，毫不例外，意大利和法国一样遭受了虫患的袭击。整个国家的葡萄酒产业跌入了万劫不复的境地，挣扎着，喘息着，呼吸着，才保住了命根子。

进入 20 世纪，两次世界大战使得民不聊生。这片美丽的土地，光彩不再。

但是意大利人在 20 世纪后端，展示了他们这个民族的优秀和伟大。

意大利人智慧的大脑，艺术创造的民族特性，把这个国家的葡萄酒带入全新的时期。意大利葡萄酒重新回到了世界前列。但是面对强劲的对手法国和美国，意大利还是稍逊风骚。

很长一段时间，意大利葡萄酒在欧洲人看来，就是廉价的标志。智慧和进取的意大利人是不会服输的。

1963年，意大利出台了DOC制度。这个制度就是效仿法国的AOC制度。国家对产区进行法定认证，由国家来管控产区的葡萄园种植，生产和酿制。并且进行分级认证。形成着一个分级模式：最高就是DOCG。相当于法国的Grand Cru。大家看DOCG＝DOC＋G(Grand)。然后下去就是DOC，相当于法国的AOC。DOC下去，就是地区餐酒IGT，最后一级就是VDT。后面的两个级别，国家的监管和控制是比较松的。

意大利的DOC制度，是非常严格的，这是一个有意思的民族，他们盛产恣意放纵的歌唱艺术家，有着全世界羡慕的建筑和绘画作品，但也有这个古板的政客和管理者。意大利的DOC管理制度，真是管天管地，管得太细：葡萄园种植的葡萄必须是意大利本土葡萄；每个产区只允许种植两种葡萄；而且必须附种植部分青葡萄；每单位面积采摘的葡萄必须控制在一定的范围内；酿制过程中，发酵后的酒精含量必须达到政府的制定标准。

锐意改革，严格管理，飞速发展的意大利终于回到了世界前列了。全国19%的产区，达到DOC标准。

一些产区，在发展中脱颖而出，成为世界著名的葡萄酒产区。北部靠近法国佩爱蒙特区，这里拥有大名鼎鼎的葡萄酒产区，他们分别是巴洛洛(Barolo)、巴巴莱斯特(Babaresco)，他们被称为皇族的美酒，高贵、优雅、丰富、饱满。第二个著名产区是东南部的文托产区(Wento)，该区瓦布里切拉(Volpolicella)独特的酿酒方式所生产的阿玛若尼(Amarone)，让中国喝惯白酒的人们心醉不已。由于特殊的酿制方法，使得葡萄酒厚重，苦甜兼并，辛辣芳香。这种晾干葡萄，再低温控制发酵的办法，获得高酒精含量、内容纷繁的美酒。第三个产区就是托斯卡纳地区(Toscana)的布鲁诺(Brunello)产区。这个产区和前面两个不一样，她是用桑娇维赛来酿制葡萄酒。酿制出来的葡萄酒也保持着厚重、丰富、变化万千的特点。这几个产区的葡萄酒让全球的酒客们心醉不已，特别是亚洲的朋友们。

小伙伴们，记住这几个单词，在意大利的酒标上，看到了她，你就要留意啰。

Barolo，Barbaresco，Amarone，Brunello，Chianti，这几个产区，生产的葡萄酒都属于DOCG，是意大利高级优质葡萄酒，在瓶颈的地方有一个圈带，上面有着DOCG的字样。

意大利酒是很复杂的，为什么？因为有名有姓好查找，但是意大利酒还有一个现象就是：高手在民间。

此话怎么讲呢？这就是意大利酒复杂的原因所在。

这样说吧，在意大利还有一大批酒，他们虽然贴着IGT的餐酒标识，可是卖出的价格确是DOCG的价格，这是为何？

我们还是从DOC说起。意大利严格的DOC，让一些艺术家类型的酿酒师感到崩溃和疯狂。为了按照自己的想法来酿制葡萄酒，采用非本土的葡萄来酿制葡萄酒，这是与意大利法律相违背的，他们宁肯放弃DOC的法定产区认证。自动降级为IGT。就好像，兄弟几个打下江山，你做了皇帝，我们几个受不了朝廷的繁文缛节，向您请求辞去官职，告老还乡，做一个普通百姓。但是，你的影响力，那可不是一般人能比的。虽然头上无纱帽，但是说话仍然可以威力四射啊。那么这些放弃DOC、自请降为IGT的酒庄，用自己的套路，酿出了法国人和美国人喜爱的葡萄酒。这批酒，我们称之为超级托斯卡纳。四款超级托斯卡纳，分别是Tignanello、Sassicaia、Solaiahe、Ornellaia。

这样看来，意大利葡萄酒有两支军队，一支DOCG军团，用传统的方法酿出厚重奔放的葡萄酒，另一只超级托斯卡纳军团，酿制新型葡萄酒。帝国正率领两支大军，一路杀来。

法国和美国可否听到这古老的铁蹄铮铮！

让我们拭目以待。

啊多么辉煌
灿烂的阳光
暴风雨过去后
天空多晴朗
清新的空气

令人精神爽朗

啊多么辉煌灿烂的阳光

还有个太阳

比这更美

啊我的太阳

那就是你

啊太阳

我的太阳

那就是你

那就是你

（意大利民歌《我的太阳》）

这太阳就是，意大利葡萄酒在公元3世纪落下的太阳，我们期望她重新回到这浩瀚湛蓝的天空。为了地中海的风，为了那美妙的歌声，为了罗马古城守候千年的铜制士兵。

COME ON！ITALY！

第22夜
遇见就是缘分

前夜，开酒一瓶。

前次买酒，好几瓶一起放入酒柜，只记得都是勃艮第的红酒，加之勃艮第的田多、庄多。原来只想买些不著名的酒来喝，期待一些惊喜。

但是，当我拔出酒塞，习惯性地倒入少许进酒杯。颜色宝红，咦，这是勃艮第的黑皮诺吗？一闻，傻了！不是黑皮诺，扑鼻而来的是橡木桐丰满隽秀的香味。我看见西拉王爷，玉树临风地看着我，冷峻、霸气地直直看着我。

此时，我拿起酒瓶，仔细观察酒标，才发现自己犯了个错误。这瓶酒来自法国南部，是罗讷河谷（Rhone）的红葡萄酒。我的习惯是，先喝酒，再看酒标，再看相关酒评，然后再对比自己的感受。我不喜欢先看别人的酒评，影响自己对酒的判断，所以才犯下这个错误。

首先，法国南部隆河谷的红葡萄酒的瓶子很像勃艮第红酒的瓶子，他们不同于波尔多的瓶子，是那种溜肩形，所以我才搞错了。其实，隆河谷的酒瓶和勃艮第的酒瓶还是有区别的，就是隆河谷的瓶子下半部更丰满。但是，由于我先入为主，没开瓶之前，就认定是勃艮第某块不知名的村田，所以才有这种事情发生。

其次，法国南部隆河谷北部的罗地丘(Cote Rotie)这个产区，是一个隆河谷产区的重要产区，和南部的教皇新堡(Chateauneuf Du Pape)遥相呼应，构建了隆河谷红葡萄酒的伟大结构。西拉葡萄酒(Syrah)我们就不陌生了，在新西兰的那些日子里，西拉陪伴我们度过美好的北岛时光。但是，西拉的真正故乡在法国南部的隆河谷。因此，我辗转反侧，期望将来好好相逢法国正宗西拉，没想到是这样一个见面的场合。一个错误的决定，遇见了西拉故乡的极品西拉。

然后，在隆河谷北部的罗第丘区，有一个著名的酒庄，就是吉佳乐(Marcel Guigal)。吉佳乐酒庄几乎就是隆河谷北部罗第丘的代名词，罗伯特·帕克大师对这个酒庄那是推崇备至，每年都要访问这家酒庄，而且为这个酒庄的酒打出很高的分数。

再就是，隆河谷地区酒的分级，和勃艮第有点不一样。它的酒大致分为三个级别。一就是独立村田酒，二级就是村级酒，在酒标上标明 village，三级就是小产区级酒。最后的一个级别就是大区酒了。从这个分级上来看，比勃艮第似乎简单些。而我打开的这瓶酒，就是罗第丘区的区级酒。

徐老师在微信上一看到我的图片，立马发来回复：好酒。但是，可能开早了。当然，这鲜红的颜色告诉了我她的生命力是如此的顽强。这瓶吉佳乐的罗第丘的葡萄酒就是2006年的酒。根据吉佳乐酿酒的工艺流程，这瓶酒需要在酒庄的地窖里待上4年的时间。因为吉佳乐的酿酒特点，就是会让酒在酒窖里熟成，陈酒很长一段时间。因此可以肯定，这瓶酒，应该上市的时间不会超过2年。这是一瓶相当年轻的西拉酒。根据前辈们的经验，这瓶酒适合饮用的时间是2016年以后。我硬是活生生地将她打开了。

就如同人生那样。在不该相遇的时候我们相识了，然后，能否珍惜和把握。那就只有天意了。我回话徐老师：人生何尝不是这样，相遇太早，遗憾此生；相见恨晚，且行且珍惜。

就好像这瓶吉佳乐的西拉红酒，我们以这样一种方式相遇。我想过很多见面的方式，就是没有想到，是这样一种毫无防备的邂逅。

我常常思考一个问题。我是一个怀疑主义者？是什么原因，葡萄酒吸引了我。

最后，我渐渐找到了答案。

那就是对生命的尊重，就是对缘分的珍惜。

在一次次凝视和融合之后，我逐渐感受到了葡萄酒的那勃勃的生命力。从来没有像现在这样，我能感受那生命的力量和感动；每当我凝视，酒柜里安静平躺着的那些酒，我就充满和她们相见的渴望，去聆听她们，去拥抱她们，去品尝她们，直到那美妙蔓延在时空之间。

全世界有几万个酒庄，每个酒庄有不止一款酒，加上每个年份的酒完全不一样，那就意味着，普通人没有可能品尝完这世界上的美酒。就好像，泰戈尔说过，这世界上有五万个女人适合做你的太太。你可别兴奋。我们人生在世，满打满算，也就是 70 年活蹦乱跳的时光，一年 365 天，合计25 550天。每天见个美女，到死你都没有可能见完你的女人们。那就更别说葡萄酒了。你一生能喝到的葡萄酒不及世界葡萄酒的 1%。从这个角度来说，饮尽世界美酒的想法，就变得非常可笑了。

因此，我提出了一个"遇见就是缘分"的命题。我告诉每个喝酒的人。随遇而安吧。

每瓶酒就是一个生命，每喝瓶酒就是遇见一个朋友。所以，要珍惜，且饮且珍惜。这才是且饮且珍惜的真正含义所在。

人生也是这样！

经常听到有女孩感慨地说：谁年轻的时候没爱过几个人渣啊！

我们常常也听到失恋的男孩们，酒后痛苦地仰天长啸：天涯何处无芳草。

我们也常常听到他低低叹息：我们已经不合适了，分手是最好的方式。

但是，就是这些逝去、分离、懊恼、幸福和无奈构成了我们短暂的人生，我们似乎没有选择，因为你没有办法管控你的人生，要爱就有伤害。不爱，你就辜负了美好时光。恨与爱就是生命最美的乐章。我经常看到影视作品里,老人为她等候一生。每每此时,我感慨那需要多大的勇气,去承受这生命里的痛苦,思念的是一种很痛的东西。怎么可以痛一生,拧成眉头不释的情怀。

葡萄酒也是这样,谁没有喝过假酒呢?谁没有遇见过恶俗的村姑呢?谁没有被欺骗呢?就像这瓶相逢太早的西拉。我默默注视着她,静静闻着她青春的气息,生命里与她相遇,那就好好地相处吧。

人生若只如初见,何事秋风悲画扇。
等闲变却故人心,却道故人心易变。
骊山语罢清宵半,泪雨零铃终不怨。
何如薄幸锦衣郎,比翼连枝当日愿。

亲爱的朋友,那就享受相逢的幸福吧!窗外倾盆大雨,你没入雨中,也只能湿了衣衫,却以为湿了整个世界。

你满饮此杯,醉了自己,却也忘记了整个世界。

你相爱此刻,甜蜜你们,却甜蜜这长长一辈子。

爱人尚且如此!

爱酒也是一样。

第23夜
酒中秘笈——九酒神功第一日

各位有缘人,屈指算来。尔等静坐我洞门口也有22日,诚心可嘉,盛情可表。老夫隐于此多年,早已不问世间风尘,不理江湖风云。虽身怀薄技,承蒙各位厚爱,与我缘分到此。我决定将本门功夫——九酒神功,传与尔等,希望尔等发扬光大,扬我本门功夫,消江湖之误解,澄世间之谣言。我酒派功夫精髓,非旁门左道,乃世间救生之秘笈。

看拳,请留意传音入密:

神功第一式:仙人指路,意欲何为

品酒首要,必须了解酒的来路、标准情况,每瓶酒在酒标上会注明,产地、葡萄品种、酿造工艺流程、酒庄地址、条形码。甚至，该酒的级别状况，通过这些信息，我们也许可以明白这个酒的大概情况，对酒接下来的状况，会有大体印象。不同的品种，会带来迥异的风格。不同产区，会呈现不同层次的体验。不同酿造工艺，会带来高手之间的明显差异。如果，施主你明白该产地分级制度和备忘的话，你甚至可以了解到该酒的价格，从而明白该酒的状况，明白做东的重视程度，或者东家意欲何为。是老友相逢求一聚，还是拜上门来有求应，或许“土豪”来访现神威，愣是传情达意求欢来。

神功第二式：察言观色，洞悉全机

此乃重中之重，为师江湖多年，练就火眼金睛。察言观色，耳听八方，才得以成为一派之宗师。入得门来，察言观色。将酒少量倒入杯中，置于光下。可以根据神器中酒的颜色，我等可以判断，其功夫深浅，任督二脉通畅状况，天顶开口与否。从而定下主意，是立即拿下，还是问清师派，动手不迟。观色秘诀，颜色鲜艳，清澈明亮，此乃初出茅庐，名门正派。颜色不正，浑浊不堪，乃歪门邪派。色泽透明，略现黄褐，此乃老酒。此外，若遇白葡萄酒，颜色明亮，淡黄透彻，此乃年轻女子。若遇金黄琥珀色体，千万注意，可能灭绝师太重现江湖，或者大器晚成仙姑现身。若遇年轻者，需经时间，与其周旋，待其神清气爽，无骄横无礼之态，再与之交手，方可切磋武功，相得益彰。若遇熟老，应即刻上前请安：晚辈无情快音侠，携笛箫为器，请来拜见。请问前辈是何方神人？使出本门功夫，讨请指教，不用磨磨唧唧。与高人过招，胜你练功三年。这样说来，察言观色，可助你洞悉全机。分寸尽在掌控之间。

通常状况下，年轻的酒，酒的颜色几乎呈新鲜状态，鲜艳清澈，酒核深沉。随着时间的变迁，酒开始转黄褐。有些假酒，篡改年份，我们观其色泽，便可知真假。就好像 40 岁大姐扮嫩，还能逃过您的眼睛？什么都可以造假，味道岁月和时光没法造假。因此看来，酒体的颜色可以判断出酒的生命。你说一瓶 1982 年的拉菲，色泽鲜艳，宝红光亮，你说可能吗，土豪哥？话说回来，名门正派的弟子，不会轻易下山的。不在师傅门下演习功夫多年，师傅是不会叫他行走江湖的。在一些优质酒庄，通过低产量、久熟成的方式，为江湖培养一大批高手。这些好酒，进入江湖后，就表现出少有的高超功夫，引来西土酒评大圣帕克道长的称赞。广散江湖，使得其年少盛于江湖，最是难得。

神功第三式：闻香识人，直指内心

一看二查三闻香。在这个篇章，为师想说的是，相信你的鼻子，如果有鼻炎，为师建议你去天山冷修几年。为师一直没有告诉你，你身上有一样东西，是不需要为师来训练你的。你长于山野，闻百草百花之香；你环村阁之久，闻牛羊猪狗之味；你长春夏秋冬之时，嗅朝暮晨昏之气。所以，你早已功夫在身，无须师傅传授于你。请闭上双眼，闻酒香即可。此时此刻，你闻到了什么，穿越那村野的暮霭，穿越母亲的灶台，穿越小芳的发髻，穿越村廓的漫长，你闻到了什么？是的，就是它，是不是闻到了你熟悉的气息。对头，就是这个味儿。

故乡的味道，花开的季节，你和小芳姑娘躺在沁人心脾的南山坡。

妈妈劳作的灶台前，你流着口水，任凭那些醉人的气味灌满你的鼻腔。

你常常赶着成群的牛羊漫步在山野中，牛羊的气息顺着风扑了你一面，还有防不胜防的牛粪羊屎味儿。

还记得秋天的时候吗？你在树上，小芳姑娘在树下，你们嚼着成熟水果，浓情蜜意在树根树梢间传递。

你游荡于山林石丛间，那古老的气息，那沉睡的气味，被你如风的身影搅得兴起。

你甚至，捏着鼻子经过村头刘老根的破房子，拒绝臭不可闻的气息。

没错，这些就是这神奇的液体诞生之处。葡萄酒吸天地之精华，汇时空之辗转，才酿成这风姿绰约、精彩纷呈的神奇之水。

当你闻她的时候，何尝不是一次精神的穿越，何尝不是一次乡魂的回归。你和她一样，来自那片土地，一样春华秋实，一样长大成人，一样山山水水，一样晨钟暮鼓。所以，当你靠近她，你闻的不是她，是你自己。

明白吗？

心会欺骗你吗？不会！那就相信这神奇的感觉，去感受这扑面而来神奇的气味。

第24夜

酒中秘笈——九酒神功第二日

神功第四式：翻江倒海，瞬息万变

眼观鼻，鼻观心。心入定，眼微盖。现在，请喝下一口葡萄酒。让葡萄神水停留口腔。锁住悬容垂，阻断神水下流咽道之门户。舌头平放，前段微翘，着神水于中央。凝神定气，气沉丹田，鼻息而入。着口腔前后移动，形成翻江倒海之势。让葡萄神水在口腔方寸之地，来回奔涌，左右翻腾。只听那神水细浪奔腾，神化了得，中途再从唇间吸氧气而入，汇入神化阶段。顿时瞬息万变，天旋地转，葡萄酒在舌头四周和中央形成各种味觉，酸度，涩度，微苦，甘甜。种种味觉尽在方寸之间。这时刻，你的舌头开始充分展示它的功能，前端识得甜味，末端识得苦味，两侧识得酸涩。一定要让神水在舌头上进行充分的接触，一定要让葡萄神水在口腔中停留数秒，其间吸进真气入口腔至少两次，方可识得葡萄酒之真味，方可知道这方寸之间的美妙和丰富，方可体会到酿酒人的良苦用心。

然后，提起悬容垂，开咽道之门户，饮神水入幽门，直下体内。

万万不可，当牛饮那般，倒满酒杯，咕噜如牛饮，好似牛嚼牡丹，浪费了好酒，伤了那酿酒人的心。

最恨了八戒那厮，馋吃人参果，囫囵吞果，不知果味，最后，绕转于悟空和悟净身旁，口水四流。方知，饮酒不可学那八戒，全无兴趣，了无情趣。

应该如此：

倒少许酒入酒樽。量至两口。着杯底，起之。逆时针晃之。观酒与杯底成圈形自转，优雅如斯。意在让真气与神水进行交融，唤醒沉睡的酒灵，醒后，可见香气和丰富之气息。起初，味重，有刺激。乃二氧化硫在挥发，此物用于抗氧化，防止神水衰减。二氧化硫遁形后，我们方可见到神水之真面目。但是，气息微微打开，橡木桐味先声夺人。然后，各种气息和味道才逐渐舒展和打开。因此，舌头上的神水，翻江倒海，感觉气息万变。

但凡好酒，口腔中香气极其丰富，酸度、涩度和酒精度极其平衡。三者如等边三角形。其中一边稍长，就失去了完美的感觉。此乃，帕克道长所论：平衡感。

神功第五式：余香缭绕，三日不绝

嘴微开，眼微开。气沉丹田，香气环绕。此时，应该感觉到酒过之处，无不秋风扫过，痕迹斑斑。从口腔平感，如同那高尔夫球的T台。经由那咽户幽门，如同那高尔夫球的球道，如葫芦状。最后就落于了丹田之间，似乎有个球洞，稳稳地接住了这一杆入洞。好球，好酒！

这神水落得好生沉稳。

各位看客，我此时此刻，正在饮用来自法国南部罗讷河谷，来自吉佳乐酒庄的罗第丘的区级酒。我感受到了酒落得好生沉稳，铿锵有力。在舌面好生凝重，酒路（就是从口腔进入，抵达丹田的路径）无比直爽，无滞凝之象。只听得了叮叮当当的声音，在喉间争鸣作响。余音绕梁，三日不绝啊。只觉一股热腾腾的真气从丹田腾起。只觉得全身一震，立即舌尖顶住上腭前端，补气下沉，防止泄了真气，废了酒精！

各位要注意，这种现象就是酒精偏高，焕发暖气。若是低酒精度，那么回味那就不会那么热气腾腾，相反是清风拂过，香飘喉间。

大家要记住，好酒的回味是极其冗长的。你会感受酒的香气适中停留在幽门附近，阻于中段，上下分散，香气不散。而一般葡萄酒，跌入丹田之间，便无声息，寡淡无味，香消云散。

不同的美酒，回味是不同的。我此时这款可谓之刚烈彪悍。也有柔情似水，有甜蜜无比，有瓜果鲜甜等。只需尔等慢慢体会，自有一番极美的体验。

世人云：饭后一支烟，赛过活神仙。

我想说：美酒入丹田，世间一万年。

神功第六式：阴差阳错，终成一体

然则，练至第五层神功，依然傲视天下，但是，自古武功不是为了制人，也不是为了不制于人，而是，修身养性，强身健体，完美人格。喝酒也是如此。不是为了放倒谁，而往死里喝。更不可，借酒浇愁愁更愁，导致身体破环，坏了酒灵，破了酒真，使得很长一段时间，都错过美酒之时光。

这世上，初为混沌，后开天为阴阳。日月同辉，阴阳互补。然男女交合，合为一体，此乃顺应自然，天地之合。

葡萄酒附着酒灵，富有生命。或阴或阳，不可无视。那么，顺应天地之宗，葡萄酒也应该有互补之物。那就是食物。

坊间传说：红肉配红酒，白肉陪白酒。

大体是对的。红葡萄酒味重，酸感大，酒体丰满，味觉丰富。自然不是简单清新事物可以配之。

白葡萄酒，清新可人，酸涩细致，气味清香，当然不可让浑浊味重的卤肉腊肠染了她。

这道理好似很简单。

只有宝玉那清澈男子，方可配了林黛玉才好。你若要黛玉配了满口粗话的焦老大，那天下人是断不能答应的。

这样说来，葡萄酒和食物的婚姻，两者结合的原则大体上是这样的。

但是，这世间的婚姻万万不是这么简单的。就好像知识分子夫妻，那也是千奇百怪。那农家公婆，也是瓜果梨橙。

因此，红酒配红肉，白酒配白肉，那也是选择性多多，但是有一个重要的原则就是：互补。

婚姻是让生活更美好，恋爱是使对方更幸福。任何建立对方痛苦上的婚姻和爱情，都是耍流氓和暴力关系，可以直接拨打 110。

葡萄酒和事物的搭配原则也是这样。要不使葡萄酒更美好，要不使菜肴更美味。

你希望你太太是个独立的女人，因为创业的你，选择的太太是个聪明、独立、能干、自理能力强的女性。而这些品质刚好要互补你的生活。因为你没有时间过多顾家，那么她要独立处理一些家务事，因此自理能力强的女人会吸引到你；因为你喜欢和太太聊天，于是她的聪明吻合了你的精神需求。因此这可能就是一个很合适的结合。

葡萄酒的涩度，你必须去消磨，使得入口顺滑，细致而又清新。可能芝士蛋糕、芝士焗菜可以识得酒体顺滑。

葡萄酒的甜度，你必须保护好她，使得她变得更加清新娇媚。你千万不可以凉瓜炒蛋来配晚秋葡萄酒（迟摘），而是用冰激凌，来提升晚秋的清新冰感，识得甜中的香气更加隽秀和清秀。

葡萄酒的苦味，你必须面对。西拉和哥海娜味后的苦感，在某些庄的酒品中尤为明显。你必须用酱香肉和自制腊肉去配置它，希望酱汁和腊肉中的成分去中和苦味，使得这些重口味的葡萄酒更加迷人和强大。

总之，不同的菜肴有着不同的特点。你必须弄清楚各种葡萄酒的特点，然后再去做个称职的红娘吧！

第25夜
酒中秘笈——九酒神功第三日

神功第七式：斗转星移，世间千日

人的一生就是衰老的一生，衰老就是我们身上碳水化合物被氧化的漫长过程。生命是一种能量，肉体是一种物质，生命同肉体充分混合，发生反应并达到平衡时，产生活人。

葡萄酒的一生也是被氧化的一生，酒精变成醋的一生。我们在灌装葡萄酒的时候，会注入一种叫二氧化硫的气体，这种气体可以抗氧化，使得葡萄酒保持灌装时的状态，任凭时间飞逝。

每每我打开一支葡萄酒，我感到莫名的悲伤；因为，我们在见证一瓶葡萄酒的逝去。

看着一个个葡萄酒生命逝去，事实上，葡萄酒最美的结局，就是在我们打开时，绚丽多彩，上演自己的美丽一生。她的生命那样短暂，生命力顽强的葡萄酒可能有8个小时，生命力脆弱的葡萄酒就只有1个小时。那些衰化的葡萄酒更可怜，还没有打开，就已经结束了自己的生命，剩下一瓶陈醋，诉说生命的艰辛和命运的坎坷。

葡萄酒最美的时光，就是陪伴葡萄酒绚丽地盛开。

好酒的特点，就是打开后，会进行丰富多彩的变化。每过10分钟，你去品尝和闻她，她都会呈现出不同的状态。

约三两好友，开好酒一瓶。从黄昏开动，直到深夜。谈天说地，问古论今。中途，品尝美酒，感受美酒的变化无穷，几人开开心心地讨论这酒的变迁。真有些斗转星移、世间千日的感觉。

我常常想起儿时那些神仙的故事。天上一日,地下一年。常常害怕自己不小心去了天上。如果待上数十日再返回人间,我的奶奶该早死了吧。舍不得奶奶,所以不期待天上的日子。哪怕董永的太太美若天仙,哪怕牛郎的媳妇人间少有,我也弃了那上天做神仙的日子,只为凡间真实朴素的情感。

而如今,我观这酒杯。看酒的一生。何尝不是斗转星移、世间千日。我观这葡萄酒,好像是我立于九重之外,看世间苍生的短暂生命。

神功第八式:神龙摆尾,深渊已没

桌上的这瓶吉佳乐,久久不肯离去。三天前,我打开她。塞瓶抽空,置入酒柜。现已是凌晨,昨日黄昏开她重喝,仍然强劲。已过去4个小时,浆果和黑栗子的香气依然隽秀,酸涩已消失得毫无踪影。我似乎看见一条青龙,优雅地摆动着长长的尾巴,微笑着盯着我。虽全无昨日和前日的强悍和勇猛。但是,那份自信和淡然,是万万让我不敢轻视的。

我觉得这龙是要走了,要跃入深渊之中,再也找不到它的踪影了。这坚强的灵魂,催促我不停地注视它思索它,一遍遍地端起它。我晃了晃酒杯,那簌簌落下的酒泪,均匀细长。好像全是优雅,全无伤感。真正的高手,都是要等到葡萄酒最后谢幕的那一刻,那才是最壮观的时刻。

然而,生活中,我们常常是,酒看着我们谢幕。那些豪饮者,就大量无辜的美酒倒入肚里。没有珍惜,没有尊重,没有品味。这酒就如同孙悟空那样,在铁扇公主的肚里翻江倒海,最后扶住那个墙根,扶住某个电线杆。将美酒喷口而出,美酒们回到了大地,尘归尘,土归土。在寂静的深夜,仰望着星星,慢慢结束了自己不幸的一生,因为她遇见一个不珍惜美酒的人。

哪有此时此刻那样,我们交谈着,我们回味着,我们挥着手,我们交融为一体。

看神龙摆尾,深渊已没!

收。长吁一气,丹田自守,真气缓和。这九酒神功第八式就到这里。

神功第九式:字字珠玑,千古流传

修炼到第九重神功,老夫祝贺你!

没有总结就没有前进，没有传承就没有发展。

在前几夜，我深情地谈过，每瓶酒就是一个生命，遇见每瓶酒，就是遇到一个生命。人生何尝不是如此，熙熙攘攘，来来往往。为这平生遇见的朋友写下几句，集册成品酒日记，何尝不是美事。

我们品尝过很多美酒，但是，我们都忘记了他们的模样。除了记住价格和当日的酒局之人外，你们可否记得那美酒的模样。

神功第九重，记下品酒日记。

按照神功九重的方式，逐渐记录下来。这样做的作用就是强化你的品酒神功。

具体做法：收留瓶塞，因为瓶塞上有这只酒的所有信息；如果有可能拓下酒标，帖于品酒日记，或者手机拍下酒标，打印成图，帖于日记。三言两语，写下感受。若干年后，当你重新想起此酒，翻看你厚厚的品酒日记，让我们一起回味那美好时光吧。那酒走后的美好时光全在你那尘封的日记本里。

此举提升你的战斗指数，可帮助你打通任督二脉，让真气游走全身脉络。可飞檐走壁，可上天下海，成为人人尊重的神人。成为我派江湖骄傲，宗师钦点。

老夫创立九酒神功，共九式。九九归一，天地归一。每日修炼此功，必成大器。望尔等好自为之，刻苦修炼，早成气候，称霸武林。

九酒神功

创始人：豫章晓斌

一、仙人之路，意欲何为

二、察言观色，洞悉全机

三、闻香识人，直指内心

四、翻江倒海，瞬息万变

五、余香缭绕，三日不绝

六、阴差阳错，融为一体

七、斗转星移，世间千日

八、神龙摆尾，渊源已没

九、字字珠玑，千古流传

第26夜

The King of the Kings——帕克(Robert Parker)

帕克,你可不能告诉我,你不知道他是谁。如果你不知道,我只能说,你是个真正的葡萄酒菜鸟。

这么说吧,每年春天,当法国的葡萄酒博览会开幕,当所有的酒商和酿酒师们焦躁不安时,当所有的买酒客举棋不定时,那么就有一种可能,就是帕克没有来。帕克,就是那个左右法国、意大利等葡萄酒大国名庄新酒价格的人。如果那些名庄是国王,那么帕克就是王中王,the King of the Kings。因为所有的酒庄都希望自己的酒能得到帕克的评分。好的评分,能够让酒商们赚个盆满钵满,可以让一个名不见经传的小酒庄摇身一变成为世界名庄;也能让一个名庄瞬间面临垮台的境地。帕克就是这样一个传奇的人物,这样一个让葡萄酒世界闻风丧胆的人物。但是他没有滥用自己的权威,他就像一个公平的国王、正直的国王,面对着天下百姓,发出他威严的声音,传达他深情的期望。

帕克,美利坚合众国公民,现年67岁。出生在马里兰州的巴尔的摩。大学主修历史,辅修艺术史。大学毕业后,进修法律,后来成为一名律师。年轻时,前往法国北部的阿尔萨斯地区(Alsace),探望自己的女友。进入法国境内后,跌入了葡萄酒世界,从此和葡萄酒结下了不解之缘。1984年,是重要的一年。在此以前,帕克都是利用律师工作之外的时间来从事葡萄酒文化的传播。1984年以后,也就是帕克37岁这年,帕克关掉了自己的律师事务所,开始专心从事葡萄酒文化的推广和葡萄酒的钻研。直到今日,成为葡萄酒世界的王中王,获得法国两任总统和意大利总统的最高荣誉勋章。一个喝喝酒、写写酒的美国人,竟然成了葡萄酒世界的王中王。我们来探寻他背后的故事。

帕克的成功的原因,第一,我认为是传媒资讯时代的一个缩影。帕克从法国回到美国后,就创办了一个刊物,名字叫《葡萄酒倡导家》(*Wine Advocate*)。那是1978年。那年,帕克31岁。中国人的话,三十而立。帕克找到了自己的事业方向,开始开足马力为此奋斗。帕克和很多人一样,他找到了自己的方向，就是为公众提供葡萄酒的购买指南和葡萄酒的测评。严格意义上说，帕克进入了一个行业传媒的领域。从这个程度上讲，帕克就是一个专业媒体人，他的定位决定后来的发展。第二，行业传媒的定位，意味着帕克必须公正、透明、正直地为公众提供真实可靠的资讯给老百姓。这就意味着帕克的杂志必须有职业道德和良心。这点，值得我们尊敬，也值得世界葡萄酒界的尊重。从31岁创立葡萄酒杂志以来，帕克秉承真实、公正、现场、独立的媒体责任，为全世界的葡萄酒大众提供资讯服务。帕克是如何做到的？一、他从来不接受酒庄的免费赠送，每瓶酒都是自己掏腰包的；二、往返世界各地的所有费用，不需要任何一家酒庄提供经费的赞助；三、如果在当地进行同一酒款的评分，他会要求最少20家以上的酒庄统一提供酒到现场；四、帕克品酒，都要求自己进入产区，或者下到地窖。根本不会在美国家中进行品酒。综上所述，帕克传达的信息很明显，对消费者来说，帕克是公正、真实的评论者；对于酒庄来说，帕克没有收到任何一个酒庄的贿赂，他们愿意接受帕克的评分。从传媒的角度来看，帕克获得了读者的超级信任，这种超级信任，又推动了帕克对酒庄评分的权威度，从而获得了公众的信任和专业依赖。第三，从行业传媒的特殊性角度来看，帕克发明了一个评分制。这种50分为起线、满分为100分的评分制，为全世界酒客认识和了解葡萄酒提供一个简单通俗的标准。他们抛弃那些深奥复杂的酒评和神乎其神的杯制。帕克的评分体系没有故弄玄虚，他就是按照老百姓的品酒过程来进行设置。包括四个方面：首先就是观色，其次就是闻香，然后就是回味，最后就是一种个人化的评分。这种评分体系，符合劳动人民的品酒习惯和追求标准，用了一个很简单的标准，把酒的鉴定认同感交回给了消费者。帕克是真正地站在了老百姓的角度来工作，受人民群众的委托和酒商们进行斗争和斡旋。因此，背后有一座人民群众的高山。第四，我认为也是极其重要的，帕克没有依托全球的评酒地位和影响，来经营自己的葡萄酒公司。对酒商来说，帕克不是竞争同行；对消费者来说，他不存在为己牟利。尽管，有人说帕克在Napa山谷，有自己的酒庄，打理的是他的小舅子。但是，他从不给自己酒庄的酒打分。瓜田李下，非常注意自己的形象。春季的时候，帕克来了，新酒在帕克的口腔里翻滚；夏季的时候，帕克来了，他在熙熙攘攘的葡萄酒展销会上忙碌；秋天的时候，帕克来了，站在秋收的葡萄地里，凝视着忙碌的工人，偶尔摘下一个葡萄，放在自己嘴里。这已是波尔多、勃艮第、罗讷河谷人们眼中常景。但是，2003年，帕克没有来。波尔多的酒商和庄主们，都快要哭了。原因是如火如荼的伊拉克战争，法国人选择不和美国人站一边，美法关系紧张，帕克遵守夫人的话，不离开美国。这就麻烦了，法国、意大利的酒商们陷入了崩溃的状态。庄主们恨不得空运500支酒到帕克的府上，希望得到帕克的评分。但是帕克拒绝了，因为帕克的品酒原则就是前往原产地。那是法国和意大利酒商们黑暗的一年，帕克坚持没有去法国，2003年注定是一个缺少帕克的法国年。

世界葡萄酒教父——帕克，一个所有的葡萄酒人都绕不过去的人。一个从行业传媒成长为葡萄酒大师的人，一个注定要左右世界葡萄酒帝国的人。我似乎听到了英国那些葡萄酒大师们的叹息：既生瑜何生亮。在帕克面前，那些葡萄酒专家的评定显得苍白无力、自取其辱。我想，恶毒的人，肯定希望帕克早点见上帝去吧！因为伦敦很多葡萄酒大师们，因为帕克的存在，使得职业道路变得异常艰难，难以超逾。他们可能在想：这是为什么，苍天啊，大地啊，这是为什么啊?

我想说的是，这是一个传媒介入市场的成功典范，是在获得大量公众信任的基础上再进行升级改造、推出新服务的案例。这也是微信获得成功的缩影，在QQ成功免费使用10年后的升级服务。因为用户是硬道理。谁拥有用户，谁就有声音力度，谁就拥有市场，谁就可以呼风唤雨、左右局面。帕克就是这样做到的。帕克的成功离不开他的媒体平台《葡萄酒倡导者》。

第27夜
私奔阿罗城

屋外的街道上，人声鼎沸，到处是欢笑声、惊叫声、奔跑追逐声。人们操着水枪，拿着小桶，背着喷水器，向人群喷出紫红的葡萄酒。人群躲闪着，小伙子迎上来，张口嘴巴，吞下这喷来的葡萄酒，姑娘们仰着脸任凭葡萄酒在脸上流淌。幸福洋溢在每个人的脸上，激情传递在每个人的胸膛。满街的人们都被葡萄酒的红色所浸染。

西班牙北部，里奥哈(Rioja)地区的一个小镇，阿罗城(Haro)。一年一度的葡萄酒大战，此时此刻正在热情地激战中。

中午时分的阿罗城，沉浸在欢乐的海洋里，人们欢笑着、追逐着、打闹着，畅饮美酒，每个人的身上都被葡萄酒染得鲜红。几个小伙和西班牙女郎围着路边的烤肉档，烤肉的香味，弥漫在空气中。人们喝着葡萄酒，吃着肉串，时时被泼来的葡萄酒惊得四下散开，留下欢笑声和喝彩声。

我和 Cherry 的身上也被染成了紫红色。住宿的酒店下面有一个酒吧。刚刚上来的时候，一个穿着红色长裙的舞者正在吉他声中，跳着弗拉门戈舞蹈。欢动着的舞步，和着铮鸣作响的弗拉门戈吉他节奏，激起一阵阵热烈的喝彩声。人们大声叫喊着、对饮着，向我们大声地打着招呼。

进了房间，Cherry 一下把自己扔到了大床上，大声叫喊着："好爽啊！"

我推开临街的窗户，欢腾的气息一下子就闯了进来。我笑着对 Cherry 说："西班牙人真是一个疯狂的民族啊，这么多酒，几十万升的葡萄酒就这样玩掉了。"

Cherry 从身后环抱过来，把脸贴在我的背上，轻轻地对我说："谢谢你，我很喜欢！"

我对她说："我也觉得非常棒！"

看着彼此身上紫红的葡萄酒，虽然干了，但是那种特有的葡萄酒的味道，变得十分迷人和香气逼人。在这个美丽、欢腾的午后，葡萄酒让我变得十分满足。人生就应该这样。

"亲爱的，这是一个有意思的节日。"

"呵呵呵，我告诉你吧，里奥哈产区，是西班牙仅有的两个 DOC 产区（优质葡萄酒），西班牙早在 1930 年就紧随法国，建立自己的 DO 制度，只不过法国的是 AOC。西班牙的 DO，就相当于法国的 AOC。DO 以下的 VDT、VDM，相当于法国的 VDP 和 VDT，就是餐酒。整个西班牙有六十多个 DO 产区，但是只有两个 DOC 产区，我们来的这个里奥哈产区就是其中一个优质葡萄酒 DOC 产区。"

"阿罗城，旁边的两个村庄在很久以前，为了一座山的属权问题，进行了长达几十年的械斗。后来到了 13 世纪的时候，有一个叫斐迪南的人做了此地的首领，在每年 6 月和 9 月的第一个周日，就是主的两个守护日，就把两个村庄的村民召集到圣菲利斯山上进行和平祈愿仪式。从 1290 年开始，两个村的人，就每年一起做两次弥撒。到了19世纪，村民们在弥撒结束后，就相互用葡萄酒来泼洒，或者用葡萄酒来喷射对方。再后来，每年的6月29日，人们就穿着白色衣服去做弥撒，做完弥撒，就开始葡萄酒大战，逐渐就成了一个节日，后来慢慢地就变成一个旅游观光的项目了。每年政府都会拿出几十万升的新酒或者品质不高的陈酒，用来活动。这个节日就成了葡萄酒爱好者的朝圣日，每年都会有成千上万来自全球各地的游客来到这里，参加这个葡萄酒嘉年华！我一直想带你来参加这个节日，终于实现了我梦想，你喜欢吗？”

“喜欢！”

我把Cherry一下抱起，放在大大的床上……

欢闹的街道，人群在奔走，人声鼎沸。

隐约中，还传来了醒狮的鼓声，好家伙，真是热闹啊。咦，怎么会有中国的醒狮呢？我四处张望。

“哎，老袁，起床了！”

“哎，老袁，起床了，送儿子上幼儿园啊！”

我从梦中醒过来，我勒个去，这美梦就这样被老陈给捣乱了。

“这楼下这么吵，大清早的，锣鼓震天。”

陈老师说：“楼下药店开业呢。”

拜拜了，西班牙的阿罗城。

今天是5月19日，下个月就是西班牙阿罗城的“葡萄酒大战”嘉年华了，看来今年是去不成了。

明年吧！

第28夜

西班牙的波尔多——里奥哈

一个美梦，西班牙就这样跌跌撞撞进入我的视野。西班牙，一个世俗的朝圣之地。最想去旅行的地方就是西班牙，最适合私奔的地方就是西班牙。

最奢侈的想法，竟然是想在西班牙的哪个小镇上，痛痛快快地睡上一个午觉，把这些年错过的午觉睡足了，直到小镇上的叮叮当当的钟声把我叫醒。然后，在黄昏的时候，迎着金黄的阳光漫步在金黄的小镇上。在小镇上，溜达，等到天黑的时候，找一家酒吧，要上一些里奥哈的葡萄酒，坐在吧台边；等着弗拉门戈的舞者上场，在弗拉门戈吉他的音乐声中，看舞者舞步的旋转，看着舞者火辣骄傲的眼神。女侍者最好是个美丽的西班牙女郎。趁着酒精给的勇气，也唱上一首美丽的西班牙女郎，激起喝彩声和跺脚声，哪怕迎来姑娘的白眼，那也将是一段美妙的时光。想得太多了，以至于前夜梦游里奥哈了。

这一圈下来，我还是更喜欢旧世界的葡萄酒。原因是，那些来自旧世界的葡萄酒后面，总是不自觉地让我想起这个国家的那些人，那些来自那片土地上的人们，那些在那片土地上活着、在那片土地死去、在那片土地上彷徨、在那片土地上祈祷的人们。我发现，我没有办法将葡萄酒和文化割裂。不知道是葡萄酒浸泡了那璀璨的文化，还是那璀璨的文化染红了葡萄酒。使得我喜欢一个国家的葡萄酒，总是要把那个国家的杰出的人们与之联系起来，一个个想起他们的点滴。

这是个繁星漫天的地方。

高迪，那个天才建筑设计师，真正的前无古人、后无来者的建筑天才。他一定是上帝的儿子，才可以看得到天国的模样，设计出那些来自天国的建筑。直到今天，我们还没有完成圣家教堂的建设。

凡·高，那个画家。向日葵的热情和奔放，自画像的倔强和孤独，他留给了世人不朽的画作，更深深影响了20世纪的艺术。

堂吉诃德，那匹瘦马，那支生锈的长矛。一出场，就震撼了那个新旧割裂时代的人们。在信仰重生的年代，人们找到了旧时的自己。

多明戈和卡雷拉斯，世界三大男高音中的两个。英俊高大的多明戈旅居美国，和病魔作斗争的卡雷拉斯依旧高歌。虽然帕瓦罗蒂的光芒遮盖了这两位，但意大利美声的三大男高音居然有两位是西班牙人，意大利人应该会挺郁闷吧。

还有伟大的吉他演奏家和作曲家。我常常在想那是个应该多么安静的国家，才会让吉他这个安静的乐器如此丰富，因为只有在全世界安静的时候，吉他才光芒万丈。

对了，还有那个四次穿越大西洋的美洲之父——哥伦布。

……

繁星漫天的西班牙，她一直深深吸引着我，吸引着我去她世俗的天堂，好好地睡睡觉，好好地谈场恋爱，好好凝视美丽的西班牙姑娘，好好地流连忘返在那些伟大的城市里，好好地去追随古老欧洲的脚步。最后还要去斗牛场，看着西班牙的疯子和红眼狂牛的游戏。

这真是一个世俗的天堂。

这样一个世俗的天堂，怎能够缺少美酒呢？

西班牙全球种植葡萄的面积排名第一，葡萄酒产量排名第三。

西班牙的酒便宜，那是全世界出了名的。

西班牙全球种植葡萄面积第一，葡萄酒产量却排在第三，原因有二：一、西班牙天气干燥，土地贫瘠，严重缺水，但是法律却严格规定，不准人工给葡萄园供水；二、葡萄园的行距，是全球最宽的，其他的国家间距是 1.4 米，西班牙却来个间距 2 米多。

西班牙历史上也是一个葡萄酒古国，但是历史总是开玩笑的。公元 711 年，伊斯兰教徒摩尔人入侵西班牙，禁酒的伊斯兰教义，导致葡萄酒业迅速萎缩。直到 1492 年，基督教徒在伊斯兰教撤出西班牙后，才统一了宗教和国土，葡萄酒才重新恢复。17 世纪英国和西班牙的又爆发了英西战争。18 世纪的西班牙人开始迅猛发展自己的葡萄酒产业。19 世纪，遭遇根瘤虫病的欧洲其他国家的葡萄酒产业，濒临灭亡，法国的技术人员南下西班牙，帮助西班牙进一步发展了西班牙的葡萄酒产业，缔造了西班牙的"波尔多"——里奥哈 Rioja 产区。

1930 年，西班牙还引进法国老大哥的 AOC 制度，在西班牙建立宽松的 DO 制度，这个制度引领西班牙葡萄酒产业迅猛发展。

好景不长，20 世纪 30 年代，西班牙内战爆发，战争又一次打击了正在蓬勃发展的葡萄酒产业。酿酒的农民全部上前线了，这酒你说咋整？

直到 1975 年，西班牙在军人政府的独裁统治下，经济倒是迅速发展，葡萄酒业不错，除了鸡飞狗跳地镇压艺术家们和思想家们。毕加索就是这个年代的受害者。

恢复君主立宪制的西班牙，重新回到发展的快速轨道，国家开始变得强大和富裕起来了，葡萄酒产业也直逼意大利和老大哥法国。

西班牙的分级制度大概是这样的。

1. VDM(Vino De Mesa):这是分级制度中最低的一级,常由不同产区的葡萄酒混合而成。

2. VC(Vino Comarcal):可标示葡萄产区,但对酿制无限制。

3. VDLT(Vino De La Tierra):类似于法国的 Vin De Pays,规定不多,产区范围大而笼统。

4. DO(Denomination De Origin):和法国的 AOC 相当,较严格管制产区和葡萄酒质。但全国已经有 62%葡萄园有 DO 资格,使得人们几乎无法借着 DO 辨别品质高低。

5. DOC(Denomination De Origin Calificda):这是西班牙葡萄酒的最高等级,更严格规定产区和葡萄酿制。

西班牙 DO 制度从大类上将葡萄酒分成普通餐酒(Table Wine)和高档葡萄酒(Quality Wine)两等,这与欧盟的规定基本一致。在普通餐酒内还分为:

1. Vino De Mesa(VDM):相当于法国的 Vin De Table,也有一部分相当于意大利的 IGT。这是使用非法定品种或者方法酿成的酒。比如在里奥哈种植赤霞珠、梅洛酿成的酒就有可能被标成 Vino De Mesa De Navarra,酒标里使用了产地名称,所以说也有点像 IGT。

2. Vino Comarcal(VC):相当于法国的 Vin De Pays。全西班牙共有 21 个大产区被官方定为 VC。酒标用 Vino Comarcal De[产地]来标注。

3. Vino De La Tierra(VDLT):相当于法国的 VDQS,酒标用 Vino De La Tierra[产地]来标注。

而高档葡萄酒则是 Denominaciones De Origen(DO)和 Denominaciones De Origen Calificada(DOC)标注,相当于法国的 AOC,DOC 则类似于意大利的 DOCG。

目前,西班牙有六十多个 DO 产区。埃布罗河和杜罗河养育了两个西班牙最好的产区就是里奥哈和杜罗河岸区。西班牙很多优质的葡萄酒庄就在这两个河流领域里。

西班牙近代的葡萄酒发展,受法国的影响太大了,从橡木桶熟成,到酿造工艺,甚至国家特定产区的制定体系。法国就是西班牙的大哥,千丝万缕，藕断丝连。

西班牙这两个优质的产区，就在法国的边境，因此，在法国遭遇根瘤虫病，导致葡萄酒断层时，波尔多人就是采购西班牙的葡萄酒，然后贴上自己的标签，卖往全世界的。因此，常常有人说，里奥哈就是西班牙的波尔多。这里面有两层意思，一是该产区在西班牙的举足轻重的作用，相当于波尔多在法国的地位；二是该产区的酿造工艺得到法国波尔多酿酒师的倾力支持，甚至有很多酿酒师干脆定居在西班牙，所以走的就是波尔多风。

西班牙葡萄酒产业正在风生水起地发展着。意大利和法国也在暗自使劲，三大巨头能否巩固世界葡萄酒的地位？我看行！！

第29夜
心系新西兰：霍克湾里斑斓海

从新西兰旅行回来，整整一年了。那些美好的回忆，被我打包成一个厚厚的包袱，放在那个庞大的相片包里。9 000多张照片和视频，我不敢轻易打开，生怕惊动了回忆，失去了初见的美好；就这样一直珍惜着、抚摸着、思念着。时间过去就快一年了。

那个白云缭绕的故乡，那个大洋深处的岛国，那个魂牵梦萦的圣湖，那个伤感的基督城，此时此刻全部像打开了闸门一样，宣泄在这南国初夏的夜里。

这个美丽的国家，她短短的三百年历史，站在新西兰的首都惠灵顿的国家博物馆的历史墙边，我可以从墙壁的这头看到历史的那头。你顿时觉得历史书原来可以这么薄，薄到没有过多的章节，战争没有，政变没有，灾难没有，一页页空白，让历史学家情何以堪，只有一页满满的记录，写满了两字：开拓！

我看到了一个年轻的国家，一个还没有被世俗的国家。他就像一个15岁的少年，纯真可爱，朝气蓬勃，善良可亲、微笑里满满的谦和，眼神里满满的真诚。

霍克湾(Hawke's Bay)，是我们在新西兰拜访的第一个葡萄酒产区。它位于新西兰北岛东边。这里有个大大的湾区，湾区凹进的部分就是著名的金伯利河谷。

冰川褪去的时候,从这个河谷向大海的方向慢慢倾斜下去,山上的沙粒和石块带入了河谷,形成了种植葡萄酒的极佳土壤环境。

站在石头堡(Stoncroft)庄主位于河谷中山丘上的房子,环看金伯利河谷,极其壮观,星罗棋布的葡萄酒庄,分布在河谷里,条条葡萄酒道路分隔开不同的酒庄。长长的一行行的葡萄苗,在这河谷划出美丽的直线,就像一幅美丽壮观的画面,倾诉者葡萄种植者的歌声。

霍克湾的人们在一百多年前,开始在这个河谷里种植葡萄苗。从赤霞珠(Cabernet Sauvignon)、梅洛(Merlot),到长相思(Sauvignon Blanc)、琼瑶浆(Gewürztraminer)、霞多丽(Chardonnay),最后,石头堡的老庄主种下了第一棵西拉葡萄苗(Syrah),正式开始新西兰的西拉葡萄酒的传奇故事。但今天,所有的人都知道,整个新西兰,最适合种植西拉的地方就是霍克湾区的金伯利河谷。石头堡成了这个产区的一个骄傲,因为第一行西拉葡萄苗就种植在石头堡的葡萄园里。

石头堡的西拉,采用不锈钢桶进行破皮、发酵,采用新的橡木桐熟成,酒体醇厚,果香浓郁,迷人的橡木桐气息秉承了法国葡萄酒的风格,口感顺滑、饱满。

坐在石头堡酒庄的园子里,主人给我们准备丰盛的午餐,开启了酒庄珍藏的西拉葡萄酒和年份最好的白葡萄酒琼瑶浆——霞多丽。

那日的阳光非常明媚。我们和主人愉快地交谈,关于那些伦敦的事,还有小孩的事。白花花的阳光照在院子里的木桌上,不善言辞的女主人羞涩地收拾着桌子。旁边葡萄园的气息随着午后的风弥漫着这个园子。一切都是那样的美好。就好像到了法国的小镇,安静,阳光明媚,好客主人端来美酒。

院子里有个小小的凉亭,凉亭上面缠满葡萄苗,那是西拉葡萄苗。4月的新西兰已是葡萄成熟的时节,串串葡萄垂在凉亭的四周。我摘了一颗,放在嘴里。拨弄琴弦,唱起一首远方的老歌《在那遥远的地方》。

霍克湾纳皮尔小镇,艺术小镇。镇上每个商铺,就是一个艺术家的工作室。从服装到摆饰,从鞋子到家用,每件都凝聚着艺术家的创意和智慧。

站在拐角的高尔夫球场往大海看去。那是斑斓的蓝色大海,不同蓝色,交织成蓝色的交响，映衬了美丽的天空。那湛蓝的天空，那优雅的云彩，把这个霍克湾的海，渲染成一幅壮美的画卷。

逗留霍克湾的时候，我们还拜访了其他几间酒庄。象山酒庄(Elephant Hill)，有个非常棒的餐厅。那是一顿最美的午餐，餐前鱼子酱，正餐是羊扒，餐后是冰激凌甜点。餐前酒桃红酒，正餐是象山酒庄的赤霞珠，餐后是迟摘甜白。阳光照在我们身旁的水池里，波光闪烁，远方是大海的宽阔，却没有腥味和咸湿。一切都是那么完美。

当地的人们驱车来到酒庄，三五成群，围在一起要上一支葡萄酒，慢慢斟饮。欢声笑语，甚是惬意，就如同我们约上几个朋友来个农家乐那样。真是美好的周末！

路过海斯汀小镇时，发现小镇上鲜花簇拥，银杏林在阳光下悉悉索索作响，小镇上的人安静地走过，真是美极了。后来得知，所有的鲜花都是街道两旁的主人们自己种植挂摆的。十年前，徐先生和夫人在此合影一张，今天在此同一位置，再来一张。街道没变，鲜花依旧。世事沧桑，情深意浓。这是一个有关爱的小镇，这里储存徐先生的爱情和美好回忆。也让我对这个小镇充满好感和怀念。希望能再次访问这个小镇，感受那爱的淡然和生命的超然。

霍克湾关键词：西拉最棒，海面壮美，海斯汀的鲜花爱意浓浓，周末的人们在酒庄消磨时光，旅行的年轻人骑着自行车穿行在金伯利的葡萄酒自行车绿荫道上。

第30夜
霍比特人的故乡：从中奥塔格出发

从香港登上新西兰的航班，美丽的旅途就要开始了。所有方面的资讯都告诉我：我们正前往世界最纯净的国家。出发前，仔细检查了行李，生怕携带了植物和食品进入新西兰。因为久闻新西兰的入境检查是全世界最为严格的，不担心你携带刀枪管制武器，而是最怕你带入新西兰没有的植物物种和动物，因为，新西兰的生物链非常脆弱，外部任何一个强势的物种进入该国，就会导致该国生物链崩溃。

由于在一亿年前，地球板块碰撞，在远离大陆的海洋深处，诞生了一块陆地。因此，在这块土地上，完全没有欧亚大陆物种进化的复杂和多样性。在新西兰没有毒蛇，没有老虎狮子。曾经有个感冒病毒携带者进入新西兰，导致新西兰死了几万人。当地人还没有进化到可以抵抗现在欧亚大陆的流行性病毒。

因此说，新西兰是世界上最为纯净的国家。这个国家生产奶制品，当然，现在又有一种新的农作物产品深受世界的欢迎，也是我们此行的主要目的：新西兰葡萄酒之旅。

高大威猛的新西兰女汉子空姐，微笑着向我们打招呼，忙着帮助旅客落座和整理箱包。这倒和其他航空公司没有什么两样。

当飞机要进入跑道时，座位前面的屏幕开始播放飞行安全宣传片，这下把我们乐了。新西兰航空公司别出心裁地找来《霍比特人》剧组的演员们，来拍摄了独具匠心的宣传片。可以想象，夏尔的小伙子们，矮人族的大胡子们，还有精灵国的帅哥们，携带着各式各样的武器，登上新西兰航班。诙谐搞笑的影片风格，让我们顿时对这次飞行充满了期望。

新西兰航空公司的餐饮提供还是相当好的。各式美酒海量提供，而且都是新西兰这些年一些优质酒庄的酒。在品尝了霞多丽、西拉和黑皮诺之后，我们心满意足地睡着了。带着幸福的笑容和美酒的芳香，新西兰航程就这样展开了。

也许有人会问：哥儿们，你不是聊葡萄酒吗？怎么聊起旅行来了？

呵呵呵，我接触葡萄酒的这些年里，我逐渐形成了自己葡萄酒理念：第一，葡萄酒是人酿造的，了解一个产区的人们，了解他们的生活状态、他们的生活理念，非常重要。难以理解一群成天就想多挣几个钱，不惜用下作手段，以次充好，勾兑灌装的人，他们能提供优质葡萄酒；一个养育了伟大人物的民族，在他们的血液流淌着的一定是骄傲和高尚血液。这是我为什么喜欢法国、意大利、西班牙葡萄酒的原因。因为璀璨的文化养育这片土地的人们，这些人们定不负祖辈的期望，定会酿出优质葡萄酒。第二，就是了解当地的地理环境和种植条件。难以想象在一个常年雨季、潮湿的亚热带地区能酿出什么好酒，也难以想象在赤道线上烤晒的国家，能酿出清秀的甜白葡萄酒。

所以，喝酒、品酒，其实就是在品味一个产区背后的历史文化、风土人情，还有就是这酒后面的辛勤劳动的人们。战争，贫穷，种族歧视，道德沦丧，这些地区的酒，我是不会感兴趣的。

当你喜欢一个地方的时候，你就会全盘接受这个地方一切。包括农作物！

新西兰有五个著名的葡萄酒产区。他们分别是奥克兰（Aukland）、霍克湾（Hawke's Bay）、马丁堡（Martinborough）、马尔堡（Marlborough）和中奥塔哥（Central Otago）。前夜，我撰文写了霍克湾，号称是新西兰的波尔多。可见其产区的重要性，而且还拜访了该产区的西拉种植先驱——石头堡。

在这篇里，我想介绍新西兰南岛最南的一个产区——中奥塔哥（Central Otago）。说这里是黑皮诺之乡，我看一点都不过分。新西兰的葡萄酒发展是非常晚，晚得就像新闻。新西兰在很长一段时间，提倡国民禁欲，过一种清教徒式的生活，崇尚野营、徒步等运动生活，葡萄酒不在商场销售范围。甚至到了1960年，酒精饮料还不可以在市区销售。清心寡欲啊，可怜的新西兰人！

直到20世纪70年代，人们还看不到新西兰的葡萄酒的曙光在哪里，葡萄酒酿酒师们在这个国家游荡、徘徊，眷恋这上天赐给的土地，不愿回归欧洲。到20世纪80年代，国家才允许销售酒类，于是从70年代末80年代初，新西兰的葡萄酒业才开始如火如荼地发展起来了。因此这样看来，新西兰的葡萄酒的发展只有三十多年的时间，但是新西兰的葡萄酒就像她的奶粉一样，在得到全球用户的信赖接受后，展示了她出色的葡萄酒品质，快速地成为世界高档酒桌的饮料。

如果说，中奥塔格是新西兰的勃艮第，也是不过分的。因为目前，中奥塔格有100多家酒庄，酿造的黑皮诺葡萄酒，一点也不比法国勃艮第差。全球三个黑皮诺种植酿造的地区，中奥塔格身在其中。

中奥塔格又称中央产区，处于比较极端的大陆性气候，夏季阳光普照且干燥，新西兰上空的臭氧层破洞使得阳光特别炙热，葡萄为了自我防护，提升了色素度，因此新西兰的黑皮诺要比勃艮第的颜色深厚些。早晚温差大，夜间稳定的地温帮助葡萄较好地保存了酸度，使得葡萄酒具有明亮奔放的果味，并且装瓶就很迷人，可以直饮新年份的葡萄酒，也不会有勃艮第的含蓄范儿。

美丽的中奥塔格，丛山峻岭，连绵不绝。山顶上就是在夏天也是白雪皑皑。英国人殖民该国时，把南岛那座横跨几百公里的高山命名为：南阿尔卑斯山脉。北有欧洲的阿尔卑斯山脉，南有新西兰的阿尔卑斯山脉。高山上的湖泊，就像一汪汪湛蓝的眼睛，镶嵌在高山之间。每个湖泊旁边就围绕着美丽的葡萄酒庄。我们在这迪卡普湖畔，流连忘返；我们在瓦纳卡湖畔，偶遇葡萄酒庄婚礼；我们在瓦卡蒂普湖畔的吉布森山谷酒庄品尝美酒……还有什么比这更让人陶醉的？

白云在山坡上奔跑，我们推杯换盏，微醺醉意，品尝这美酒佳肴。

吉布森山谷葡萄酒庄(Gibbstou Valley)的葡萄酒标上还会出现中文字，那是酒庄用来纪念小镇上那些拓荒者人群中的中国人。这使得我们对酒庄又多了份情意和好感，不由得笑着说，要喝，就得喝吉布森山谷的葡萄酒。

如今真是机缘巧合了，吉布森山谷的葡萄酒在中国也有酒商了。那些新西兰归来不喝酒的朋友们，终于又可以喝到来自新西兰的美酒了。

我坐在皇后镇的瓦卡蒂普湖畔，湖对面是高高的库克山，海拔 3 000 多米。那是地壳运动的结果，山顶上白雪皑皑，山腰就是黑黑岩石和悬崖。还有雨后初晴绕着它流淌的白云。我想，应该没有人会去那里吧？除非霍比特人的那个远征队，在甘道夫的带领下，穿越了那高山间隙，巴金斯或许在对面张望。

雨后的瓦卡蒂普湖，安静得出奇，煤气船吐着黑烟，在湖面划开波纹远去。岸边的野鸭子们如入无人之境，一米长的鳝鱼游弋在岸边，海鸥在人群中觅食。远游的年轻人，把大大的背包丢在草地上，几个人躺在草地上，悠哉地看着书。这一切，安然美好，只能放在我们的记忆里。

白云在山冈上奔跑

我们坐在瓦卡蒂普湖边

分手的时候到了

说好不要伤感

明天会更美好

明天会更加精彩

明天会重逢

明天会更加思念

生命在旅途里行走

我们常常拥抱分手道别

重逢的日子近了

约好不要放手

明天会更美好

明天会更精彩

明天会重逢

明天会更加思念

time to say good bye

time to say good bye

第31夜

新西兰双城记——从马丁堡(Martiuborough)到马尔堡(Marlborough)

在新西兰,马丁堡和马尔堡这两个葡萄酒产区,你是没有办法忽略的。

从霍克湾出来,我们紧赶慢赶,到达马丁堡的新天地酒庄(Ata Rangi)的时候,时间还是过了预约时间,但是出于对远道而来的客人的尊重,试饮室的亚裔女孩还是接待了我们。

江湖上传说,这个Ata Rangi酒庄的葡萄枝来自鼎鼎大名勃艮第罗曼尼康帝酒庄。传说庄主在访问罗曼尼康帝酒庄时,偷偷折了一条葡萄树枝,插在高帮鞋里,带回了新西兰,开始在马丁堡繁衍种植黑皮诺。如果这个传说是真的,那么就会出现罗曼尼康帝唯一一个海外直系葡萄苗衍生地。但是,试饮室的女孩不肯承认这个传说的真实性。当然,偷走葡萄枝,带出法国,这种行为是违法的,东家也一定不会承认。但是,江湖自有传说。这个类似中国内地农村小卖部似的接待室,每天接待来自全世界各地的品酒客们，了却他们试饮罗曼尼康帝海外葡萄园美酒的愿望。

马丁堡的秋天干燥少雨，这使得当地55家酒庄能酿出生动的勃艮第风格的黑皮诺。马丁堡是新西兰最早酿出出色黑皮诺的地方。但是，迅猛腾起的中央产区又让马丁堡措手不及。

马丁堡的黑皮诺酒庄，除了酒的风格和勃艮第相同以外，连酿酒和工作模式都是相同的，就是种葡萄的和酿酒的是同一帮人。马丁堡的酿酒师们，带着勃艮第强烈的气质，在这片土地上，酿出带些土味的勃艮第风格黑皮诺。自觉的马丁堡人，尽可能避开和中奥塔哥葡萄酒同时举行活动，让两个产区的黑皮诺进行着友好的竞争。

马丁堡在一个宽阔的平原上。区内土表薄且贫瘠，地下拥有排水良好的深厚砾土层。汽车进入小镇时，人非常少，高高的树木丛中，零零星星的房子散布其中，在小镇中的环形广场，看见一些妇女围在一起聊天。在新西兰旅行，能见到几个活人，跟见到亲人似的，不容易啊。这里是真正的地广人稀。小镇上几个孩子在追逐疯跑，看到这个风尘仆仆的车队，孩子们停下来，注视着这个外地来的车队上的黄色人种，充满惊奇和友好，不会儿就欢笑着跑开了。倒是大人们习以为常，作为新西兰的黑皮诺重镇，外地酒客到访是件平常的事。

是夜，我们下榻的酒店，就更有意思了，连排小别墅，每个房间都是以一种葡萄的名字来命名。我们一行人要了8间房：雷司令(Reisling)、赤霞珠、黑皮诺(Pinot Noir)、长相思等。

马丁堡位于新西兰北岛的南端，隔海相望，就是新西兰南岛北段的葡萄酒产区马尔堡。

马尔堡让人震撼啊，马尔堡。马尔堡完全是澳大利亚的做派了。马尔堡位于平坦的Wairau谷地上，往东就是克劳迪湾(Cloudy Bay)。目前中国市场上的新西兰一半的葡萄酒来自这个产区。长相思、灰皮诺(Pinot Gris)、琼瑶浆、黑皮诺、雷司令，众多酒款在这里隆重亮相。

当年那些淘金客和矿石工人居住的小镇，如今又迎来新一轮的“淘金客”，那就是葡萄酒从业者。那些在世界各地出名的新西兰酒庄说不定就坐落河谷哪个角落里。马尔堡超过2 000公顷的葡萄种植面积，上百家葡萄酒庄，已经确定了她在新西兰葡萄酒领域的重要地位。

访问马尔堡的时候，正值葡萄采摘的前夕。有很多访问团开始来到镇上，使得镇上的酒店人满为患。还有那些雇佣前来的采摘工人也开始陆续来到镇上，镇上顿时好不热闹。从北部城市奥克兰出来后，还没有见过这么热闹的小镇。早上晨跑时，路过一家超市，进去买些东西。超市完全是按照国内家乐福的规模建造的，可见镇上有多少人。

在马丁堡，我们住了两宿。前夜抵达，第二日喝了一整天的葡萄酒，第三日离开。终于见识了什么是规模化生产。单看酿酒工厂就知道了，在河谷密密麻麻的葡萄园子中间，耸立着一个大型的类似水泥厂的工厂，一个个高耸的罐体，摩肩接踵。我还以为是化工厂，一打听，原来是酿酒工厂。在马尔堡，很多葡萄园不是自己酿酒的，都是运送到酿酒厂，请工厂代为酿造，这种形式就非常类似澳大利亚葡萄酒的操作模式。

马尔堡有特别长的白天、寒冷的夜间气温、非常耀眼的阳光，而且好年份时，有非常干燥少雨的秋天，这一切都促成了马尔堡美好葡萄酒的最大亮点。

马尔堡的耀眼明珠，是她的长相思。那满满的柠檬和酸橙的果香，清清爽爽的风格，层层叠叠的清新果味，让你沉醉，让你迷恋。如有机会，要痛痛快快地骑着自行车，带着帐篷，在这片谷地里，喝上几天。累了席地而睡，饿了葡萄酒餐馆解决。渴是不会的，到处都是美酒仓库。

马尔堡的葡萄酒旅游业做得要比马丁堡好些。在宽阔的 Wairau Avalley 上，上百家葡萄园呈方格状陈列出来。游客们或骑着自行车，或开着小车、挨个品尝每个庄的美酒。作为来自中国的“土豪团”，每个酒庄的老板还亲自接待我们，引领我们漫步在葡萄园里，详细讲解土壤、气候、品种种植、年份情况，更不用说捧出珍藏美酒了。

从早上 9 点喝到下午 5 点，都分不清东南西北了。这里已是秋天了，炙热的马尔堡的阳光，空气里弥漫着各种芳香。这芳香来自这杯杯美酒，我们沉醉在马尔堡的时光里。

爱在马丁堡

如果我有片葡萄园

我会和你在清晨里漫步

看阳光洒在你的脸上
那时候你是世上最美的女子
我就是那幸福的男人

如果我有片葡萄园
我摘一串葡萄给你
看微笑挂在你的嘴角
那时候那是世界上最美的笑
我就是那最幸福的男人

如果我有片葡萄园
我酿一杯新酒给你
看红晕涌上你的脸庞
那时候你是生命最迷人的回眸
我就是那最幸福的男人

生命里因为你
从此千山万水不停息
生命里因为你
看看风景不叹息
因为你是我的唯一

（小诗一首仅献给徐均先生和徐夫人赵奕）

第32夜
里奥哈的酒庄——家族的传说

西班牙。埃布罗河上游。

上里奥哈产区的 Bodegas Lopez De Heredia 酒庄的地下酒窖里，阴暗潮湿，蜘蛛网到处都是，墙壁上长满了灰黑微菌，空气里飘散着苔藓和腐木的气息。成排的木架上密密麻麻地摆满了罐装的葡萄酒，酒瓶上积着厚厚的灰尘，瓶盖上有些模糊的各种标志，告诉我们它的些许讯息。成千上万的葡萄酒，就这样静静地被尘封在这里。似乎主人早已把它们忘记，似乎这是一个被人遗弃的地下酒窖。因为这里足足有十年没有人动过的痕迹。但是，我想告诉您，这里并非主人不在，而是主人一直在守护着森冷的地窖。用几代人的生命，守护着家族神圣的事业，恪守祖辈的遗训，成就一个家族不朽的传说。

1877年，Lopez De Heredia酒庄创立。那应该是波尔多专家南下捞金的时代。北方的捞仔们在里奥哈产区，扶持里奥哈创造了西班牙葡萄酒史上辉煌的开端，为西班牙走上近代辉煌道路，功不可没。Lopez De Heredia酒庄地地下酒窖藏有800万瓶葡萄酒，可是每年上市的葡萄酒是50万瓶。意思就是，2014年上市的酒可能是2000年酿造的酒，也有部分葡萄酒是1992年的葡萄酒。这就意味着酒在地窖里培养熟成了12年，甚至20年之久。按照这种算法，家族祖辈在1877年创立酒庄，栽种葡萄苗，到酿出葡萄酒，再到葡萄酒上市，那已经是20世纪了。那么整个家族这十几年该度过怎样一个艰难的时刻？是什么让这个家族可以做一件用十余年来换取成功的事情？酒窖长期保持800万瓶酒，每年上市的50万瓶，一直要遵循祖上的规矩，保持这种囤藏陈年美酒、新酒入窖、成熟入市的规矩，而不会因为经济困难或者其他原因，在某个年份大量抛售葡萄酒。后辈该有怎样的传统才能遵循祖训？总之老爷子在有生之年，是没有看到酒庄的辉煌。但是如今辉煌，就是老爷子心中的蓝图。父辈在老爷子的基础上，开创了酒庄的辉煌，但是没有放弃和有辱祖辈。而是把家业的全盛延续给了儿辈；儿辈，接受父辈的江山。没有骄傲，没有狂躁，而是踏踏实实地、遵循祖辈的方法酿酒，陈酒，养酒。800万瓶，按照现在的市价，香港的珍藏(Reserva)是300港币，特级珍藏(Gran Reserva)是800港币。我们取中间价值，每瓶酒合计人民币值400元，就是8 000 000×400＝3 200 000 000，合计人民币32个亿。一个农民家族，用了133年的时间，积累32个亿的资产。32个亿啊！现在，这个酒庄的酒每瓶400元已是保守估计。就算刨去种种成本，该家族也坐拥上亿资产。算来都后怕，不是被钱给吓到了，是被里奥哈产区，这些家族经营方式带来的财富积累吓到了。

这一切，告诉我们，这是用一个家族上百年的时间成就的酒庄。同时也告诉我们：你现在有钱不算有钱，你孙子有钱，才是你的成功。

在里奥哈产区，这样的酒庄还有很多。就是这么多家族上百年的经营，才有了里奥哈产区灿烂的星空。这种家族经营模式，是财富积累的主要原因。

还是让我们回顾西班牙这百年葡萄酒历史，找到答案。在里奥哈产区，葡萄酒的分级模式是这样的：Joven，新酒，指刚酿造出来的美酒；Crianza，是熟成酒，在酿酒厂熟成2年的葡萄酒。在法国大多数葡萄酒庄，熟成18个月就可以上市了，在新世界要更早些；Reserva，是珍藏酒，最少要在酿造厂熟成3年以上；最高级别是Gran-Reserva，特级珍藏酒，最少3年木桶熟成，3年瓶内熟成。有时候桶内3年、瓶里2年，也有时候桶内4年、瓶内1年，这就意味着五六年后才会上市。我说的是至少哦，那些庄主，会根据酒的状态，尽可能熟成久些。陈得久，更值钱。这就导致上里奥哈的特级珍藏酒，熟成都在10年以上。西班牙的农民真能忍啊。忍者啊！

还有另外一个原因，和酿酒工艺有关，为了经得起长时间的熟成，酿酒师们选择浓厚和多涩的葡萄酒。在培养时，他们使用旧的橡木桶进行熟成，一可以避免渗漏，导致老化；二就是旧的橡木桶，避免过多的木桶味，消瘦了酒体。修补老旧的美国橡木桶消耗了大量的时间，长时间的陈酒，橡木桶修补，让越来越多的酒庄放弃特级珍藏葡萄酒的酿制。有些新锐酒庄，开始不采用传统的酿制办法，而是采摘更成熟的葡萄，用全新的法国橡木桶培养，并缩短时间，以便葡萄酒在更年轻的时候就可以饮用。一反传统的珍藏酿制法，采用速成法，这是传统和现代商业的对决，目前也是里奥哈的情形。一方面，你可以在Lopez De Heredia这样的传统酒庄，穿越100年的时光，览尽历史；另一方面，你可以步入新锐酒庄，品尝两年前的葡萄酒，体验全新风格的世界风。

但是，有一个事实必须面对。家族的传说，慢慢会成为埃布罗河上的故事。讲述着河边酿酒师世家的美好回忆，珍藏和特级珍藏将会越来越少。价格当然会越来越贵。

答案在风里飘荡！

第33夜
公主驾到——黑皮诺

名字：黑皮诺

使用名：Pinot Noir；Pignola（意大利）；Pinot Tinto（西班牙）；Spatburgunder（德国）

籍贯：法国勃艮第

亲属：莫尼耶皮诺

香气：樱桃，覆盆子，紫罗兰

色泽：红宝石色

现今居地：法国勃艮第，美国俄勒冈，新西兰，德国，澳大利亚

史海钩沉：据说，黑皮诺是古罗马时代，从野生的葡萄中挑选出来的。并且从那时开始，就开始对黑皮诺的人工栽种。

优点：优雅华丽的香气，是任何品种都无法比拟的。

缺点：

- 对土壤十分敏感，对气候十分挑剔，只适合生长在凉爽的气候下。
- 皮薄色淡，管理起来很麻烦。所以是公主的命。

明星酒款：

- 法国勃艮第几十家明星酒庄，酿造的黑皮诺已经让全世界的人沉醉和痴迷。罗曼尼康帝是这些酒庄中当之无愧的酒魁。
- 勃艮第那些特级田、一级田里种植的葡萄，在那些神人般的酿酒师的伺弄下，变成神奇的液体，被称为"神之水滴"。那些明星酿酒师照亮了法兰西的天空，看吧，这伟岸的苍穹，亨里・迦叶、勒鲁瓦、路易加度、乔治・路米尔……
- 新西兰的南岛的中央产区，酿出了出色的黑皮诺。有着勃艮第风格的黑皮诺，也有着比勃艮第更为结实细致、结构紧密的黑皮诺。中央产区的气候还有覆盖在斜坡岩层上的沙石土壤，无疑是中央产区的成功秘诀。臭氧破洞的阳光，使得新西兰中央产区的黑皮诺有着勃艮第没有的深色和热烈，那种阳光下清爽的热情，赋予新西兰黑皮诺独有的气质。

备忘录：

1. 全世界最适合种植的地区在法国勃艮第的金丘地区。

2. 法国勃艮第，美国俄勒冈和新西兰号称“全球的三大黑皮诺圣地”。

3. 居高不下的黑皮诺葡萄酒价格，让全球的葡萄农民都跃跃欲试，想在自己的院子里，也来种植黑皮诺，但那是徒劳无功的。气候和土壤是两大难题，人无法改变。

致黑皮诺

你一袭红色长裙
款款而来
高贵
而又骄傲

你推开一扇门
那是花园的大门
我随你漫步在那花径
樱桃的红色娇艳欲滴
覆盆子的果浆甘甜芬芳
紫罗兰在风中摇曳
玫瑰花在盛开

你俏皮地伸手过来
搭在我的胳膊
迈过小溪
重新没入花一样的海洋
我躺在你离开的青草地里
闻到了甘草气息闯进了我的鼻腔
我慢慢地在阳光的抚摸下浅睡
害怕错过你的归途

那焦糖的香气
就像老熟人那样
从远处飘来
鲜花逐渐散去
但是沉醉的香气依然弥漫
丝绸般顺滑
在午后的梦里划过
划过少年的午夜之梦
让我追都没有力气
那丝丝顺滑
拂过上千年的梦境

我跨上白色的骏马
朝着你奔去的芳香
飞啊,我的马儿
只剩下滴滴答答的马蹄声
好似落在湖里的繁星

第34夜
乱世娇花——田普兰尼洛

名字:田普兰尼洛(Tempranillo)

使用名:Aragonez, Tinta Roriz(葡萄牙),Cencibel, Tinto Frinto, Tinte Del Pais

籍贯:西班牙里奥哈(Rioja)

香气:烟草,香料,皮革

色泽:淡紫

现今居地:西班牙,葡萄牙,阿根廷

史海钩沉:Tempranillo在西班牙语中,是早的意思。西班牙热辣的阳光,使得该葡萄早熟。中国关于葡萄的书籍里,把她翻译成丹魄。这是失败的翻译,这两个字会误导爱酒人士的理解,会以为这个酒显得有力、粗鲁,气贯长虹。丹魄,似乎给人的感觉是,一腔热血铸就钢铁魂魄,一颗红心为革命准备。但是当你品尝到田普兰尼洛的时候,你会被那优雅、细致的丹宁,迷人的酸感,丰富多变的气息,那长长的余味所打动。

优点:颜色较淡,酸味和丹宁较少,果香偏重,但是凸显优雅和精巧。

缺点:发芽很早,容易受春霜威胁,皮薄,容易受霉菌感染。

● 模范标兵:西班牙的里奥哈产区,是田普兰尼洛的主要产区,也造就了几个闻名世界的酒庄。

● 阿塔迪酒庄(Artadi),里奥哈产区新派酿酒的代表人物。该酒庄成立于1985年,是一个用新技术进行酿酒的酒庄,摒弃传统的酿造工艺,在木桐中使用苹果酸-乳酸发酵,使用法国橡木桐进行发酵。

● Lopez De Heredia酒庄,算是里奥哈产区传统的代表酒庄之一。酒庄创立于1877年。就凭地窖里长年珍藏的800万瓶葡萄酒,就可以傲视整个里奥哈产区,怎么会把Artadi放在眼里?

● 我在一周的时间品尝了Artadi 1994的特级珍藏和来自Lopez De Heredia酒庄董冬尼亚葡萄园的特级珍藏(Tondonia Reserva 1994),感受了里奥哈产区两大巨人的对决。我个人更喜欢董冬尼亚的丰富多变,细致丹宁,还有优雅的气味。很明显,Artadi 1994带给我的就是年轻气盛的印象,似乎珍藏能力更强。一直担心新橡木桐培养32个月会是什么样,但是奇怪的是Artadi竟然没有太多的橡木桐气息干扰,酒体显得年轻刚强,丰富饱满,来势凶猛,比董冬尼亚还要强势。尽管如此,我还是更喜欢董冬尼亚的优雅、丰富、细致和她的余味。

备忘录:

1. 水果气味浓,优雅的丹宁。酒精度低,口感温和。

2. 就算是酿得很短暂的酒,也很容易让人接受。

3. 西班牙的葡萄酒,多数是以田普兰尼洛为主材,和其他葡萄混酿。

4. 很多人常常会在品尝田普兰尼洛的时候,想到黑皮诺。那淡淡的颜色,酸感明晰,还好有那性格倔强的丹宁,时刻告诉我们,我不是黑皮诺。

时光就像河流

——致西班牙国王卡洛斯一世

时间就一条河流，

奔腾翻滚，

涌起层层细浪，

带走了我们的一切。

埃布罗河，

流过广袤的里奥哈，

河边村镇的教堂钟声在敲响，

葡萄酒的芳香在弥漫，

田普兰尼洛的美酒，

此时被新王高高举起。

埃布罗河，

美丽的河，

我思念着你啊，

我依恋着你！

你还记得那位将军冷酷的命令吗？

任凭鲜血洒向大地。

我们乘船来到这美丽的土地，

我们翻过北边的高山而来。

那大西洋的风，

那地中海的热浪，

还有北方法兰西的苍绿。

我们在这里创了我们自己的国，

我们愿意为她流血，

为她死去，

换来全新的世界。

严厉的将军，
你老了吧？
世界太安静了。
你国土上的人在恐惧，
我们夜夜听到你苍老的咳嗽，
你喉咙的血块折磨你，
我们满怀怨恨地聆听。
但是，
冥冥中我们感觉你强大的力量，
感受你为这片土地奉献的力量。

冷酷的将军，
你老了吧？
你端起这来自里奥哈的美酒，
秋天的时候，
你很久没有来过埃布罗河了。
没看过你的微笑，
整个世界都以为你不会笑。
当你咽下这美酒，
你笑得和蔼，
满屋子的农民笑得屋顶要翻了。

苍老的将军，
你要走了吧？
我们年轻的王，
跪在你的身边。
你留下的话语，
释怀整个西班牙50年怨恨。
“陛下，我只有一个要求，西班牙要成为一个团结的西班牙！”
团结的西班牙，

你用铁一样手腕，

拗拧一个独立欧罗巴的国土。

如今当年的王，

要把权杖，

当年将军的权杖，

交给新王。

还有一个强大繁荣的西班牙。

举杯，

斟满里奥哈的美酒。

为人民，

干杯！

（2014 年 6 月 2 日，西班牙国王卡洛斯一世宣布即将传位给儿子费利佩王子。）

第 35 夜

稍纵即逝的芳香——维欧尼

名字：维欧尼（Viogue）

使用名：Petit Vionnier；Viogne；Vionnier

籍贯：法国罗讷河谷（Rhone Valley）

亲属：意大利内比奥罗

香气：浓郁的山楂花和杏桃香气

现今居地：法国，美国加州，澳大利亚，新西兰，阿根廷，巴西，西班牙，奥地利

史海钩沉：19 世纪的根瘤牙虫曾经使得该品种面临灭顶之灾，最低谷时，在法国地区，种植面积只有 8 公顷。20 世纪 80 年代，法国和美国开始大面积种植该品种。2000 年，法国的维欧尼种植面积恢复到 2 000 公顷。

优点：成熟的葡萄酿出的葡萄酒，拥有迷人的香气，酸度不高，呈金黄色，适合年轻时饮用。

缺点：

● 酸度较低，酒精度高。陈年的时间较短，通常，三年就要喝完。否则口感和香气就不见了，只剩下一瓶白醋了；

● 体弱多病，不好伺候；

● 产量极低，农民们不怎么待见。

适合婚配对象：酸度低，酒精浓度高，口感轻柔顺滑。适合与鸡肉、海鲜、广东菜等结合食用。

明星酒款：

● 新西兰象山酒庄(Elephant Hill)酒庄，有些年份是100%的维欧尼葡萄，有些年份使用75%维欧尼，20%灰皮诺，5%琼瑶浆，每年都不一样。扑鼻而来的芳香，那是维欧尼先声夺人。灰皮诺带来的果味，使得酒体丰富雅致。琼瑶浆细微的酸感，使得这款维欧尼亭亭玉立。甚好。

● 在罗讷河谷，维欧尼还会和西拉进行混酿发酵，增加西拉的芳香，消散西拉的过分浓郁和霸道，使其变得强壮，但不失优雅。

备忘录：

1. 美国的加利福尼亚，广泛种植维欧尼，特别在圣巴巴拉一带。酿造的维欧尼气息馥郁，味道浓郁。

2. 西澳大利亚酿造的维欧尼也不输与法国。

酒语：

致维欧尼

你翩然而过时，
芳香四溢，
我愣在你消失的背影里，
久久回味，
那种高贵，
那种清新，
那种不可靠近的微笑。

你温暖地淌过我心窝，

轻柔的花语，

激起我万丈雄心壮志。

在人生最美的时候，

我和你相遇，

没有让时光摧残那美丽的时刻，

没有让那岁月残忍的冷光照进新房。

就这样和你，

在月光下，

拨弄着琴弦，

细细地将鼻尖，

贴着你的发髻，

让日月星辰无声地旋转。

维欧尼，

我的心爱，

愿意陶醉在你芳香的春天，

愿意在你高贵的笑容里。

把我仓促的过往，

攒成一团，

丢给远去的秋冬，

和你观赏此生唯一的黄昏。

人世间，

很多美好只有那一刹那，

我们要错过的追悔，

还是美好的回忆。

我选择

与你共赴那馥郁浓香的盛典，
握着你的纤纤小手，
环看世间。
然后惊艳地消失，
在那厚厚的深红天鹅绒垂幕的后面，
把万众注目丢在屋外。

第36夜
葡萄世界的杜拉拉——赤霞珠

名字：赤霞珠(Cabernet Sauvignon)

别用名：Lafite(俄罗斯)，Sauvignon Rouge，Bordes Tinto(西班牙)，Bordeaux，Bidure

籍贯：法国

香气：黑醋栗，雪松

色泽：深厚

现今居地：全世界

史海钩沉：赤霞珠，葡萄酒品种的代表。全世界有15万公顷的种植面积，美国、意大利、智利都有出色的赤霞珠葡萄酒。新世界葡萄酒甚至有与法国波尔多葡萄酒一较高下的野心。1976年的巴黎审判，葡萄酒盲品赛中，来自美国加州的赤霞珠葡萄酒就战胜了法国赤霞珠葡萄酒。如果再往远点看，在19世纪的欧洲葡萄苗根瘤牙灾难，最后就是以嫁接美国葡萄根而摆脱困局。这样看来，如今法国的葡萄苗的根来自大洋彼岸的美国。这算是儿子救母的神话吗?

优点：

- 能适应不同的环境，无论是炎热和凉爽的天气。真是如同职场中的杜拉拉啊，从最底层开始做，直至高级管理者。无论什么职位，都可以胜任。这顽强的精神，赤霞珠毫无保留地展示了这点。
- 该品种对病虫害的抵抗力极强，是葡萄农喜爱的葡萄品种。
- 赤霞珠真是万人迷啊。从几十元的餐酒，到上万元的波尔多名庄珍藏。赤霞珠都展示了她君临天下的气魄。一方面高高在上，一方面亲民无比。

缺点：

● 赤霞珠的涩重口感、酸度高，是赤霞珠得以久藏的主要原因。坚强的骨架经受时间的磨炼，变得更加圆滑和丰富。所以，缺点也变成了优点。

● 但是，赤霞珠比较晚熟。碰到一些不好的年份，会导致赤霞珠熟不了，这种年份的葡萄酒就没有什么亮点。一旦熟透，那惊人的丹宁味道，会让你惊讶无比。

明星酒庄：

● 波尔多的拉图古堡（Chateau Latour）、拉菲古堡（Chateau Lafite Rothschild）、玛哥古堡（Chateau Margaux）、木桐古堡（Chateau Mouton Rothschild）就是赤霞珠的皇冠酒庄。

● 波尔多梅多克地区盛产赤霞珠。而波亚克村就是梅多克区的风水宝地。

备忘录：

1. 意大利的西施加雅（Sassigaia）的超级托斯卡纳，就是用85％的赤霞珠混酿出来的。

2. 美国的“作品一号”（Opus One），也是用87％的赤霞珠混酿出来的。

3. 智利孔雀酒庄的“阿玛维瓦”（Almaviva），也是用90％的赤霞珠混酿而成。当然波尔多那成千上万家的酒庄，我们就不说了，那是赤霞珠的故乡。中国的葡萄园，也是以赤霞珠为主，就是我们通常说的解百纳。由于赤霞珠浓重的酸感和强烈的涩感，使得在酿制葡萄酒时，我们常常要用其他的葡萄来中和及修饰她。这种做法是波尔多的传统混酿工艺。全世界的酒庄都在模仿波尔多进行混酿。那些赤霞珠在不同的国家，展示出不同的风采。智利的孔雀酒庄，用佳美娜（Carmenere）和品丽珠（Cabernet Franc）来帮手；美国用梅洛（Melot）、马尔贝克（Malbec）、小威尔多（Petit Verdot）、品丽珠；意大利最像法国，只用品丽珠来帮手。但是在智利和加州，不需要混酿，也能酿出可口的好酒。那得力于当地炎热的天气。美国和澳大利亚的赤霞珠，在走一条不同于法国的道路，他们尝试酿出具有果味丰腴的赤霞珠，这和法国细致典雅的风格迥然不同。

酒语：

小诗一首

赤日一轮照宇内，
霞光万丈别样红。
珠圆玉润交错杯，
酒过半酣美人归。

世间百日天宇还，
人老色衰恐迟回。
都城酒肆风中旗，
爱人梦乡求一醉。

第37夜
我的女神——霞多丽

名字：霞多丽(Chardonnay)

使用名：Pinot Chardonnay，Auxeras，Melon Blanc，Beaunois，Monillon，Gelber Weissburgunder

籍贯：法国勃艮第

亲属：黑皮诺，白皮诺，灰皮诺

香气：丰富的水果香，有着核桃、香草、葡萄、芒果和鲜花的味道

现今居地：法国勃艮第，美国加州，澳大利亚，新西兰，阿根廷，巴西，匈牙利，奥地利

史海钩沉：如果说赤霞珠是现代社会里的铁人女CEO，那么霞多丽就是公司的女神，屌丝的梦中对象，咸湿董事长垂涎欲滴的目标。

德国人称之为“Weissburgunder”，意思就是白勃艮第。可见霞多丽在勃艮第的重要地位。她几乎就是勃艮第白酒的代名词。

优点：

● 霞多丽酒香浓郁，口感顺滑，细致的酸感萦绕在你的舌尖和嘴角。多

之一分则腻，少之一分则瘦。往前就是长相思，酸。往后就是琼瑶浆，丰腴。霞多丽优雅，标致，亭亭玉立，含笑注目。女神啊！

● 霞多丽在种植和成熟方面都没有问题，除非极端天气，否则随处可以种植，这也是她全球种植 14 万公顷的原因。

缺点：美国人和澳大利亚人疯狂地种植霞多丽，使得女神变成了女神经病。

食物婚配对象：适合搭配海鲜食材。

明星酒款：

● 勃艮第产区夏布利(Chablis)的霞多丽，驰名商标。夏布利几乎是霞多丽的故乡，那种矿物质的气息，引领我们回到山野。

● 梦哈谢(Montrachet)葡萄园的霞多丽，酒客们的挚爱，是众多酒客流连乡村的原因。

● 默尔索(Meursault)的霞多丽，我们都在寻找，你有钱都未必可以买到，因为那里是霞多丽的首都。

● 美国加州的霞多丽果味丰富，清新，略带甘甜。风头不亚于勃艮第。

备忘录：

1. 法国香槟地区的香槟，也是用 50%的霞多丽酿制而成。

2. 全世界有 14 万公顷的种植面积。美国种植了 45 000 公顷，澳大利亚种植了 30 000 公顷。这两个国家，直接把霞多丽酿成了可口可乐的节奏，使得霞多丽变成了一个庸俗的饮料。

3. 1976 年，巴黎审判。美国加州的霞多丽葡萄酒一举击败法国勃艮第的特级葡萄酒，从此开启了美国霞多丽时代。

夏小姐

注定要错过你，

旅途那样艰辛，

怎么舍得让你风雨兼程。

你在夏日的笑，

清新得有些甘甜，

是我此后独自旅途的坚强。

只是希望，
那张笑脸永远灿烂开放，
在春天里弥漫香气，
在夏日里如雾凉爽，
在秋叶里浪漫随行，
在冬日里发梢雪飘。
请不要老去，
不要让时间和那人偷去我的美好。

注定要想念你，
岁月那样漫长，
这样让自己晨晨昏昏独自怅然。
你在离别时的笑，
淡淡的有些伤感。
是我此后独自岁月的不安。
悄悄祈祷，
那双美丽的双眼永远清澈。
在晨光里望穿秋水，
在暮色里恬静无悔，
在月色里洁白如银，
在蛙鸣里酣然入睡。
请不要老去，
不要让时间和那人偷去我的美好。

第38夜
小甜心——雷司令

名字：雷司令(Riesling)

使用名：Klingenberger，Johannesberg Riesling（美国），Riesling Renano Bianco(意大利)

籍贯：德国莱茵河上游

香气：清新亮丽，有清新苹果、青柠檬、西柚、柑橘、李子和杏子的味道

现今居地：德国，澳大利亚，法国，东欧国家，美国，加拿大

史海钩沉：雷司令让德国在全世界葡萄酒世界领域里产生了举足轻重的作用。法国东部的阿尔萨斯地区和德国交界，也让法国可以种植出德国风格的 Riesling。德国种植的雷司令面积达到 20 000 公顷，达到全球总面积的 20%。是法国的 6 倍。

优点：

● 时而浓郁，时而芳香，千变万化，令人惊喜。

● 雷司令有更高的酸度，这就意味着她需要更长时间的陈酿才会成熟。漫长的成熟期，带来了突出的香气表现。

● 雷司令含有很高的糖量，使得风格更为丰富多彩。

食物婚配对象：适合亚洲菜肴的佐餐饮品。

明星酒款：

● 德国普朗酒庄(Weingut. Joh. Jos. Prum)。普朗家族在摩泽尔地区(Mosel)颇具知名度。从 16 世纪以来，世代从事葡萄酒的事业。普朗酒庄的葡萄酒是摩泽尔地区的典型：高残留的糖分，酸度以及二氧化碳。我曾经品尝过 J. J. P 酒庄 1995 年的雷司令。颠覆了我之前所接触的新世界的雷司令的感受。那种时间味道的甘甜，充满了沧桑，但是脱俗甜美，好像是脱胎换骨一般。那些糖分此时变得非常美妙。

● 毋庸置疑，德国人在雷司令的酿制方面，是全球首屈一指。德国人冷静、理智、谨慎的国民性格，决定他们在葡萄酒干和半干的问题上，必须给酒友一个交代。有一段时间，大量德国的甜性白葡萄酒充斥世界。但德国人马上意识到这个问题，这些糖水会将德国葡萄酒带入万劫不复的境地。于是，将葡萄酒酿成干白和半干的高品质葡萄酒，成为当下德国人的崇高目标。这点，德国人的葡萄酒分级体系可以告诉我们。

备忘录：

1. 雷司令可以酿制贵腐型葡萄酒。雷司令还可以酿制成顶级冰葡萄酒。

2. 从无果味风格到贵腐葡萄酒甘甜风格，各种类型都有。但是残留糖

量高的甘甜类型被广泛酿造。

酒语：

大师的酒杯

大师敲打着琴键，

那声音在他的心里轰鸣。

莱茵河流过大师的梦乡，

清晨，

莱茵的美酒可否到了？

只有在家乡的美酒里，

大师才能听到那上天赐予的音乐。

只有那家乡的美酒，

才能将大师回到上帝的身旁，

记下上帝呢喃的旋律。

贝多芬凝望窗外的多瑙河，

老人家想起家乡的莱茵河，

还有那两岸的葡萄园，

老人家想起了父亲，

酒醉后哼着旋律回家的父亲。

那是很多年前的事情。

贝多芬端起酒杯，

喝了一口波恩的葡萄酒。

老人家想起了自己的母亲，

想起母亲在圣诞夜忙碌的身影。

大师端起酒杯，

喝了一口家乡的美酒。

他又想起了她们，
那些美好的爱情，
那些让他沉醉的时光。
只有在这美酒的摇晃下，
大师才感受那心醉的美好。

大师想起莫扎特先生，
想起维也纳音乐厅里山呼海啸的掌声，
但一切都定格在很久以前。

这些日子，
大师总是想些往事，
半梦半醒之间。
屋外的小路上，
许久不见大师的身影。
昨夜，
临睡前，
大师又问：波恩的酒到了吗？
清晨，
波恩的酒到了，
还粘着莱茵河畔的露珠呢！

但是，大师走了。
只留下几桶美酒，
还有放在琴上的乐谱，
舒伯特的乐谱。
还有大师的签名：
舒伯特是个出色的音乐家。
那个饭馆里的穷小子。

第39夜
皇后的时光——梅洛

名字：梅洛(Merlot)

使用名：Merlot Noir，Petit Merle，Crabuter，Beney，Medoc Noir，Plant Medoc，Semillon Rouge

籍贯：法国波尔多

香气：丰满，柔和，李子

现今居地：法国波尔多地区，意大利，瑞士，美国等

史海钩沉：梅洛一词，在法语里是"Merle"，云雀的意思。云雀非常喜欢吃味道甘甜、水分饱满的葡萄，所以用这种鸟的名字来命名这种葡萄。全球约有20万公顷的种植面积。法国波尔多区的多尔涅河的右岸，有两个著名的村庄，那就是圣爱美浓和波美侯。那里带砾石的黏土地，适合梅洛的种植。

优点：

- 梅洛酿制的葡萄酒，气味丰富，口感香甜。果味浓郁，丹宁细微。因此饮用起来，给人一种丝丝顺滑的感觉。
- 多肉，色浅，是赤霞珠传统的调配伙伴。
- 梅洛容易成熟，种植很简单。所以成为比较重要的种植品种。

缺点：浆果较大，皮薄，意味着丹宁较少。

食物婚配对象：适合肉类、乳酪等较为肥腻的事物的佐餐饮料。

明星酒款：

- 波美侯的柏翠斯酒庄(Petrvs)，就是波尔多名庄之一，就是用梅洛酿制葡萄酒的。
- 波美侯的梅洛非常出色，那些丝丝顺滑的美酒，让右岸这个小村庄为世界注目。记住Pomerol这个村子的名字，这个村太小了，产量太低了，低到做广告完全没必要。波美侯的里鹏酒庄(Le Pin)，年产7 000瓶，这么点产量有什么必要做广告？那丝丝顺滑的口感，会让你的中国饭局无比幸福和美好。

● 圣爱美浓(Saint-Emillion)就在波美侯的隔壁,地图上显示,圣村比波村大些,是波美侯的四个那么大。所以,圣爱美浓的葡萄酒产量要大很多,这些产量支撑这该村完成了葡萄酒分级体系。波美侯的是没有分级的,只有一个国家的 AOC 法定产区认证,但这个丝毫没有影响波美侯的美酒盛誉。

● 不得不说的,被罗伯特·帕克成为意大利的柏翠斯的“Masseto”。

备忘录:

1. 中国人的口感是比较喜欢梅洛的。中国同胞认为酸涩是不好的葡萄酒标准,于是那些年轻的赤霞珠葡萄酒在中国会遭到消费者的拒绝。因为,在中国人的味蕾记忆里,美好的东西就是甜美、顺滑,那才是舌尖上的中国味。梅洛顺应了这一潮流。因此,圣爱美浓和波美侯的美酒在华市场出奇的好,我总是听到朋友说:那个葡萄酒很好喝,顺滑得很。每每这时,我想,那肯定是右岸的酒了。

2. 美国华盛顿产区和新西兰霍克湾产区,都酿出了美妙的梅洛葡萄酒。

3. 当然除了上述两个国家,澳大利亚、阿根廷、智利也不甘示弱,正在赶超美国和新西兰,酿出多多的梅洛。中国市场充斥新世界来的梅洛葡萄酒,超市里的酒标上,Merlot 的字样,清晰地告诉我们,这是中国人喜欢的酒。

4. 日本长野,以盐尻市为中心,开始栽培梅洛,但是日本的雨水较多,梅洛难以成熟。于是日本人用现代科技,使催熟成为可能。虽然那也酿出了梅洛,但是把日本酒农累得不行。

云雀在右岸歌唱

多尔多涅河,

你缓缓地流淌。

那样宽广,

那样安详。

波尔多的歌声,

随着远洋的轮船远航。

挥挥手,

河流两岸的葡萄欢唱。

左岸的赤霞珠，
把笑脸憋得发紫。
用力往下探底，
探底，
伸向砂粒的深处。
吸着水分，
憋紫小脸，
都看不见微笑。
那样威严，
似乎已经知道自己是王的后代。

右岸的梅洛，
在河畔的风里歌唱。
云雀的歌声那般美妙，
香甜的果实，
滋润她的歌喉。
轻轻一踩，
我就闻到了水的滋味。
在风里，
在脚底的水里，
在云雀的歌声里，
我结成了温和甜美的果实。

丰收的时候，
我们要去到对岸，
和那憋着气的家伙结合。
因为那是王的国度，
赤霞珠的权杖。

我愿意，
用我的温柔和甜美，
抚摸他不笑的脸庞，
用我似水的温情，
滋润他刚烈的脾气。
在冬去春来的时候，
献上波尔多两岸的新年礼物，
一缸缸甜美丰富的佳酿。
云雀在那喜悦的日子里歌唱，
纪念葡萄苗发芽的喜悦，
庆祝这片土地的永恒。
啊！
云雀在右岸歌唱。

第40夜
流浪者之歌

名字：西拉（Syrah）

使用名：Syrah（法国），Shiraz（新世界），Balsamina（阿根廷）

籍贯：法国北罗讷河

香气：黑醋栗，芳草气息，颜色成墨紫色，口感和气味浓烈，刺激性大

现今居地：法国罗讷河流域、朗格多克地区，澳大利亚，智利，美国，阿根廷，南非，加拿大

史海钩沉：西拉，这个名字源于古代波斯（伊朗）的一座城市的名字。西拉这个葡萄品种主要是在11世纪，开始从波斯传到欧洲各地的。法国的罗讷河谷产区，是西拉最出色的产区。西拉在法国的种植面积在减少，但是澳大利亚的种植面积达到4万公顷，占到世界西拉种植面积的一半。可以说，澳大利亚是西拉大国。

优点：

- 该葡萄品种耐寒能力极强，而且在无论多么贫瘠的土地，都可以

生长。

● 丹宁含量高，让中国的白酒客们喜出望外。

适合婚配对象：口感厚重，刺激，味重，适合江西、湖南和四川菜。

明星酒款：

● 来自罗讷河谷北部 Hermitage 产区 La Chapelle 小教堂的西拉，是全球西拉酒迷朝圣所在地，这也是酒客们顶礼膜拜的酒款。那种优雅、舒展的丹宁，那种德高望重的贵气，让新世界的西拉汗颜，难望项背。

● 新西兰象山酒庄酿造的西拉，方正刚强，延续着罗讷河谷的风格，变得更加有力和饱满，但摈弃了澳大利亚的西拉酒的肥腻。

● 在罗讷河谷，维欧尼还会和西拉进行混酿发酵，增加西拉的芳香，消散西拉的过分浓郁和霸道，使得其变得强壮，但不失优雅。

备忘录：

1. 澳大利亚和新西兰的西拉酒，带有明显的橡木桶味道，这时刻在提醒我们，咱家的酒可是崭新橡木桶陈酿的啊。

2. 美国的西拉酒，口味集中，酒体深厚。

3. 传统的西拉酿酒，会添加一点维欧尼，来增强酒的香气，润滑酒体的坚硬。

酒语：

王爷的京城

很久以前，有个国家，皇帝是卡本内(Cabernet Sauvignon)。卡本内亲民爱子，威严端庄，恩威天下。天下倒也太平，老百姓安居乐业。

皇后是梅洛(Merlot)，皇后秀外慧中，贤良淑德，母仪天下。

卡本内有个皇弟，名叫西拉(Syrah)。王爷博学多才，温文尔雅。但自幼习武，好交天下武林中人，整日里舞枪弄棒，喝酒交友，人称“贤王爷”，这京城中人，无人不知，无人不晓。那些个文人雅士全都拜上门来，王爷倒也豪爽，全部收为门客。整日里喝酒聊天，切磋武艺，就是不谈国事。

一日，众人正酣，席间有人说：王爷，你冤啊！

王爷心里一惊，抬头一看，是刘先生。

王爷说：先生，何出此言？

先生说：当今皇上，资质平庸，治国无方，天下百姓皆晓……

王爷拍案而起：大胆，无知老儿，怎可胡言乱语，来人！拿下！

卫兵鱼贯而出，架起先生而出。

先生一路大叫：王爷，早做打算啊！……

几日后，皇上传来圣旨，曰：奉天承运，皇帝召曰。寡人执政以来，每日鞠躬尽瘁，不敢贪息。才有这天下太平，国富民强，国泰民安。现烦劳皇弟，任外邦使者，前往大洋洲、美洲列国，扬我国文化，互通有无。即刻离京，速速前往。钦此。

后来的事，就不用说了。

王爷没有回京，久居大洋洲、美洲两地，倒也不用像在京城那般藏着掖着，索性大大咧咧起来，处事刚烈，厚重爽朗。

此乃西拉王爷的故事。

第41夜
酒如女人

两个月来，我的酒量大增。为了写意大利，我把意大利酒喝开了。为了写西班牙，把师傅的西班牙的美酒也喝了，好在师傅的酒柜不缺酒。每当黑夜，我就猫在书房，在堆得像小山的葡萄酒著作里，希望找出一个自己喜欢的观点和角度，写点东西出来，不然总觉得对不起自己的豪言壮语，101夜啊。我承认，我有强迫症。前一段，公司的事情多些，停了几天，Dr. Wine辛老板发短信来，女粉丝们惦记着呢，这药不能停啊。一想到这世上，有人在惦记着我的葡萄酒文章，哪怕只有一个人读，我也得认认真真地写下去。

我得承认，这不是一个葡萄酒百科知识系列，这只是一个葡萄酒学习者的入门进阶引导。我尝试着根据自己的经历，引导大家慢慢爱上葡萄酒，享受葡萄酒带来的乐趣。从这点上讲，仅仅是买酒、喝酒、再买酒、再喝酒，那是土豪的做法，我们必须从葡萄酒里找到乐趣，除了感官的刺激外，应当更多的是找到背后的文化。就好像苹果用户喜欢苹果产品的原因，不是因为它贵，是因为它领先行业的创新精神和开拓勇气。我们每个人不是也都渴望成为自己领域的创新者和开拓者吗？葡萄酒的文化给我带来的核心精神，就是用心感受天地人的完美结合，感受人类通过劳作来延续种族的永恒定理。这背后的人和事，常常让我们在旅途中感动。

有看客可能急了，标题是“酒如女人”，这半天还没见到女人啊。别急，亲！心急当然见不到美女，更无法抱得美人归。隐忍很重要。

一路写来，文章里一个重要的线索，就是酒里人生，酒里的情愫，当然缺少不了女人。从你端杯开始，你就翻开了心的乐章。这也许就是很多女生喜欢这个系列的原因。因为，在这个系列中，你或许能知道，你在那个男人心中的位置，或者你想知道那个酒醉的男人心里的苦是什么，或者是他在酒后的落泪是为了谁。

打住，不说了。金老板说：女孩儿们喜欢晓斌的文章。看来，金老板的眼睛还真毒！

酒如女人。开始聊！

这是个很大的命题。

先说，我认为完美的女人是怎样的。三个线，构成三角形，美女三角定律。一、端庄秀丽的外貌；二、由内而外的风骨；三、就是由内而外的女性气质。

简单解释，首先，第一条通俗说就是美女，我想这点大家都明白吧。养眼，是最关键的，不一定非得有冰冰的妖艳，馨予的纯真，索菲的风情，许晴的美艳，五官端正、比例协调就好。我现在有些恨自己两年的美术学习经历，导致对美女的要求高到让自己孤独。

其次，是由内而外的风骨。我指的是气节。也可以理解为做人的原则。这个部分，这个品质必须来自教育，良好的家庭教育和长时间的学校教育，可以让女性具备道德的标尺和世界大爱的精神。这种内容展示出来就是是非分明、爱心包容。无论在什么样的环境下，都能保持气节。你用钱是没法留住她的，你也无法用淫威让她屈服于你。对她们来说，如果要背叛她们的道德和内心，不如死了。因为对于她们来说，没有气节地活着不如死去；这种美好的品德，可以成就一个家族的美誉，可以成就一个时代的怀念。

再次，就是由内而外的女性气质，通俗地讲，就是必须像个女人。具备母亲的美德，具备妻子的柔情，具备姐妹的深情。如果儿女众叛亲离，丈夫不敢回家，姐妹们相互中伤远离，那么这个女人就需要好好修炼。

女人是否完美，可以在这个三角形里找到答案。

姐妹们，别紧张。完美女人的修炼，是一辈子的事情。那么多女人到50岁才修炼成功，依然美丽动人，爱情幸福。

既然酒如女人。女人说完了，现在来说说酒。

葡萄酒也是一样，参照完美女人的三角定律。一、酸度；二、涩度；三、酒精度。

当你喝下第一口酒，酒的酸，呈现出来的层次感以及带来的清新感，建立起我们第一印象。难以想象没有酸度的葡萄酒是什么样。在品尝葡萄酒的日子里，葡萄酒的酸，总是呈现出不同的风貌。存酒的时间长短，开瓶后的不同阶段，葡萄酒都会呈现出不同的酸度，就像一个女人在岁月面前展示出来的风貌一样，无论是少年的纯真，还是年轻时的纯洁，还是中年时的淡然，或是年老时的优雅，都各有独特的味道。葡萄酒的酸度，一直要呈现出美好、舒适、细致、迷人的酸味。

对应女人的气节，葡萄酒的涩度如是乎？葡萄酒中的丹宁，支撑着葡萄酒度过漫长的时光，风采依旧。没有丹宁的葡萄酒是不可以珍藏的，就好像没有气节的女人，会沦为权贵的玩宠，最后落得惨淡凄凉的结局。艺术界的女孩容易遭到各种诱惑，从而迷失。很多的例子告诉我们，女人的气节多么重要。当我们品尝葡萄酒时，那酒中的丹宁，细细的，绵绵的，一会儿扑面而来，一会儿舒展开来。无时无刻不提醒我们，时间对于她来说，是一种美好的体验，而不是时光的流失，她永远那样优雅地站立着，不会跌倒。

最后，我认为酒精度对葡萄酒就来说，就好像女人的女人味。试想，没有酒精度，还是酒吗？酿酒师们，在工作时，会根据自己的风格和传统的要求，让葡萄酒保持应有的酒精度。葡萄酒之所以是酒，酒精度为其提供了保证。甜白葡萄酒的酒精度数低些，葡萄牙的波特酒和意大利的葡萄酒度数高些，就如同葡萄酒要展示自己的不同的风格。

无论是酒，还是女人。三者的完美状态就是平衡。这就是我们常常说的葡萄酒的平衡感，其实说的就是酸度、涩度和酒精度各自的展示。不好的平衡感，就是任何一个方面突出，先一把木剑划破你的口腔感觉。

酒如此，女人也如此。短短篇幅，就此住笔，如有缘，举杯畅谈。

第42夜
莱茵河之梦

当我在键入“莱茵河”三个字时，我抬头望了望墙上的德国地图。那条蓝色的曲线，弯弯曲曲，从阿尔卑斯山下开始，倔强地向着北流去。每一次转弯，我都好像看到了一个陡峭的山壁，每转过一个山崖，莱茵河又将面临下一个山崖。直到过了波恩，河流才缓缓平直起来，直到进入荷兰，注入北海。

一直没有想写德国，想把她放在后面吧。德文太难拼了，加上德国人在酒标上的努力程度，让人生畏。但是，莱茵河浩浩荡荡，不屈不挠地在我梦里流淌。河道两旁漫山遍野的葡萄园，和着山风歌唱；还有那些山崖上的美丽城堡；那些流传在莱茵河上美丽的歌谣啊，每日在我心里吟唱；一条美丽、浪漫、壮观、丰硕的莱茵河，就是一条魂牵梦萦的德国葡萄酒之河。

朝辞白帝彩云间，
千里江陵一日还。
两岸猿声啼不住，
轻舟已过万重山。

莱茵河在德国境内的这段河域，还真的有点像中国的长江三峡，只不过三峡两岸的是陡峭崖壁，而莱茵河两岸是陡坡上的葡萄园。尽管这样，在这葡萄园劳作也是非常辛苦和危险的。虽然可以从东欧引进劳工，但毕竟不是长久之计。

从美因茨(Mainz)开始，到科布伦茨(Koblenz)，最后在波恩(Bonn)，这段河域就是莱茵河的三峡。波恩就好像是长江上的宜昌，河水到这里开始宽广、平缓，因为地势开始宽阔。美因茨就好像是长江的宜宾，壮观的河景开始呈现，险滩，陡壁，峰回路转的河湾。这里河道蜿蜒曲折，河水清澈见底。人们坐在白色的轮船之上，极目远望莱茵河的美丽风光，葡萄园层次有序地排列在两岸，一座座以桁架建筑而引人注目的小城和五十多座古罗马时代古堡和古城遗址，点缀在青山绿水之中。那些古老的传说不时把人们的思绪带向遥远的过去，人们深深地陶醉在这充满浪漫情趣的多姿多彩的莱茵河美景之中。为了保护自然风景的原貌，莱茵河河谷段没有架设桥梁，往来两岸都靠轮渡。

就在这里，德国著名的葡萄酒产区全部云集于此。不能再北上了，温度太低了。就在这个湾区，葡萄农民们用他们的智慧和坚强，谱写一个个神奇的传说，成就了德国在葡萄酒世界的神话。

想象一下，河水从你的胸前往前流，你的左边就是法尔兹(Pfalz)产区。前方是北，你的前面是美因茨你的身后就是巴登产区，莱茵河开始在这里缓缓左转，河对岸是莱茵高(Rheingu)产区。莱茵河向左环抱的就是莱茵黑森(Rheinhessen)产区。莱茵河左转后，往西数公里，会接纳一条那赫(Nahe)河。在那赫河流域就是那赫产区。莱茵河接入那赫河后，慢慢调整向北的方向。河水流经科布伦茨的时候，会和一条从法国来的河流会合，那就是大名鼎鼎的摩泽尔(Mosel)河。这条河流从法国而来，把卢森堡和德国劈成两岸，山路十八弯，长途跋涉，不辞辛劳，倔强地汇入了莱茵河。这成就了德国最伟大的葡萄酒产区，就是摩泽尔(Mosel-Saar-Rewer)大产区。这个摩泽尔产区至关重要，因为河流流经地区多，地势复杂，所以又分上摩泽尔产区、中摩泽尔产区。途中，摩泽尔河又接纳了萨尔河和鲁尔河，这两条支流的河谷也是出色的葡萄酒产区。这样看来，摩泽尔河域包括了好几个出色的小产区。

莱茵河出了科布伦茨后，直奔波恩城，河流开始平缓，河两岸就是平庸的 Hessische Bergstrasse 产区。在左岸有个 Ahr 产区。

河流到达了贝多芬大师的故乡。那个没有故乡的美酒就无法创作音乐的大师——贝多芬。

从美因茨到波恩，分布着德国葡萄酒最著名的 8 个产区。当然德国还有另外几个产区，东部的法兰肯产区、萨克森产区，以及东南的乌腾堡产区。严格来说，德国的优质葡萄酒产区，全部在莱茵河流域，因此，当我用河流来串起这些珍珠似的产区时，我心里只有美丽的莱茵河和两岸的美丽的葡萄酒了。

帕克道长在他的世界名酒里收入的几款德国葡萄酒，全部是在莱茵河流域。我想，道长亲历莱茵之旅，和我坐观天象，有殊途同归之感。英雄所见略同啊。

1. 杜贺夫酒庄(Hermann Donnhoff)位于那赫(Nahe)产区
2. 海格酒庄(Weingut Fritz Haag)位于摩泽尔(Mosel)产区
3. 穆勒-卡托尔(Weingut Muller-Catior)位于法尔兹(Pfalz)产区
4. 伊穆酒庄(Weingut Egon Muller-Scharzhof)位于摩泽尔产区
5. 舍费尔酒庄(Weigut Willi Schaefer)位于摩泽尔产区
6. 泽巴赫奥斯特酒庄(Weingut Selbach-Oster)位于摩泽尔产区
7. 罗伯维尔酒庄(Weingut Robert Weil)位于莱茵高(Rheingau)产区

这些世界名酒的故乡,全部位于莱茵河流域。美丽的莱茵河,美酒的故乡。

莱茵河真是一条梦幻般的河流,一条牵动着酒友的河流。

第43夜
史说德国葡萄酒

说到德国的葡萄酒历史,一个字,苦。

很久以前,德国分裂成很多小国家。直到1871年,才完成国家统一。

加上德国是个啤酒的王国,仅境内啤酒就有3 000多种。不同地区的啤酒和面包都会不一样,这可能跟诸侯割据、互征税收有关,导致经济流通是个非常大的问题。

据说从莱茵河往科隆方向运送货物,沿途要经过31个税收站。这么个收法,你说,这生意还怎么做。就好像我们从广州开车去昆明,收费站十几个。怪不得每到高速免费的节日,高速公路就成了停车场。

阿尔卑斯山北的地区,在古罗马时,就有凯尔特族居住。那时的凯尔特人已采用原始的方法开始酿制葡萄酒喝。当时的凯尔特人就开始用葡萄酒和罗马人、希腊人交易,换取玻璃、奢侈品和武器。

凯撒大帝征讨法国时,将葡萄树带到了罗讷河谷(Rhone)和摩泽尔(Mosel)河谷,掀开了阿尔卑斯山以北种植葡萄酒的历史。

《奥古斯都历史》第八章第八节说道:罗马皇帝普罗布斯批准了高卢全城、西班牙和不列颠省栽种葡萄并酿制葡萄酒。

就是说,普罗布斯皇帝首次将葡萄酒文化正式引入了阿尔卑斯山以北的地区。

后来的查理大帝还制定了有关葡萄和葡萄酒的法令：

● 不能用皮袋保存葡萄酒，只能使用木桶保存葡萄酒。

● 考虑到卫生因素，不能用脚踩碎葡萄。

查理大帝并向修道院捐赠莱茵高地区的葡萄园。此地有个圣约翰尼斯堡(Schloss Johanisberg)的酒庄，号称世界上白葡萄酒的圣地，酿造出最高级的白葡萄酒。

在宗教的推动下，德国的葡萄种植业发展如火如荼，哪怕是在很冷的地区，也开始种植葡萄。据推测，种植面积达到30万公顷。直到德国的"三十年战争"。三十年战火涂炭，三分之一的德国人在战争中丧生，境内村庄化为废墟，农田荒芜，德国成了欧洲贫穷的三流国家，葡萄园种植进入了冰河期。战争结束后，德国人的葡萄酒也是劣等、便宜货的代名词。

直到19世纪后期，莱茵高的雷司令跨入了世界高级葡萄酒的行列。德国人硬是用他们坚强的性格和完美的智慧，改变了世界白葡萄酒的格局。

当然，欧洲的葡萄园都没有躲过19世纪70年代的根瘤牙虫。刚刚缓过神来的德国葡萄酒业，又搭进去了。俗话说，屋漏偏遭连夜雨。

当时间走到20世纪，那就更麻烦了。德国卷入了两次世界大战，并在第二次世界大战中战败。政府无力管理国家和社会，整个社会处于自我疗养、自我生长的状态，农民开始重新回到莱茵河陡峭的山坡上种植葡萄。

德国葡萄酒在战后开始慢慢地恢复、成长。发展到今天，德国的生产量大概是法国的十分之一。种植面积大概是10万公顷，相对历史上30万公顷的辉煌往事，这是微不足道的。但是理性的德国人确实选择最好的地方，开始重整自己的山河。现在的葡萄酒产量约占世界产量的3%。这些产量里面，有85%是白葡萄酒。

雷司令是德国最伟大的葡萄品种。德国顶级的葡萄酒有很大一部分都是酿自这个品种。在摩泽尔、那赫、法尔兹、莱茵高这些产区，最好的葡萄园几乎都在种植雷司令。

在过去的这些年里，如果说到德国的葡萄酒业发展的惊喜，那应该是德国红酒的崛起。黑皮诺的种植，在20世纪就成长了3倍。多年来，德国葡萄酒法规一直没有限制产量，也没有像法国那样对葡萄园进行分级。当然，情况也是在改变的，由200家顶尖葡萄酒庄组成协会VDP，开始接过政府的棘手难题，开始对会员属下的酒庄进行产量限制，并且开始对每个地区特定品种的葡萄园进行分级。

德国，这个在20世纪让人类蒙羞的国家；德国，这个在20世纪默默奋发图强的国家，今天，他们重新回到了欧洲列强的队伍里，用他们虔诚的忏悔，用他们勤劳的劳作，用他们的智慧，重新回到了欧洲的怀抱。

我突然想起了那个14岁的德国学生，那个身高180厘米的少年希汉姆，那个汉堡北边一个村镇的孩子，那个随同父亲来华工作的孩子。当我面对他，我立马想到的是希特勒及法西斯军团犯下的滔天大罪。但是，我内心又立即告诉自己，这个民族在过去几十年的时间里背负的罪恶感太沉重了，我不可以和这个孩子讨论战争和相关的话题。我们讨论这个民族引以为豪的音乐大师、啤酒，其乐融融。在此后相处的日子，这位少年展示了德国小孩纯真、可爱的一面。我才意识到，这是个孩子，和历史无关！当我问他，你来自哪个国家，孩子的回答是我来自欧盟。I come from European Union。说这个话时，他没有迟疑，没有思考，我才意识到欧盟已经成立很多年了。

是的，你来自European Union那个国家。

第44夜

德国无差酒？

沿着莱茵河自南向北，德国的十几个特定产区，绝大部分分布在莱茵河畔。可以说，莱茵河流过德国，给德国留下了美丽的葡萄酒、滋润了繁星般的音乐家、文学家、美术家。

德国的葡萄酒大致分为四个等级。最低的是Deutscher Tafelwein，相当于法国的VDT，政府对它的规定最松。在这个基础上，再高点的就是Landwein，这一等级相当于法国的VDP，可以标示产自哪块地的葡萄酒。接着往上的就是两个高品质等级的葡萄酒：第一个就是Qualitatswein

Bestimmter An-Baugebiete，一般简称 QBA，这一等级的葡萄酒必须采用来自德国特别的葡萄酒产区，除此之外，政府的监管更加严格；另一个高品质等级的葡萄酒就是 Qualitatswein Mit Pradikat，简称为 QMP，这个等级严格到要品尝后才可以上市。

德国葡萄酒的产能分布是这样的：QMP 和 QBA 占到产能的九成以上。这节奏就是，德国的葡萄酒全部是高档葡萄酒。好吧，德国人，算你狠。

自信爆棚的德国人，认为自己的葡萄酒都是高档酒。那有啥意思？你的酒全部是高档葡萄酒，那还玩什么？有意思，德国人把这些占全国产能九成以上的葡萄酒分成六个等级。绕了半天，这个才是德国真正的分级呢。

但这个分级就更标新立异了。法国、西班牙、意大利的分级都是按照葡萄园或者酒庄来分级，德国人分级的方式，却是按照葡萄酒的糖分浓度和生产方式来区分的：

一级：珍藏葡萄酒（Kabinett），这些葡萄是正常采摘下的葡萄。

二级：晚摘葡萄酒（Spatlese），使用比珍藏葡萄酒更晚采摘的成熟葡萄酿制。由于葡萄在阳光下完全成熟了，葡萄的糖度较高。

三级：精选级葡萄酒（Auslese），只选取充分成熟的葡萄粒酿制。工人们把那些不够成熟的葡萄剔除了，使用完全成熟的葡萄，自然有较好的品质和糖度。

四级：逐粒精选葡萄酒（Beerenauslese），使用一粒粒被挑选出来的部分受贵腐霉菌侵蚀的葡萄酿制而成。品质和糖度非常高，但是随之而来的人工成本也不低，呵呵呵。

五级：冰葡萄酒（Eiswein），就是使用气温在零下 6 度时冰冻的葡萄酿制的葡萄酒。这些熟透的葡萄，直捱到冰天雪地的时候才被采摘下来。通常，在太阳出来之前，工人们采摘冰葡萄，然后将葡萄和葡萄表面的结冰一股脑压榨（整个压榨过程必须保持在零下 6 度以下），获得葡萄汁。这样获得的葡萄酒价格非常高，因为制作一瓶冰葡萄酒所需的葡萄量是普通葡萄酒的好几倍。

六级：深度贵腐干果颗粒葡萄酒（Trockenbeeren-Auslese），是将被贵腐霉菌侵蚀过的、水分蒸发后萎缩的葡萄干逐粒精选出来酿制的葡萄酒。这种葡萄酒的糖度高达 130～154，甚至高达 300。

德国人在葡萄酒的糖度方面，呈挣扎局面。一方面有些酒庄开始酿制干性和半干性的白葡萄酒，但另一方面有更多的酒庄还是围绕糖度做文章。

有意思的是，德国葡萄酒还有个特点就是，所采收的葡萄通常保留一成不进行发酵，直接做成葡萄汁存放在高压槽内，待装瓶时再掺入这些汁液。这样的做法，使得葡萄酒有种优雅的果香味，而且酒精度不高。

面对这个按照糖度进行分级的德国葡萄酒体系，我顿时陷入了深深的漩涡。虽然都是德国分级体系中的高档酒，但是不同酒庄的相同分级的酒的价格又不一样，这就使得德国白葡萄酒让酒客们在初识的时候，心生迷糊和退意。徐均老师说，德国白，是需要精力和银子，才能搞清各个酒庄的子丑寅卯的。

此时此刻，我想快速打开酒柜里那支莱茵黑森(Rheinhessen)的精选葡萄酒，感受那清新的甜感。

第45夜
洛雷莱的眼泪

无独有偶，德国人和中国人在某些方面是有共同点的。例如神话传说，就走了一条同样的道路，妖魔鬼怪，人鬼神说。那些诡异的传说后面，必定有一个美丽的女子和美丽的故事。

去过三峡的人，想必都知道有一处景点是神女峰。记得那年沿长江顺流而下，正在甲板上看两岸峰回路转，看浩浩长江向东流去，只听得有人叫道：神女峰，神女峰！顺着众人的目光看去，在远处的山峰之上，突兀一个山峰陡然拔起，就像一个身影矗立在山巅。正午的太阳照在山峰上，层林尽染。我倒也没有太多激动，若是黄昏和清晨，或许感觉会不一样。但痴情女子立于江边，幻化成石，在年轻时却也不解其中含义，只道是：痴情女子终不悔，望夫归来泪已干。

当我远在欧洲的莱茵河上，重逢这痴情女子时，我才发现世上此种女子之珍贵、此种守望之残忍、此种相思之伤痛。

前篇，我曾讲到从美因茨到科伦布茨的莱茵河区段，河水峰回路转，两岸山势各异，古堡众多，葡萄园就在那陡峭的山坡上。河流每次转弯，就捧出一个精彩的葡萄园。

出了宾根市，在圣·哥阿和圣·哥阿斯豪森之间有个地势十分险恶的狭窄地段，右边有巨石赫然突起，直刺云天，这就是“洛雷莱山崖”。崖高132米、宽90米，陡峭的岩壁像一个美丽的少女亭亭玉立于莱茵河的弯角处。

这里流传了多个关于洛蕾莱的传说。伟大德国文豪海涅，也曾经为这个姑娘写过诗。我最喜欢的一个传说，是当地人自己的传说。传说很久以前，有个美丽的姑娘和一个小伙相爱。女的就是洛蕾莱，但是姑娘出身平平，而小伙是世袭贵族，自然门不当户不对。嘿嘿，看来，全世界的爱情都一样，门当户对，是大人们首先要考虑的问题。结局当然是悲惨的，恋人被强行分开。悲伤的姑娘洛蕾莱，每当入夜，月亮升上来，月光洒在水流湍急的莱茵河里，她的相思的歌声，就开始响起。歌声忧伤、美丽，和着月光、混着河水，在河谷里回荡，河里的船夫常常陶醉在这美丽的歌声里。由于此处暗礁甚多，河水湍急，经常有走神的船夫命丧于此，人们责怪洛蕾莱。日复一日，这相思的爱之歌，逐渐成为了迷幻的安魂曲，让人心智迷离。怨恨之气，伤痛之苦，深爱之思，全部在那月夜的河上的歌声里，洛蕾莱的歌声里。那思念的美好渐渐少了，思念的痛多了。终于在一个月夜，洛蕾莱纵身跃入河中。人们发现洛蕾莱身后的山坡上，长满了葡萄。人们用这些葡萄酿制了葡萄酒，称之为“洛蕾莱之泪”。这个葡萄酒，我想应该是雷司令酿制的白葡萄酒，因为在这个地方，河两岸分别是莱茵黑森和莱茵高来两个产区。我查找了很多资料，都没有找到“洛蕾莱之泪”的葡萄酒，或许这是一个非常乡土的白葡萄酒。希望有一天能品尝到她。

那一定是一杯酸甜交融的圣水，那里寄托了洛蕾莱的爱情和深情的思念。因为这美酒一定会送到那男子的窗台上，陪他度过残生。当美酒淌过他们相吻的双唇，他定能感到那酒里的酸楚，那是思念的酸楚，他定能感受到甜蜜的香气，那是他们美好的相恋。城堡外的莱茵河日复一日的流淌，老人在黄昏的暮色里，流淌下一颗金黄的泪珠，甜甜的。就像那冬季里采摘的葡萄、酿出的美酒，寄托着洛蕾莱深深的思念。

思念是种什么样的痛

月光很冷，

莱茵河水刺骨，
你怀着爱火投江，
蛰伏在江里，
江面上依旧有你的歌声。

月圆而高的时候，
你坐在江边唱歌，
他们围绕在你的身旁，
望着古堡的方向，
有人在黑夜里煎熬，
听得见岁月碾碎骨骼的声响。

如果爱情需要一生的负罪，
才换来闭目的宽恕，
如果爱情需要一河的传说，
才换来酸楚的陈酿。
我只想说，
我愿意背负这沉重的悔恨，
沉入江底，
顺着歌声，
摸索着，
朝着你歌声的方向。
愿河畔的美酒更加香甜，
那是我们新的起点。

第46夜
爱酒的革命党人：拿破仑和贝多芬

说起拿破仑，我想读了些书的人，都应该知道那是一个著名的大人物。如果不是滑铁卢的失败，拿大爷能创造更大的辉煌。如果再深入点，你就会知道拿破仑象征着自由，象征着向皇室和世袭的贵族开炮，象征着天下为公，人人平等。那是19世纪文明曙光的吹号手。

说到贝多芬，大家都知道那是一个聋子音乐家。不容易啊，身残志坚，身残志不残，扼住命运的咽喉，创造人生的辉煌。在众多的欧洲音乐家们里，在欧洲星光灿烂的欧洲音乐史上，贝多芬最受我们的待见。首先，聋子作曲，实属不易。瞎子阿炳作曲，已是奇迹和传奇。其次，贝多芬，是个十足的革命者，对权势嗤之以鼻，对贵族爱憎分明。在我印象中，贝多芬作弄和作贱贵族们的故事太多了，每每这个时候，年少的我就不由得拍案而起，喊道：爽快！弹奏贝多芬乐章时，我脑海就只有贝多芬的满头蓬发，对台下贵族鄙视的目光，自信爆棚的气质。把贝大爷旋律弹奏得惊天动地、豪情壮志，连个爱丽丝都不放过。但随着年纪增长，我很少听贝多芬的音乐。因为了解了他，开始厌倦重复贝大爷革命的一生。贝多芬一生32首奏鸣曲，晚年的几首作品，贝多芬开始陷入了冥思的状态。俗话说：人之将死，其言也善。贝多芬到死才明白，革命是徒劳，挣扎是无用。最后才写出最完美的乐章：第九交响曲。当最后大合唱《欢乐颂》唱响"天下皆弟兄，世界同一路"时，贝多芬终于修得圆满，大功告成。革命家的一生，是亢奋孤独的一生。他没有改变什么，贵族们在他离世之后，又有新的作曲家来追捧。

当拿破仑将军率领军团，席卷欧洲，驰骋在德奥大地上，沿着莱茵河，一路杀下去，直接杀到贝多芬的老家去。贝多芬不但不担心家乡，反而兴致勃勃地写下第三交响曲《英雄交响曲》，第一页上写上几个大大的字：谨献给拿破仑。作曲：贝多芬。两个名字大大的，刺眼地横在封面上。然后端起来自莱茵河畔的白葡萄酒，大口喝下，大声喊道：爽快，就是那个感觉。在贝多芬的心里，拿破仑就是他的知己，听听贝多芬那些乐章就知道，贝多芬在音乐里，摧枯拉朽，横扫一切，在乐章结尾，组织一次次辉煌的进攻。在贝多芬看来，他们就是这个时代的英雄，是世俗世界和音乐世界的英雄。贝多芬的音乐就是革命者的节奏，如果给拿破仑的战争配乐，贝多芬的音乐一定恰到好处。在贝多芬心里，自己和拿破仑就是那个时代的革命者，一个在德奥大地上驰骋，一个在音乐世界里战斗。为了自由，为了平等，为了博爱，为了民主。让那些贵族和王朝见鬼去。

当后来，听说拿破仑称帝时，贝多芬气愤地直跳，把第三交响曲的第一页撕了个粉碎。气了好段日子，后来贝多芬又重写了第一页，在上面写下一句话：为纪念一个伟大的人物而作。从内心深处，贝多芬一直希望找到自己的知己。英雄孤独。

拿破仑和贝多芬都酷爱葡萄酒，而且葡萄酒是生命中最重要的内容。拿破仑最喜欢喝什么酒？那就是产自勃艮第哲维瑞・香贝丹村(Geverey Chambertin)的红葡萄酒。早在公元640年，贝日修道院就在这里开垦葡萄园，到了13世纪，属西都教会的克吕尼修道院在此也拥有大片葡萄园，并修建城堡。

在哲维瑞村，以香贝丹和香贝丹・贝日庄园两个特级葡萄园最负盛名，名列勃艮第的顶尖名园。

哲维瑞・香贝丹的黑皮诺以其紧密的口感、严谨的结构，及其雄浑的气势，大受欢迎，更成为拿破仑最喜爱的杯中之物。非常有意思的是，拿破仑每次喝香贝丹时，喜欢兑水喝，真是糟蹋美酒，但这个不影响香贝丹的美酒。因为，拿破仑先生太著名了，能受到拿破仑将军垂青的葡萄园，这真是一件幸运的事情。

香贝丹虽然只有12.9公顷的葡萄园，却是勃艮第知名度最高的酒庄之一，令酒迷们趋之若鹜。应该说，它所出产的红酒，一直占据着难以取代的地位。这不仅是因为有它的历史因素，而且因为在这里所出产的黑皮诺葡萄所表现的雄伟壮阔的气度，既有高登(Corton)的野性粗犷，又有它的细致柔美；既有蜜思妮(Musigny)的优雅，又有它的坚实强劲；既有梅索(Meursault)的丰满，又显得更为壮硕。

拿破仑每次出征，军队路过香贝丹庄园时，全体将士定要向着葡萄园的方向行军礼。拿破仑认为，香贝丹能给军队带来好运，好打胜仗。每次出征的队伍里，物资部装满足够三个月的葡萄酒。因为拿破仑先生从来不把战争拖过三个月，时间一到，酒也喝完，打道回府。很遗憾的是，据记载，最后那场失败的战役，没有带酒，没带上英雄般的香贝丹，因此败了。

贝多芬出生在波恩，成名于维也纳，但大师钟情于家乡的葡萄酒。我想应该是莱茵河畔的雷司令葡萄酒。莱茵河流过科伦布茨，沿着河流再向下游走，就是大师的故乡了。河两旁都是葡萄园，酿制德国优质的白葡萄酒。生性奔放、不拘小节、才华横溢、疾恶如仇的大师，钟爱那甜美的葡萄酒。大师喜欢故乡新鲜的葡萄酒。每次故乡运来葡萄酒，贝多芬的创作激情就无比高涨。大师的钢琴上摆着水桶，一方面是繁重的钢琴演奏，需要冷水来消除机能的疲劳，一方面在桶里放上一支白葡萄酒，葡萄酒总是给大师带来无尽的灵感。大师临终时，念念不忘的仍然是“波恩的葡萄酒到了吗”？

贝多芬和拿破仑是那个时代的英雄，两人英雄相惜。另一方面，两人都爱好故乡的葡萄酒。拿破仑醉心于勃艮第的香贝丹葡萄园的葡萄酒。贝多芬钟爱来自故乡波恩的雷司令葡萄酒，因此可以看出贝多芬内心细腻的部分。两位英雄，都有自己钟爱的葡萄酒。看官：你最钟爱的葡萄酒是哪瓶呢？

第47夜
醉在帝国的回忆里

凌晨，远在南美的里约热内卢，有一场盛大的比赛就要举行。世界杯的决赛之夜，德国和阿根廷争夺大力神杯。昨晚，巴西在与荷兰的角逐中，再次败下阵来。和前次被德国对以7∶1的比分血洗球场一样，这又是一个难忘的、泪崩的夜晚。今晚的狂欢，今晚的冲锋陷阵都和巴西队无关。因为帝国的时代结束了，五星巴西的时代结束了。喝杯故乡来的波特酒一解千愁，操着葡语唱一首老歌吧，那首老歌的名字就是《这一切都过去了》。

一杯接着一杯，心情就会慢慢平复了。葡语歌声，在你的耳旁回响，让我们醉在帝国的回忆里，醉在葡萄牙的往日时光里。无论是葡萄牙队在曾经的首都里约奋战，还是巴西队输给德国队，这里面的苦与疼，是一样的。

1999年，当葡萄牙人把澳门还给中国，这个曾经称霸世界海洋的帝国，正式宣告落幕。从此帝国的遗老遗少们，只有在澳门的小巷里，在葡国的聚会里，端着波特酒，聆听着葡语歌，一次次醉在帝国的回忆里。没有哭喊，没有挣扎，没有责备，因为帝国是衰老而死的。

就好像这葡萄牙的波特酒(Port)，酒精度数很高，有时候达到20度，比很多法国红酒高。酒体里还有残存的糖分，甜蜜醇美。求一醉，解千愁。回味甘甜,忆往事。

这个位于西班牙西面的小国家,她的南边和西边都是大西洋的海岸线。她在历史上也曾经惨遭蹂躏:罗马人曾经涂炭此地,那是公元前219年的时候;公元5世纪,日耳曼部落入侵;公元8世纪,北非的穆斯林摩尔人入侵;直到1143年,才成为独立王国。接着,西班牙又席卷而来。直到1385年,葡萄牙才脱离西班牙的统治,成为独立的国家。

从这个时候起,葡萄牙才开始走向帝国的时代。葡萄牙人建立全世界最强大的海洋力量。在14世纪、15世纪、16世纪,帝国的坚船利炮,游走在世界的海洋里。印度、巴西、马达加斯加、毛里求斯、马六甲海峡、中国、日本,帝国的船帆飘扬在世界的每个港口,在亚洲、非洲、拉美洲,拥有大量的殖民地。这才是日不落帝国,当然这个日不落帝国,后来被英国给放倒了。

澳门的那点事,我们就不提了。从1887年到1999年,100多年的时光里,也就是葡萄牙时代的一个生老病死的过程。

帝国的时代总是那样匆忙和纷争。当时光走到17世纪,荷兰人和英国人就已经发现财富原来在远方的船队到达的新大陆里。于是,吃独食的葡萄牙人,遭受了英国和荷兰的撕咬和驱赶。西班牙人也不闲着,开始全面西进,与葡萄牙的战事不断。大量的葡萄牙人移民到了巴西,所以,很多巴西人的祖先是葡萄牙人。

当然帝国依然还是强大的。但是历史是残酷无情的,英国、荷兰、西班牙,就像三头饿狼,红着眼盯着葡萄牙从世界各地运回来的宝贝,他们一有机会就扑上去。但最致命的还是法国的侵略。拿破仑的大军,挥师南下。葡萄牙再也承受不了了,帝国跪倒在地,葡萄牙首都被迫迁往巴西的里约热内卢,这是1808年的事情。也是世界上少有的事情,一国的首都不在本土,而是在殖民地,这殖民者也太过分了,叫被殖民的同胞怎么看。以前,这里是殖民地,葡萄牙对巴西各种搜刮、各种碾压,这下好了,随着国都更地,巴西成为首都所在地,各种减免政策、各种利好政策全部倾泻在南美这块土地上。

1820年,约翰六世携王室和政府返回葡萄牙本土,首都回归本土。议会要求撤销巴西的所有优惠政策,巴西将重新沦为殖民地。

1822年,约翰六世的儿子佩德罗,率领巴西人们进行一场独立战争。

巴西宣布独立，约翰六世的儿子成为佩德罗一世。巴西终于从葡萄牙的殖民统治下独立了。

历史就是这样有意思，巴西和葡萄牙其实都在约翰王室的荣耀下。所以说，巴西和葡萄牙的恩怨情仇，两国的千丝万缕让两个国家处于一种微妙的关系。巴西的官方语言是葡萄牙语，巴西人大部分是葡萄牙移民，巴西人和葡萄牙人都是天主教徒。在葡萄牙看来，巴西就是他们一个倔强、不肯回家的孩子，在巴西人眼里，葡萄牙就是一个独裁、贪得无厌的老爷。所以，当本届世界杯上，葡萄牙队上场时，在巴西人眼里，葡萄牙队就是巴西人，巴西人给了他们家乡般的掌声，尽管他们不喜欢葡萄牙政府。但是事实上，葡萄牙国家队确实有很多巴西人，这里面的曲折，球迷心里自有分寸。

当历史的车轮碾过 19 世纪，葡萄牙已经消散在历史的尘烟里。连荷兰都败在英国的手下，那就更不要说动荡不安的葡萄牙了。

和英国交手后的葡萄牙，迅速找准了位置，俯首认输。务实的葡萄牙人迅速成为英国葡萄酒的最大供应国。波特酒(Port)完全满足了英国人喜欢烈酒的口味，大量的葡萄酒出口到了英国。葡萄牙通过波特酒和英国建立了紧密的经济关系。英国人离不开葡萄牙了，葡萄牙也非常愿意为这个新兴的帝国输送自己的美酒，从而获得巨大的贸易总额。新老两个帝国就这样在酒的问题上找到了默契，握手言欢。

日子是甜蜜的，
让我们举杯。
往事是苦涩的，
让我们举杯。
回忆是伤痛的，
让我们喝醉。
醉后是伤感的，
那就再加些白兰地。
酒精度数高高的。
让我们在幸福中醉去，
让甜蜜和回忆，

在酒精里回荡，
还来不及遐想，
我已轰然倒地，
醉倒在帝国的回忆里。

第48夜
葡萄酒讲习所之一：再谈长相思(Sauvignon Blanc)

酒单：

1. Forrest Marlborough Sauvignon Blanc 2012
2. Hawksdrift Marlborough Sauvignon Blanc 2013
3. Stonecroft Hawkes Bay Sauvignon Blanc 2013
4. Domaine Pascal & Nicolas Reverdy Sancerre Cuvée Terre de Maimbray 2011
5. Baron Philippe de Rothschild Sauvignon Blanc 2012
6. Chateau Bellevue 2010
7. Hall Napa Valley Sauvignon Blanc 2011
8. Montgras Sauvignon Blanc 2013

面对这个酒单，可见老师的良苦用心。目前全世界的长相思，数完老祖宗法国卢瓦尔河谷(Loire Valley)，然后就是美国、新西兰和智利。老师的酒单就完全体现了目前世界的主流长相思地图。新西兰三支，法国三支，美国和智利各一支。新西兰的长相思这些年，凭着自己清新的花香，浓郁的果香，紧致的酸感征服了世界，特别新西兰的南岛、马尔堡地区，几乎成了长相思爱好者朝圣的地方。每年4月份后，南半球的秋天，那些旅行的酒客，有的骑着车，有的开着车，出现在马尔堡镇上。风尘仆仆的脸庞上，掩盖不了对长相思的向往和赞美。我曾经就和我的朋友们徘徊在马尔堡的旷野里。所以，这个酒单的三支长相思，对于我来说，一点都不多，新西兰的长相思对于我来，是那样的亲切和令人向往。

法国的长相思当然是最传统和最令人膜拜的。特别是卢瓦尔河谷，那里的长相思意味着标杆和高度，是每个新世界葡萄酒酿酒师超越和模仿的目标。在这个酒单里，除了卢瓦尔河谷的长相思，还选用了一支来自波尔多的长相思和赛美容(Semillon)混酿的白葡萄酒。这是一件非常有意思的事情，赛美容的加入，让人很期盼，会有一种什么样的呈现。更让人期待是来自奥克产区的长相思。奥克产区位于法国南部，奥克产区的位置，就像是石头堡对于马尔堡。这个纬度的气候开始呈现出气温上升和日照加长的特点。我们在品尝石头堡的长相思和马尔堡的长相思时，明显能感到石头堡酒体里带来的温度和丰富感，少了些许清新和简洁，果香多过青草和花香气息。难道奥克产区的长相思和卢瓦尔河谷长相思也是这样一种比对？老师真是用心良苦啊！

当然，最后少不了美国的长相思了。美国加利福尼亚纳帕谷(Napa Valley)的酿酒师，从来不认为自己的长相思会输给法国，他们自认为在继承和创新方面已经超越了法国，所以美国的长相思就是新世界葡萄酒里比较贵的。老师带来的这个美国 Hall 酒庄的长相思，或许就是让我们来瞻仰下美国山姆大叔的雄心壮志吧。

最后一支长相思来自智利。看看智利的地图，就知道了，这世上再难找到地形和马尔堡相同的了。马尔堡的河谷东向海洋，中央山谷西向海洋。两地的纬度差不多，所以智利的长相思也在葡萄酒地图上被酒客们标注了出来。

这份包含旧世界和新世界代表性的长相思酒单，基本上可以呈现世界长相思的风貌。

开始品尝。一顿闻香品酒回味……(此处省略 1 000 字)。

从外观(澄清度，颜色和深度)来看，除了来自波尔多的长相思以外，其他长相思都是浅柠檬黄。只有波尔多的长相思较深，已呈现中度的柠檬黄。我想应该是赛美容和长相思混酿的原因。酒体的那种柠檬黄，会让你误认为是年轻的贵腐酒，当然远远不是了。但是赛美容是波多尔南部苏甸地区甜白葡萄酒的主要原料，因此那种熟悉的黄，总是让人产生幻觉。

从气味(状态，浓郁度，香味特征)来看，非常明显，旧世界和新世界立马分为两个阵营了。个人认为，新西兰、智利和美国的长相思呈现出更多的花香和青草味，而来自法国的长相思则呈现出更丰富和复杂的气息，可以闻到成熟的水果香味，而不是新世界那种简单的水果香味。在来自波尔多的长相思里，甚至可以闻到奶油和黄油的气息，这个应该归结与旧橡木桶发酵和熟成存放有关系。从法国的长相思，特别是卢瓦尔河谷的长相思里，我还闻到了勃艮第霞多丽里那种谷物和矿石的味道，那是勃艮第白酒特有的味道。老师说，这就是风土的味道，如果她的酸感稍微细致和少许些，我一定会认为这是霞多丽白葡萄酒。

从口感(甜度，酸度，丹宁，浓郁度，风味浓郁度，回味长短)来看。长相思的得名就是因为她淡淡的酸楚，让人心神暗伤。所有的酒都呈现了较好的酸感，都没有涩涩的丹宁，简单易饮，似乎成了这些酒的特点。法国长相思没有让我们失望，丰满的酒体，丰富的结构和华丽的回韵，向我们展示了作为领导人的气魄和魅力。但是我更喜欢美国长相思的优雅和长长的回韵，在法国长相思丰富的基础上，美国长相思创造性延伸了，呈现出一种优雅。这是美国长相思带给我的感受和体会。

话说回来，新西兰的长相思的简单、清新、果香和花香，一定是大家最陶醉的。世界已经如此纷繁复杂，还是让我们简单地喝点长相思吧。在这炎热的夏季，从酒柜里拿出一直来自新西兰的长相思，在芳香沉醉的下午，让细致的酸感驱散你夏日的工作劳累，或者唤醒你午睡后呆呆的神经，感受这世界上如此美妙的长相思。

呃，别漏了智利。智利的长相思基本上是新西兰的跟班，无论气味和酒体都有新西兰的影子。你把她放在新西兰的酒丛中，恐怕难以分辨她来自南美。

结束的时候，老师说：全世界的长相思，是被酿酒师们按照两个思路来进行酿制的，一种就是法国为代表的华丽丰富型，一种就是新西兰清爽易饮型。这样看来，这八支长相思基本上分为了两个阵营，概括了当今世界长相思的基本地图。

第49夜
葡萄酒讲习所之二：又见黑皮诺(Pinot Noir)

酒单：

1. Gibbseon Valley Gold River Central Otago Pinot Noir 2013

2. Saint Clair Family Reserve Marlborough 2012
3. Rochford Macedon Ranges Pinot Noir 2010
4. Domaine Vacheron Scancerre Rouge 2011
5. Joseph Faiveley Bourgogne 2009
6. Wente Reliz Creek Pinot Noir 2009
7. Joseph Drouhin Beaujolais-Village 2012
8. Claude Chonion Moulin a Vent 2010

这是有关黑皮诺的课程，先是在长相思白葡萄酒的餐桌上斟饮一番，老师就匆匆把我们带入了黑皮诺的世界。无数的酒客，在黑皮诺的身上，倾注了多少赞叹，留下多少美丽的文字，当然花了不少钱。在过去的日子里，我也毫不吝啬，关于黑皮诺，至少写过三篇以上的文字。喝完黑皮诺后，我想这世上还有什么酒可以打动你。黑皮诺有着别人没有的花香，那是玫瑰的香味；黑皮诺有着别人没有的丹宁，细细微微的就像那三月的小雨，若有若无地覆盖在少女头顶的秀发上；黑皮诺有着别人没有的回味，那是来自蓦间的清新，那是来自岁月的优雅，那是来自蓦然回首的眷恋。

面对黑皮诺，我没法忘记法国勃艮第的那些村子，沃恩罗曼尼（Vosne-Romanee），香波密斯尼（Chambolle Musigny），香贝丹（Chambertin），高登查理曼（Corton Charlemagned），蒙哈榭（Montrachet），太多了，不能再说了，再说，今天这酒没法喝了。这世上最好的黑皮诺当然来自法国勃艮第，所以，在探索黑皮诺的时候，我大部分时间和金钱都放在了勃艮第这片魂萦梦绕的土地上。从勃艮第的大区酒，再到村级酒，再到一级田，再到特级田，着实喝了不少。感谢有些好酒的友人，总能在一些聚会上，喝到期盼的勃艮第好酒。勃艮第黑皮诺给我的总体感觉就是：优雅，丰富，迷人。

全世界的黑皮诺产区，具有代表性的，或者说酒客们认为可以圈点的只有三个地方，法国的勃艮第，美国的俄勒冈和新西兰南岛。

寒门难出贵子，难处罕见高雅。优雅细致的黑皮诺对环境要求极高。就好像大家闺秀来自豪门，黑皮诺来自气候寒冷的地方，特别喜欢生长在石灰质的黏土中，产量少，皮薄，难以成熟，是葡萄农最不喜爱伺候的主。但就是有一些人偏爱挑战，所以酿出了美酒。

还是来看看今天的酒单吧。相对之前喝的黑皮诺，这些酒算是平民一族。但我想，这样或许才可以更加接地气，更加反映出当地的风土。这个单上的酒，价格都控制在400元以内。当然，喝这些酒的目的，是感受葡萄酒地图，感受黑皮诺地图。

看酒单，在新西兰的后面加上一瓶澳大利亚维多利亚州的黑皮诺。澳大利亚南部的维多利亚酿造出黑皮诺，是否可以找到新西兰的风格？从纬度上来看，维多利亚州比新西兰更靠亚热带。澳大利亚一直想在维多利亚地区酿制优质黑皮诺，改写黑皮诺的世界格局。

选用了两瓶法国黑皮诺，一瓶来自勃艮第的大区酒，普通家庭餐酒，一瓶来自卢瓦河谷。卢瓦河谷和勃艮第在同一个纬度上，老师大概是想让我们感受在法国同一个气温带上两个产区的黑皮诺，他们风土的不同所带来酒体不同，从而探究勃艮第的成功秘诀所在。有意思的是，我们发现了在酒单上竟然出现了两瓶来自薄若莱区(Beaujolais)的佳美(Gamay)。这这这……这是什么情况？不是黑皮诺主题吗？怎么来了佳美？但是看看勃艮第的地图，我们不难发现老师的意图。沿着勃艮第长长的美酒走廊，走廊的南末端就是大名鼎鼎的薄若莱。薄若莱和勃艮第是那样近，那样风土相似，薄若莱一直在酿造佳美葡萄酒。和黑皮诺相似的是，佳美葡萄也是皮薄，皮薄的后果就是色素较少，使得酒体色淡。由于乡土相近，往来耕作，薄若莱和勃艮第总牵扯着千丝万缕的关系。最有意思的是，在美国加州一种黑皮诺的名字就叫做“薄若莱佳美(Gamay Beaujolais)”。当然薄若莱最为著名的是她的新酒，每年11月第三周的周四开始发售的新酒，世界酒客在周末就可以通过航空收到法国来的新酒，从而一起欢度一个难忘的美酒周末。倒也非常有意思的。

最后，当然不能少了美国。美国啊美国，葡萄酒世界里的新贵，她的目标就是彻底放倒法国，哪怕法国葡萄酒是美国葡萄酒的祖宗，那又如何？

想得太多，闲话自然不少。还是进入喝酒阶段吧！

毫无悬念，这又是一场新旧世界的对决。而且，泾渭分明。

外观来看。这批酒都是四年以内的酒，哪怕四年的酒算不上老酒，但与年份更短的酒相比，颜色却呈现出极大不同。这也说明黑皮诺这种葡萄酒，是种适合新鲜饮用的葡萄酒。由于陈年能力的不同，会导致葡萄酒在短短的四年之内,呈现出不同时光程度。来自新西兰的吉布森山谷(Gibbston Valley)的金水河黑皮诺,颜色呈鲜艳的紫红色。当然这是去年的酒,浓郁的紫红色和皇后镇上空臭氧洞有关系,强烈的紫外线逼着黑皮诺不得不长得比谁都深黑些。澳大利亚和法国的三瓶酒都是两年前的酒,酒的颜色已经呈现出石榴红了,开始表现出时间感了。美国酒的颜色也是石榴红。而来自薄若莱的两瓶佳美,却呈现出中等宝石红。事实证明佳美和黑皮诺还是有区别的。

从气味方面来看,来自新西兰的两瓶葡萄酒都展示出新西兰风土的特性,樱桃、覆盆子,那些红色浆果的香味扑鼻而来,还能闻到些许的玫瑰花香。而来自澳大利亚维多利亚的黑皮诺在气味方面,作为2010年的葡萄酒不应该如此老态龙钟,完全没有那种果香和花香味,那种澳大利亚惯有的香味呢?那种果香呢?我只闻到了未老先衰的气息。法国的两支黑皮诺依然毫无疑问地展示了传统的风格,除了樱桃味、草莓味,我们还闻到了熟悉的泥土气息、烟熏味和乳酸菌发酵后混杂着橡木桐的奶油气息。佳美旗帜鲜明地告诉我们,她们是人见人爱的佳美,唐突的水果味,还有扑面而来的香料味。

百闻不如一喝,喝了见功底。那种黑皮诺常有酸味,你尝与不尝,她都在那里。无论是大洋洲,还是美洲,还是欧洲,这八瓶酒都存在了那种熟悉的酸感,精致可口,层次分明。但是,不得不承认来自法国的黑皮诺确实要胜一筹,胜在口腔内的丰富和复杂。那种丰富的熟果味道,还有陈放的香料味道,使得酒体饱满而丰富。然而,新西兰要展示的似乎就是她热情洋溢的果香和花香,回味的尾巴细细的,但也可爱和简单。但是让我感到惊讶的是,来自中奥塔格的金水河黑皮诺的丹宁呈现感和马尔堡有些许不同。后者有尖锐刺激的形象,而金水河的丹宁细致而柔和,是极美的。当然还有惊喜的是,美国加州的黑皮诺展示了她的努力和实力。美国和法国的葡萄酒世界恩怨不是没有道理的,全盘学习了法国的美国葡萄酒界一直没有停止创新和进步,这支美国加州的黑皮诺让我看到了美国人的聪明和努力。美国人做得不错。倒是可怜了两瓶薄若莱的佳美葡萄酒,短短的回韵把她们给出卖了。

黑皮诺,不喝,闻闻都已经足够!

第50夜
葡萄酒讲习所之三：遗忘的波特(Port)

我住在岭南海滨城市珠海，毗邻澳门，自然经常往来澳粤之间，当然少不了经常品尝葡萄牙的葡萄酒。澳门有个葡萄酒博物馆，几年前开始学习葡萄酒时，曾兴致勃勃前往，期待在博物馆一览世界葡萄酒地图。没想到，原来澳门葡萄酒博物馆竟然是葡萄牙葡萄酒展览馆。此时我才反应过来，原来澳门作为葡萄牙的殖民地，并没有因为回归祖国而去葡化。关于澳门的葡萄牙痕迹的问题，有空我们来细细聊聊，当然要准备两支葡国的酒再说。

在走马观花地参观完澳门葡萄酒博物馆后，我留下的印象就是：首先，葡萄牙传统的酿酒工艺在历史变革中，并没有进行太多的变革和进步；其次就是葡萄牙的酒的特点着实让我感到这是欧洲葡萄酒的一个异类。最后就是葡萄牙的葡萄酒比西班牙还更农副产品化，性价比非常高。在博物馆的出口，我买了两瓶酒，一瓶波特酒，一瓶玫瑰红酒。只是随意买来，回来查阅资料，才发现原来买来了葡萄牙的代表作。

首先先说个历史事实。葡萄牙和西班牙一样，酿酒的历史非常悠久，从古希腊和罗马时代就已经开始了。所以葡国是老牌的葡萄酒王国，不可小觑。该国栽种的葡萄品种之多令人咂舌，竟然有五百多种。这里的葡萄园大约24万公顷，每年产量高达7.5亿升。

葡国葡萄酒的发展，也算顺应时代吧。多达五百多种葡萄品种，可以想象该有多么复杂和混乱。但是葡萄牙却用波特酒在英国人那里拿到了大单。这还得从英国人说起。话说公元15世纪的英法战争，使得两国撕破了脸皮，但是此前属于英国的波尔多美酒产区却滋养了英国人的胃口，培养了英国巨大的葡萄酒市场。战争结束后，英国国王威廉三世开始对法国酒进行重税，使得酒商们开始把采购方向转移到了法国南部接邻的西班牙和葡萄牙。沿着大西洋海岸的葡萄牙的杜罗河，英国商船逆流而上，在两岸的葡萄酒产区寻找英国新的葡萄酒供应商。他们一路上边喝边前进，终于在拉梅戈地区找到了他们的挚爱。这就是波特酒。

波特酒的酿造工艺非常有意思，就是在红葡萄酒发酵的过程中添加酒精度含量非常高的白兰地，中断葡萄发酵，使得糖分残余，这样酿制的葡萄酒味道非常甜美。这种香味甜美的烈酒正是英国人喜欢的口味，自此开始，葡萄牙的波特酒打开了英国的巨大市场，取得了神一样的销售业绩。为了英国这个大老板，葡萄牙还专门在1756年通过立法来制定波特酒的法定栽培区，还立法规定了AOC制度。因此葡萄牙是第一个实施原产地名称管制的国家。

我此时才把那支波特酒拿出来打开，喝起来。这不是我喜欢的感觉，甜味让我嘴唇粘得厉害，酒精度高达17.5度，又甜又烈。不一会儿，我就喝高了。那种糖分经过陈年后，竟然散发一种甘草垛的味道。那种甜腻感使得整个口腔乱成一团，毫无层次感，连回味也是一股脑的甜蜜和幸福，不知不觉就晕倒了。酒的颜色竟然是那种茶色，就好像焦糖色，原来甜度如果经过发酵中断，后果就是这样的情形。从气味来看，一开瓶就好像开了瓶葡萄糖一样，满满的葡萄糖气味，全部是陈年的老味道。从口感来看，除了感受到酒精度高以外，酒体显得单薄，丹宁倒也是细致。除了满口的糖香和酒精意外，并无它物，就是喝完之后，依然是这样一种怀旧的焦糖香味。这酒着实不是我喜欢的类型，我更喜欢那种丰富、细致、优雅或者饱满，香气芬芳或是纷繁复杂的葡萄酒。

随着后来我又参加了几次葡萄牙在澳门的葡萄酒博览会，我发现了这样的现象。首先，并不是所有的葡萄园都是一成不变，变化和创新总是让一些人走得更远。我喝到了新派的葡国葡萄酒，例如葡萄牙的黑皮诺，还有葡萄牙的霞多丽。但是葡国的风土确实难为了葡国人。黑皮诺葡萄酒，我闻到了满地的青草味，酸度也不是非常细致，更显寡淡平庸。霞多丽葡萄酒的丰富和优雅更是显得杂乱无章。看来，葡国人在模仿法国酒的路途上走得不是非常成功，充其量也只是酿制一些简单易饮的法国风格的葡萄酒。我想葡国葡萄酒正面临着一个艰难的时刻，就好像那个躲在西班牙后面和法国下面的国家，默默地舔舐着历史的伤口，面对繁华似锦的世界，默默无语，这和当年称霸世界海洋的强国是完全不同的国家形象。俗话说，三十年河东，三十年河西啊。

每当我迈步在澳门的街头，地上的石子路总是提醒我，葡萄牙曾经管理这里一个多世纪，这里一砖一瓦都留下了葡萄牙人的痕迹，如今这个曾经的住客在哪里呢？就像葡国的葡萄酒，他们显得更加低调。只有你饮用她时，你才能品尝到她奔放的酒精和甜蜜的回忆。就好像这回归十余年的澳门，葡国人的影子一直都在，文化、建筑、法律等方面，都遗留着葡国人的影子。这个叫做澳门的地方只是把博彩业和意识形态交回了中国。但是澳门依然如同那波特酒，文化的交融共存使其更加风貌独特，在世界格局的版图上依然甜甜地微笑着，乱而不惊。波特酒以一种独特的口感和气味，面对着人们的忙碌和穿梭。

我们不可以遗忘那种酒：波特酒！

第51夜
葡萄酒讲习所之四：人见人爱的雷司令(Riesling)

酒单：

1. Taylors Clare Valley Riesling 2013
2. Hensckhe Julius Eden Valley Riesling 2013
3. Meyer Fonce Riesling 2011
4. Rockburn Central Otago Riesling 2009
5. Prinzsalm Schloss Wallhausen Grunschiefer 2010
6. Weignut St. Urbans-Hof Urban Riesling 2011

谈到雷司令，大家当然是不陌生了。各种香味，那种常有的火石和汽油的味道，特别是把她酿制成为贵腐的时候，那种晚秋的感觉，真是让人留恋不已。新西兰中奥塔哥的吉布森山谷的迟摘甜白就是用雷司令和灰皮诺(Pinot Gris)混酿的，在国内市场上就非常受欢迎，被网民捧为“恋爱神器”。

面对老师安排的两支澳洲、一支新西兰、一支法国、两支德国，便可以知道这是雷司令的世界代表性版图。全世界最好的雷司令在德国，沿着莱茵河从美因茨顺流而下，直到科隆城外，一路上风光旖旎，山势陡峭，就在陡峭的山坡上，城堡耸立，果园深深。河流在这几百公里的区域里，曲折前进，每一个河湾，就会在朝阳的山坡上捧出一个世界级的葡萄园。越往北走，气候越冷，寒冷的天气给葡萄带来清新脱俗的香气，这是热带酒类所没有的。但是由于雷司令是晚熟品种，因此一定要种在向阳坡上。正所谓：南山坡上种葡萄，南山坡上幸福歌，南山坡上美酒飘香。

昨日，有朋友在德国旅行，正路过美因茨。就叮嘱他，此地甜白，世界著名，可放开豪饮。

法国的阿尔萨斯位于法国东北部，往东就是德国莱茵河，因此法国阿尔萨斯(Alsace)的雷司令有着德国的传统。但受到法国文化的影响，因此阿尔萨斯地区夹杂在两个文化的中间，使得当地的雷司令有着特殊的风格。

来自澳洲克莱尔山谷(Clare Valley)和伊甸山谷(Eden Valley)都是澳洲南部的产区，维多利亚产区西部靠海的区域。

来自新西兰的中奥塔格(Central Otage)，就不用说了，新西兰的最南端，皇后镇周围的产区。此时的中奥塔格，正是寒冬时节，皑皑白雪覆盖着葡萄地。天气比澳大利亚的南部温度还要低。

全世界最著名的四个产区，就这样呈现在我们面前：德国，法国阿尔萨斯，南澳和新西兰南岛。

这样看来，三支来自的大洋洲的雷司令代表了新世界。这又是一次新老世界的对决吗？三对三的 PK 节奏。

喝起来！

挑选的六支酒都是五年之内的酒。时间上相比之下，没有太大的区别。

从酒体的颜色来看，所有的酒都清澈纯净，三支来自旧世界的雷司令都呈现出柠檬黄，而三支来自新世界的酒都是浅柠檬黄。还没有开始闻，从颜色上就预示着什么。

香气开始各自诉说各自的故乡了。来自澳大利亚和新西兰的雷司令，都不约而同地呈现出清新的水果香味，柑橘和浓郁的花香，少许的矿石的味道。而来自德国的雷司令性格鲜明地告诉我们她的特点，蜂蜜的气息那样熟悉，火石和煤油的气息，扑面而来，但是可以接受，没有刺激和不适感。用德国人的话讲，那不是煤油味，那是火石的气息，是来自岩层土质的影响，是当地风土的表现。除此之外，我们还可以闻到水果的气息，但是不是新世界那种青果的味道，而是那种成熟的油桃和橘子的香味。特别是摩泽尔那支，更是超凡脱俗。在品尝了众多的雷司令后，摩泽尔的雷司令的香气一下就征服了我。那丰富的大自然的气息，毫无做作，毫无保留的把摩泽尔的风光美景呈现在我的面前，我意识到这将是今天最好的一支酒，事实上，后来的答案就是这样。看着老师赞许的目光，我在摩泽尔雷司令的香气里，略显陶醉。

在青果、柑橘的新世界，和果香四溢、矿物火石之间，法国的阿尔萨斯果然表现了她的拘谨和保守。我似乎看到了勃艮第的影子，已似乎看到摩泽尔的足迹，法国雷司令就是这两种酒文化的中庸者。蜂蜜、果香、少许矿物质的气息，调节非常均衡，不厚不薄，不淡不浓，恰到好处，好像少了些许性格。最起码这支是这样告诉我的，这种环球式的品酒，就是可以这样鲜明地展示风土的性格和特点。

在品味了六支雷司令后，来自摩泽尔这支半甜雷司令彻底征服了我。酸甜如此平衡，甜而不腻，酸而不涩。其他几支干性雷司令，相比之下，我更喜欢这种半甜型。六支雷司令都表现出中度以上的酸感。在市场上，很多酒厂开始把雷司令酿成甜白和半甜葡萄酒的情况下，品尝五支干型雷司令，倒也是非常有意思的事情。当来自寒冷天气里清新高酸的葡萄酒，没有通过甜味来中和，达到干白。我看自己买雷司令，大概都会买甜白或者半甜吧。

写着写着，喝着喝着，就这样，前面的路越来越亮了。

第52夜

葡萄酒讲习所之五：西拉哥碰到“林妹妹”

酒单：

1. De Bortoli Sacred Hill Shiraz 2013
2. Stonecrofe Gimblett Gravels Hawke's Bay Serine Syrah 2011
3. Two Hands-Gnarly Dudes Barossa Valley Shiraz 2012
4. Pierre Jean Villa Carmina Côte-Rotie 2010
5. Torres Iberico Rioja Crianze 2011
6. La Rioja Alta Vina Alberdi Rioja Reserva 2007

对于西拉，我能说什么呢？

我认为澳大利亚西拉正在远离法国的西拉葡萄酒的风格。大面积的种植，大跃进式的前进，使得产能大幅度上升。澳大利亚西拉葡萄酒，正在以啤酒的方式席卷中国。凭着那股子浓郁的果香，就好像看到一个文身男子坐在澡堂里吃水果拼盘一般。进口价格比欧洲餐酒还便宜，但是当中国经销商配以木盒、皮盒、绶带，使其以高过 AOC 价格两倍多的方式进行销售时，我一直在思考是哪里出现了问题。尽管奔富等知名酒庄还是酿出了高品质的西拉酒，但还是偏离了法国西拉的传统风格，浓厚强劲是他的代名词。当然因为这里曾是英国人的地盘，英国的口味是比较重的。

我在葡萄酒品种介绍章节有提过西拉，我认为那是一种男性般性格的酒。

关于罗讷河谷(Rhone Valley)的西拉，我曾经做过详细讲解。在隆河谷的西拉葡萄酒酿制过程中，为了中和西拉葡萄本身的浓重和丹宁，会采用维欧尼(Vioguier)来提升香味，使得口感更加润滑，消除西拉在口腔的粗重感。有时还会混进哥海娜葡萄(Grenache)，使得西拉葡萄酒凸显出丰富的层次感。

上面的酒单是个很有意思的酒单。看到这个酒单，我脑子里出现了一个题目：当西拉哥遇到假版林妹妹。

为何如此说呢，因为来自西班牙的田普兰尼洛(Temprenillo)这个葡萄品种，特别是来自里奥哈的田普兰尼洛，颜色淡，酸味和丹宁都少，果香偏重，具有红色森林浆果的气息，有着一个优雅精致的感觉。说到这里，读者应该知道，这个田普兰尼洛好似法国哪个葡萄品种了吧？

对，没错，是黑皮诺。

很多品酒的人，包括专业人士，在盲品时，经常会误认为里奥哈的田普兰尼洛是黑皮诺。所以，我想说，这是一个假版林妹妹啊。

对于来自澳大利亚南部新南威尔士(New South Walas)的西拉酒一闻我就闻到了那种不清新的气息，那是一种动物皮毛的味道，难道袋鼠经常光顾？

从气味来说，新西兰和澳大利亚的西拉，都有一个特点就是果香非常充沛，那种黑色浆果的香味和辛香的气味，以及橡木桶烟熏的味道，特别是石头堡的新橡木桶的气息非常明显。这种气息，和我上次访问石头堡时，他们家陈放酒窖的味道是一样的。三支来自新世界的西拉，石头堡明显胜出，以丰富的果香，夹杂法国西拉特有的桂皮和丁香的味道，拖出一个长长的尾巴。好在来自巴洛萨(Barossa Valley)的西拉为澳大利亚西拉争得一点面子，这个酒庄的西拉，向我展示了成熟的果香、巧克力味、辛香气息和橡木桶烟熏味。

但是，当罗第丘(Cote Rotie)的西拉打开时，前面三支西拉顿时黯然失色。我的天啊，这是标准的罗讷河谷罗第丘的西拉酒。是宝石红啊？对！深深的宝石红，厚重得化都化不开，这是别家做不到的。扑鼻而来的，满满的都是豆蔻，肉桂，甘草，丁香的气息。2010年的酒，我就已经能够闻到胡椒、荔枝干的成熟香味。我突然想起曾经喝过的罗第丘的村级酒，那种满嘴的厚实和紧密，饱满丰富，丹宁密密层层地拂过口腔壁，夹杂各种香味，令我回味，使我对她充满了渴望。当我和小伙伴们喝下罗第丘的西拉，我们不约而同地惊呼：好酒啊！

第五支开始了。我在心里唱起歌来：

天下掉下个林妹妹……

小伙伴们在没有预习的情况下，表现得手足无措。这是西拉吗？老师！

老师说：不是，是田普兰尼洛(Tempranillo)。

哈哈哈……

田普兰尼洛，来自西班牙著名产区里奥哈。相当黑皮诺在勃艮第的重要地位。刚才前面已经表过了，田普兰尼洛和黑皮诺很相似啊。

两支田普兰尼洛，一前一后，展示了她的风采，当然最后一支珍藏，足以见功夫。在都有草莓、樱桃、松露、香草的功底后，最后那支珍藏版，展示了更多的性格，那种来自泥土的气息，那种来自老酒的优雅和丰富，还有咖啡和桂皮夹杂烹煮的香味，你怎么可能不把他当成黑皮诺呢？

就在小伙伴们摇头说这西拉不如新西兰西拉时，我笑着说，这不是西拉，这是西拉今天的邂逅。来自西班牙的田普兰尼洛，假版林妹妹哟！

当粗放、浓郁的西拉遇见优雅、清新酸感的田普兰尼洛，是不是应该有段感情要铺开？是不是有个故事要展开？

晴日需放歌，风起要扬帆。

只为那好酒好心情!

第53夜
葡萄酒讲习所之六:我从海那来,名唤霞多丽

酒单:

1. Corinne & Jean-Pierre Grossot Chablis AOC 2009
2. Mad Fish-Unwooded Chardonnay 2010
3. Santa Carolina Central Valley Cellar Selection Chardonnay 2012
4. Barwang Tumbarumba Chardonnay 2012
5. Cuvaison Napa Valley Carneros Chardonnay 2010
6. Stonecroft Hawke's Bay Gimblett Gravels Chardonnay 2011
7. Hawksdrift Marlborough Chardonnay 2012
8. Vincent Girardin Puligny-Montrachet Les Charmes 2000

世界几大产区的霞多丽(Chardonnay)悉数到场:法国勃艮第,美国,澳大利亚,智利和新西兰。

当我仔细观察世界地图时,我发现霞多丽的著名产区都和海洋有着重要的关系,无论是智利还是西澳,无论马尔堡还是海底上升的勃艮第地区。我努力要去寻找霞多丽的海洋血脉。

直到在《世界葡萄酒地图》的夏布利(Chablis)章节,我发现了这段文字,我才对昨天的霞多丽之旅有了笃定的决意。

夏布利的地质介绍:夏布利的石灰岩和泥灰岩层由远古时期沉积的牡蛎贝壳层层堆积而成。

昨日,我在酒课,喝下第一口来自夏布利的霞多丽,我就惊呼,为什么这么重的海盐味。完全颠覆了我对霞多丽的全部感受。老师说:这是矿物质的味道,这也是夏布利独有的味道。可见风土对葡萄酒的作用竟然如此明显。

生蚝和夏布利的霞多丽配食,是酒客人认为最好的相配。我想,这是近亲结合的好处吧。来自夏布利的霞多丽具有鲜明海洋特点,那些旧年的牡

蛎积压岩层，赋予霞多丽海的气息。当霞多丽和生蚝相逢时，那就等于让生蚝回到了海洋的环境中，得以充分展示生蚝的鲜味和海洋的气息，让食物返璞归真，是美食家的最高境界。

仔细观察这几个著名的产区，我展开了丰富的想象力。就如同勃艮第地下的岩层里牡蛎沉积层，告诉我们这里曾经是海洋，那么新西兰几千万年前从大洋洲大陆裂开，向东漂移，然后和板块挤压，形成新的陆地，因此马尔堡的土壤同样具有海洋地貌的特点。

夏布利诱发了我的好奇心。在品尝了八支霞多丽之后，我发现除了美国和智利之外，法国和新西兰的霞多丽都展示了那种明朗的海洋气息。

霞多丽的种植适合各种气候，而且适合各种土壤。是全世界种植量位于第二的品种。法国的勃艮第地区酿造的霞多丽，确立了行业标准。与其说勃艮第的霞多丽确立标准，不如说勃艮第的风土赋予了她无人可敌的地位，因为全世界只有一个夏布利。

新世界的霞多丽，从效仿法国开始，逐渐找到自己的方向和路子。没有夏布利特有的土壤，就算是用橡木桐熟成，也难以获得丰富雅致的酒体。矿物质的缺失，反而使得酒体平庸和肥腻。于是新世界的葡萄酒开始使用不锈钢桶进行熟成，这样做的收获，就是让霞多丽获得了清新和保留了丰富的水果味。虽然少了尾韵，但是却收获了简单、清新、易饮、芳香的美酒。

老师准备的八支霞多丽，价格不一，但总体来说都属于市场型。例如来自夏布利的区级 AOC，来自梦哈谢的区级酒，来自澳大利亚和新西兰的著名酒庄，和来自智利的市场酒。最贵的当属梦哈谢的 850 元，还有最便宜的智利的 93 元。这是一堂非常有意义的课。在此之前，我们已经没少喝霞多丽，但是喝的都是一些高品质的霞多丽，来自梦哈谢、默索特、高登、夏布利的一级田和特级田，没少喝。但是，今天八支霞多丽完整地还原了霞多丽和她故乡的真面貌，就好像跟团旅游和自游行一样，之前都是高大上，今天是从老百姓家里开始。品尝民间普遍水平的霞多丽，更能让我们看到真实的风土，葡萄酒或许粗糙，但却真实。好酒优雅无比，去其棱角，彰显精华，少了些许地气。我想这样对初学者来说，很有帮助。

我心目中的女神霞多丽，今天在我的面前换上了便装，松下了发髻，淡妆面对。虽然少了许多动人和惊艳，但是，优雅、淡淡的香气，精致的酸度还是存在的，只是气息更加丰富和复杂，那些多余的气味夹杂着，扑面而来。来自新世界的霞多丽，用充沛的果香，丰富的体态展示了她的娇情。而法国夏布利的霞多丽则以矿物质依托的清新、简单，让我们在夏日抓住了一缕清凉。勃艮第的梦哈谢再次展示世界优质白的气质，在保持了夏布利的酸感和矿物质的基础上，展示了花香，还有老酒固有的熟果的气息。

从长相思，到雷司令，再到霞多丽，白酒的世界真是让人着迷和堕落。生怕自己迷失在这芳香之中，隐隐中，微醺中，铭记这张张生动多情的脸庞，醉卧在南国夏日的午后。

长相思的芳香，雷司令的柔美，还有霞多丽的恬淡优雅。

人生得意须尽欢，莫使金樽空对月！

醉卧红尘，听帘外车水马龙。看你娇羞低眉，吟唱一曲《蝶恋花》。

第54夜
葡萄酒讲习所之七：赤密斯夫妇

酒单：

1. Miguel Torres Santa Digna Reserve Merlot 2010
2. Wente Livermore Valley Crane Ridge Merlot 2009
3. Jean-Pierre Moueix Pomerol AOC 2009
4. Montgras Cabernet Sauvignon 2013
5. Bowen Estate Coonawarra Cabernet Sauvignon 2011
6. Stonecroft Hawke's Bay Gimblett Gravels Ruhanui 2012

这是个非常接地气的酒单。

事实上，在赤霞珠和梅洛的问题上，确实也没有什么好讲的。

前三支是梅洛，接下去两支赤霞珠，最后来个赤霞珠和梅洛的混酿。最绝的是，赤霞珠和梅洛的混酿，没有选择波多尔左岸的经典混酿型，而是选择了来自新西兰霍克湾石头堡的混酿。

说到赤霞珠和梅洛，我想我们还是回到波尔多吧。吉伦特河(Gironde)往西静静流淌，形成左岸和右岸之说。右岸的土壤是黏土地，特别适合梅洛的生长，因为黏土的渗水性差，这样使土地中水分滞留，这种清凉潮湿的土壤，特别适合梅洛的生长，梅洛果实较大，酿造的酒以果香著称。更让人着迷的是，丹宁少，丝丝顺滑，口感软润厚实，酸度不高。很快就可以达到适饮期。

河左岸梅多克产区是排水性能很好的砂石地，和对岸的黏土形成鲜明对比。在左岸，有种名叫赤霞珠的葡萄生长在此。他的风格猛烈，丹宁深重，涩味纵横，充满黑色水果的气息，还带有青草、薄荷、青椒的气味。

真是造物神明，左岸有猛汉赤霞珠，右岸有温顺小女子，这不就刚好一对吗？这就是传说中的赤密斯夫妇！

在梅多克地区，通常采用赤霞珠，梅洛和品丽珠混酿。赤霞珠是主导，梅洛是辅助，品丽珠是点缀。同样一个酒庄的混酿，每年都会不一样的配额，就好像木桐的酒，有的年份是 65∶25∶10。有的年份是 75∶20∶5，这取决当年葡萄的收成。但是无论如何配额，最终目的就是要让赤霞珠细致高雅的气质要表现出来。好的梅多克红酒应该是这样的：颜色深紫，酒体浓厚，细致高雅，香气丰富，脱俗超群，陈年久远。这赤霞珠美酒，都得益于梅洛的默默中和、补充。这样看来，真不愧是赤密斯夫妇啊。

当然，在右岸的波美侯和圣爱美浓，多见用梅洛为主混合一些品丽珠酿制的梅洛酒。由于梅洛酒的口感顺滑，和丹宁细微。深受斯文人的喜欢。可谓是酒中女汉子啊，离开了赤霞珠，也能撑起自己的半边天。

品丽珠(Cabernet Franc)的风格介于赤霞珠和梅洛之间，硬朗不及赤霞珠，丰满不如梅洛姐，活生生的丫鬟命。梅洛姐要嫁对岸赤霞珠公子，品丽珠随嫁而去。梅洛要单身立世，品丽珠誓死相随。好一个忠诚随从啊！

但总体情况来说，波尔多的梅洛种植面积大于赤霞珠，这难道是男多女少的节奏。后果是剩女众多。混酿赤霞珠还有多余，最后梅洛自立门户。哈哈哈，想多了。

赤霞珠，在我国的名称是解百纳。这名字翻译得真是无语。看似音译，Cabernet Sauvignon 但是，字面上看，咋就不舒服呢。解了就算了，完了又怎么纳了呢？一面解来，一面收，而且还来上百次，真是纠结帝啊。悲催，一支雄赳赳气昂昂的美酒，到我大唐东土，就成了纠结帝了。

还是赤霞珠翻译得好也，好看啊。赤字，表示红，就是那种特红的意思。

霞，意在霞光万丈，有天子之气，雄霸域内。最后来个珠，令人想起皇上帽子上的宝珠。赤霞珠三个字，绝对的高端大气上档次，有帝王之气。好！

说半天了，硬是没有提这酒单。谁叫咱们是老相识呢？

我的眼睛多在波美侯的酒瓶上停了五秒。你们懂的！

三言两语说说这六支酒。

智利的梅洛，丹宁粗糙，有薄荷、甜椒和香料味，酒体偏重，偏离梅洛的传统风格。可以给分6分(满分10)。

美国加州的梅洛，2009年的酒，色相宝石红。气味有成熟水果的香味。口感还可以，有香料和烟熏的味道，尾韵长些。可以给分7分。

法国波美侯的梅洛，2009年，色相宝石红，气味可以闻到甜椒和香料的气味，黑色浆果和气味浓烈，入口后，回味中有干蘑菇和咖啡的气味，尾韵较长。真应了徐老师的话，该村无差酒啊！我给分9分。

第四支和第五支来自智利和澳大利亚的赤霞珠，黑加仑子的气味非常猛烈，但是欠饱满。口感的丹宁倒也结实，略显粗糙和锋利，倒也把香料、甘草、黑色浆果味也做出来了。但是整体结构还是不均衡，不丰满。没有大将风范。

最后一支是石头堡的混酿。颜色居然淡了许多，成了石榴红。30%的赤霞珠和70%的梅洛，这种的混酿方法应该是不同于波尔多的做法。直接给我的反应就是少了些许花香和甘草的气息。石头堡惯用的新橡木桶，那种新橡木桶的气味第一时间霸占了我的鼻腔。但是口感尚可，饱满，些许的香料气味，回韵较长。

赤霞珠遍及全球，酿制的手法不尽相同，单一酿制或混酿，各出奇招。

但是吉伦特河畔，赤密斯夫妇的身影永立不倒，当然不可不提身后的品丽珠。

第55夜

二军酒，生命里的二时光

Secoud Label，葡萄酒的副牌酒，我们又称之为二军酒，每个熟悉波尔多的酒客都明白她的真正意义。二军酒是很多饭局的特殊主角。前辈在和年轻人聚会时，会带上一支二军酒，寓意总有一天，你也会成为主角的；屌丝们开一支二军酒，鼓励自己自强不息，总有一天守得云开见日出。

二军酒，很多人隐约知道她的含义，但却不愿接受她。就好像喜欢宝马的人，不会去买部迷你酷派。买得起迷你酷派的人，会有更多的选择。因为同等价位，有雅阁、凯美瑞、帕萨特更多的选择，但还是真有大把人会买迷你酷派。这必是一个很有品味、很有个性的人。说有品位，她毕竟是宝马公司出产，认可品牌价值，说明品位在前。说有个性，那车确实很有个性，复古的仪表盘和前控制面板，还有那怪异的外形，要能喜欢这车型的人，一定有个性并且坚持到底的人。

其实喜欢二军酒的人，就是也是这样一个群体。说白了，钱还不够多。嘿嘿！

我们还是来说说二军酒吧！

何谓二军酒。指的就是波尔多著名酒庄正牌酒的副牌酒。这种酒通常怎么产生的呢？大概有四种情况，一是名庄葡萄园的树龄比较年轻的葡萄树结的葡萄所酿制的酒；二是名庄葡萄园中树龄太老的葡萄树结的葡萄酿成的酒；三就是年份不理想时，庄主认为品质达不到理想中品质的葡萄酒。四就是用正牌葡萄酒隔壁的、位置较差的葡萄园中的葡萄酿造的葡萄酒。

这样看来，同一块葡萄园，同一方水土，同受一个酿酒师经手，同处一个地窖，但是由于早生和晚到，或者老爷子偏执，就有了二军酒的这个概念。

这就如同康熙的14个皇子。老大生得太早，等不到老爸退休自己上位，而老十四太嫩，只有老四胤禛刚刚好，得以继承大统。就如同这低龄和老龄葡萄树那样，总有点生不逢时的感觉，话说回来，老龄树也是从壮年来的，低龄树也有壮年那一年。当然这世上的皇帝也有年份不好的时候，干脆连皇帝也没有了，直接皇后给专权了，这样的伟大女性不少，但是在男权社会的封建史上，那就是二军酒。

无论是被废太子，还是小王爷，还有那些替别人看江山的女性，他们都有着皇族血统，都有着皇家气派，这点普天之下没有人怀疑和轻视。这响当当的人和事，在历史的风里尘里铮铮发亮。

当然，话再说回来，谁都愿意做正的。但是，时势造英雄啊！从正面来说，波尔多二军酒的做法，显示了波尔多这些名庄对自己产品质量的严加管控，视品牌如生命，在产品质量上绝不含糊，偏执到疯狂的状态。这让我想起了当年皇上找媳妇，纵使你美貌天仙，一边大小都选不上呢。这种老树不合格，小树不够格，老天不争气的种种因素都被列入了当年装瓶贴标的主要考虑因素，也是够矫情的。

但是从阴谋论来说，如果没有二军酒的出现，又怎么会有正牌酒的惊人价格呢？二军酒的价格才是真正的成本价，正牌酒的价格完全是一种市场营销行为。我瞎想，是二军酒成就了正牌酒的天价和辉煌吧？试想想如果没有正牌酒和二军酒，这些酒庄怎么卖酒？一方面用二军酒来稳住劳动人们的拥护之心，一方面用正牌酒来满足土豪富绅的高端要求。这就是细分市场，创造更多和更大的市场总量。大把酒庄，不分树龄，不计较年份。就几款酒来卖，他们只是以葡萄园与年份的不同来评判葡萄酒，不会像波尔多这些大佬那样精细，连葡萄也要精挑细选。

二军酒和正牌酒的运作，使得名庄的酒在销售时，充分地细分了市场。而且二军酒的市场也是很大的。正牌酒通常是二军酒价格的四倍，从消费心理学来看，满足了普通消费者的心理，因为可以用四分之一的价格可以品尝到名庄的酒；为将来买正牌酒培养了客户；其次，满足了高端客户从内心要求群体划分的要求，从而实现高期望值的满足。

最后的结果的就是皆大欢喜。

喝二军酒的大赞，名庄就是不一样啊，有正派的气质和风范啊！喝正牌的大赞，正牌就是不一样啊，比二军酒就是好些。

但是粗略看来，一样的风土，一样的酿酒师，一样的血统和气质。

所以，有段时间，我去到香港的波尔多酒商店，进门第一句话就是："嗯该，帮我揾滴二军酒。"喝二军酒，我不心疼肉紧啊。最起码可以大概搞清这个酒庄的大致的风格，可以感受比这个更好的就是他的正牌。从而充满期望和渴望，努力工作，揾钱买正牌啰。当然还有一个办法就是：土豪，我们做朋友吧！

菜鸟，让我们从二军酒开始吧！基层干起，体察民情，方可成大器。不可一开始就是列级、特级田、特级珍藏，你会错过很多美好的情怀。各位土豪肯定没有尝试过一口气品尝均价 300 元的 17 支葡萄酒吧！有这工夫和气派，你早就去开支特级田去了。但是，我可以负责任地告诉你，我喝到了真实的风土和原始的劳作。

人生总应该有段二军酒的时光，你说是吗？

第56夜
10秒变身“酒博士”

也许你曾面对葡萄酒瓶上的外国文字，一头雾水；

也许你在一个重要的晚宴上，面对主人递过的葡萄酒，显得手足无措；

也许你在一个酒会上，会碰上一个口若悬河的家伙，但是你半信半疑；

也许你置身葡萄酒商店，面对琳琅满目的葡萄酒，头晕目眩；

也许你自认为是酒中好手，却倍感寂寞；

也许你正在寻找一个掌上葡萄酒APP，在这大数据的时代；

……

这一切，从此时此刻开始有了很好的解决方案。

晓斌隆重向你推荐一款葡萄酒手机应用：酒博士(Dr. Wine)。或许，不久的将来，酒博士应用将成为华人世界葡萄酒友的挚爱，成为葡萄酒行业“掌上即时交友，数据搜索分享”的热门掌上应用。

酒博士(Dr. Wine)应用，通过将近一年的使用，我发现了它完全具备了网络时代“成功应用”的几个主要特征：

首先，数据搜索和分享。这是个大数据的时代，全世界的人们都在通过因特网来分享资讯和经典。葡萄酒本身所凝聚的酿造文化和历史文化，其中所涵盖的知识和信息，是真正可以用海量来形容的。我们常常形容一个人的酒量，称之为海量。那就请他到海边去看看，看看他还敢自称海量吗？就好像一个葡萄酒友，面对成千上万的葡萄酒，他敢说我已喝遍世界美酒吗？他肯定不敢说，当然不敢说。我来说个数据，就仅仅波尔多就多达6 000多个酒庄，全世界的酒庄多达数万个。每个酒庄的酒款不下五种，一年全世界的出品酒就有几百万瓶，再加上不同年份的酒又不一样，那么你需要品尝的酒多达几千万瓶。我们人生在世，酒龄也就80年(够长寿了)，一年喝300天，也就24 000天，每天喝10瓶，也才24万瓶。这样算来，这很悲伤啊。所以面对海量的葡萄酒，如果有人提供一个大数据平台给你，让你可以瞬间了解一款酒，而不是自己亲自去喝这瓶酒，这是一个多美妙的事情。酒博士(Dr. Wine)后台目前已经搜罗了几十万条葡萄酒资讯和信息，通过因特网的分享和全球酒友的上传，信息量将成为真正的海量。任何一瓶酒，只要用手机一扫描酒标，酒的信息将迅速出现在你的屏幕上。这是现代人的网络习惯，信息资讯网络搜索习惯。酒博士(Dr. Wine)应用满足了这点。你再也不用在饭局上紧张了，你再也不用怀疑专家的忽悠了，你再也不会错过表扬好酒的机会了。因为你口袋里的手机，里面有"酒博士(Dr. Wine)"，一扫描就如同火眼金睛，一切全部现形。

其次，酒博士(Dr. Wine)应用满足了现在人们网络虚拟社会社交的需求。应用为每个登录的酒友准备了漂亮界面，这个界面将按照登录者的爱好和历史记录，展示给别人。从而实现人与人之间关注的环节，这就如同微信的朋友圈，这点已经在微信上非常成功地解决了人们交际的需求。而酒博士(Dr. Wine)成功移植了这个伟大的功能，使得酒友们可以在这里互相关注、相互评论、相互促进，由于共同的喜好和品位，从而建立友谊建立跨越地域的友谊，因为天下吃货是一家，世上酒友好激情。感谢酒博士(Dr. Wine)让我在澳大利亚、美国和德国有了喝酒的朋友。将来有幸共游葡萄园，共品美酒时，有个天涯知己那该是人生一大幸事。

最后想指出的是，这个平台也许能诞生华人世界的葡萄酒大师。这么多人在一起交流，一起成长，一起喝起来，葡萄酒文化一定会在中国传递和普及。等到中国人都真正了解葡萄酒和享受葡萄酒的时候，大师想来一定会诞生。这就如同足球一样，为什么泱泱大国，14 亿人竟然选不出 11 个人去踢球。真正的原因就是中国人从心里没有很好地理解足球。如今，酒博士(Dr. Wine)这个软件就是一个全民葡萄酒随时随地的葡萄酒学校。我们手持手机，随时扫描随时学习，随时进步随时收获。这里有博士、学士、酒工程师、学徒、白丁，不同级别的酒友在这里成长，成长为中国葡萄酒世界的大师、博士、学士、工程师。酒博士(Dr. Wine)应用就像一个火苗，正在慢慢点燃这片土地上的辉煌。在这辉煌的灿烂里，大师将出现在世界的东方。

让我们迅速下载酒博士(Dr. Wine)，开启你的美妙之旅，你遇见的不仅是葡萄酒，一定有许许多多的人和事，必定让你感动，让你幸福。

鸣谢酒博士(Dr. Wine)的幕后团队！时代感谢你们！

第57夜
如果没有你

世界上最好的葡萄酒产区波尔多，谁催生了她？

谁操纵了世界高档葡萄酒价格的晴雨表？

谁是法国特级葡萄酒的最大买家？

谁策划了1976年的那场让法国葡萄酒蒙羞的巴黎审判？

是谁打造了葡萄酒文化传播和葡萄酒贸易的中心？

是谁主持了全世界最大、最权威的葡萄酒侍酒师分级认证？

世界上拥有最多葡萄酒大师的是哪个国家？

葡萄酒的世界地图是谁的功劳？

再喝口水，喝杯酒！

然后我告诉你。

是：英国。

对，英国。

如果没有你，我将会在哪里？

如果没有你，世界葡萄酒的历史和版图该如何绘制？

如果没有你！

这其中的缘由和曲折，这其中的秘密和质疑，我们该从一个女人开始说起。

一个女人的婚姻，造就了今天的葡萄酒世界。

这个女人就是埃莉诺公主，对，埃莉诺公主。埃姐是阿基坦公国的公主，是法国国王路易七世的妻子。但是，就在1152年，埃姐和国王离婚了。就在同一年，埃姐带着她的嫁妆——领地阿基坦公国嫁给了诺曼底公爵亨利。

英格兰是诺曼底的殖民地，后来亨利成了英国的国王。这里要说的就是，阿基坦公国就是今天的波尔多地区。换句话说，亨利娶得美人归，而且还获得了一块葡萄酒种植圣地。

在此后300年的时间里，波多尔的葡萄酒滋润了英国人。英国人大量的葡萄酒需求，使得波尔多的种植和酿制向着高大上的规模突飞猛进。吉伦特河啊，繁忙的河。那川流不息的轮船，装载着葡萄酒驶向英国。

维京，这个名词，你知道吧？啊，维京航空，大家应该是知道的，就是英国那家航空公司。维京人曾经是活跃在北欧的一些海盗，在10世纪的时候，他们经常骚扰和侵犯法国北部的诺曼底地区。法国王朝也懒得理他们，这些维京人干脆在诺曼底扎下根来，后来也就成了诺曼底公国。诺曼底人在1066年入侵英格兰，将英格兰揽入囊中。埃姐老公亨利二世的老爸亨利一世前往英格兰建国，埃姐老公后来继承王位，封帝亨利二世。从此，英法之间的冲突从此展开，这就是英国的发家史。

波尔多地区，在英国的统治下经过了300多年。300多年的时光，英国人已经离不开葡萄酒了，就如同鱼儿离不开水了。1453年，法国人重新夺回了波尔多。这对英国人来说，等于有人把他们家的酒庄给抢了。英国本土是不生产葡萄酒的。原因是英国本土，天公不作美，雨水多，阳光少，使得葡萄酒的糖分少，无法酿造葡萄酒。

失去波尔多的英国，眼睁睁地看着波尔多的美酒，但是已不是从前的日子了。羡慕嫉妒恨，使得国王开始对法国葡萄酒征收种种苛捐杂税。英国的葡萄酒商于是开始放弃法国葡萄酒开始转向南部的西班牙、葡萄牙和意大利，寻找大量的葡萄酒来满足英国本土强大的消费力。

感谢你，衷心地感谢你！

英国人的葡萄酒商，催生了环法葡萄酒圈。葡萄酒不仅仅是一种自我消耗的农产品，而且由于商业贸易的介入，在市场的引导和推动下，进入前所未有的历史时期。翻开这泛黄的历史书页，我看到了忙碌的英国葡萄酒商的身影。伦敦，逐渐成了欧洲的重要的葡萄酒交易和葡萄酒文化传播的中心。

17世纪开始，英国进入帝国最强盛的时刻。日不落帝国，雄霸世界。商业贸易也进入到全球化的阶段。葡萄酒因此成为世界贸易的重要部分。

酷爱葡萄酒的英国人，走到哪里就会喝到哪里，就会猴急地把葡萄苗栽插到哪里。南非、大洋洲、亚洲、美洲，世界上哪里有英国人的生意，哪里就有英国人栽下的行行葡萄苗。

一句话，英国人全球殖民，同时在全球种植了葡萄苗。在英国人殖民的历史中，宗教文化殖民是主题工程，而葡萄酒则是基督教的象征。所以，殖民文化就是基督教传播，而同时进行的还有种葡萄、酿葡萄酒。

还记得英国人从荷兰人手里抢夺澳大利亚的第一件事就是种植葡萄，酿制的第一桶葡萄酒匆匆运往英国国内。想到这里，我们终于看清了英国下的棋，这是一步很大的棋啊。

在穿行世界的日子里，在葡萄酒迎来送往的日子里，在离开法国波尔多自力更生的日子里，英国，成了世界葡萄酒大国，一个不生产葡萄酒的葡萄酒大国，一个葡萄酒贸易和葡萄酒文化传播的葡萄酒大国。

骄傲的法国，成了酒厂，而葡萄酒生意人却是英国人。

喝葡萄酒的人都记得 1976 年那场法国和美国葡萄酒的审判吧？那场彻底改变世界葡萄酒格局的评判大会。因为 1976 巴黎审判，新世界葡萄酒开始瓦解法国葡萄酒的城堡。而组织这次活动的斯铂里尔，就是一个英国葡萄酒商。1453 年，英国人不情愿地把波尔多还给了法国人。英国人一直在找一个对手来制衡法国人，因为只有制衡法国葡萄酒，新的葡萄酒市场才可能产生。英国酒商斯铂里尔找到了美国人，美国人没有辜负英国人的期望，在 1976 年的 PK 赛中，完胜法国人，改写了世界好酒在法国的历史。真是君子报仇，500 年不晚啊。当然，这也许只是一个商业策划和市场革命，但是，这场巨变的幕后始作俑者者就是英国人。

在全新的世界的今天，英国老公爵坐在城堡的花园里，看晚风吹拂绿色的山坡，闻玫瑰花园香气弥漫，念帝国辉煌往事。他回头对白发苍苍的管家说：今年波尔多那几个庄的酒要按惯例吃货。另外，你通知伦敦方面，给中国市场的配额可以增加些，中国的假酒太多了，不利于市场的培育。

第 58 夜
胡有仁先生和他的 3313 葡萄酒语文

结识胡有仁先生，纯属巧合。记得那是一年前，那日，一位朋友在微信上得知我最近迷上葡萄酒，她对我说，我有一个校友，在葡萄酒方面有很高的造诣，正好在珠海逗留，如果有意的话可以见上一面。我爽快答应。首先，有朋自远方来，不亦乐乎，当然要见；其次，胡先生是我的老乡加学长，不见说不过去；最后就是我对葡萄酒还有更多的问题需要老师和前辈来指点，必须得见。所以，我就和胡先生见了面，并建立了深厚的友谊。

记得初次见面时，胡先生身体健硕，谈笑风生，一个大光头。我呢，长发披肩。两个外形极其拉风的人，由于葡萄酒、母校和故土的共同话题，我们一见如故。

胡先生递过来的名片上，写着：葡萄酒语文 3313 创始人胡有仁。我当时大脑就开始转速，3313 是什么意思。难道是一个什么数据，还是一个编码？使得我对胡先生的葡萄酒语文 3313 充满了好奇，同时又由衷地佩服面前这个师兄。顾名思义，葡萄酒语文肯定就是一门引导初学者认识葡萄酒的一门学科。由于葡萄酒来自国外，酒标、酒庄、酿酒和酒文化传播形成了一个葡萄酒知识的庞大体系，我想胡先生肯定是找到了一个方法和捷径，形成了自己的教学体系，可以帮助初学者和爱好酒的人去认识葡萄酒。事实上就是如此，后来我有幸聆听了胡先生的葡萄酒讲座。

葡萄酒作为西方餐桌上饮料，由来已久。随着世界在通讯、交通的现代化，世界变得很小，葡萄酒也成了中国人餐桌上的常客。但由于文化的差异和文化的传播普及不够，所以中国人总体上是不懂葡萄酒的。但是市场的大门已经打开，形形色色、五花八门的产品涌入国门，这其中真假李逵，高低不分，使得葡萄酒市场非常混乱，极其需要有高人站出来为大众进行葡萄酒文化传播。据统计，目前为止，中国高等教育培养葡萄酒专业的学生人数是 325 466 人。这是什么概念？改革开放以来我们每年培养的葡萄酒人才只有 10 000 人。要知道，2014 年中国高校应届毕业生的人数已经突破 800 万，1 万和 800 万是什么概念？32 万葡萄酒专业人才，有一半人留在国家机构里面从事食品监测和公干，能剩下一半 15 万人担负着葡萄酒教育、葡萄酒贸易、葡萄酒种植和酿制就非常不错了。这其中恐怕还有出国的一部分人，能留在葡萄酒教育界的，我看不会超过 5 万人。详细数据，有待考证，中国 14 亿人的葡萄酒教育需求相当巨大。

俗话讲，时势造英雄。在这种情况下，各路社会葡萄酒教育军团，纷纷揭竿举旗。各种葡萄酒教育机构和各路葡萄酒牛人讲师纷纷出现江湖。一刹那，江湖上风生水起，这其中能人志士辈出，江山代有人才出。葡萄酒教育纷纷成为都市新贵的夜课内容。

胡有仁先生就是这样一位时代的弄潮儿。作为西北农业大学葡萄酒学院的客座教授，胡先生自创了葡萄酒语文 3313 教学法。他走南闯北，下基层，去学校，进庄园，跑市场，把传播葡萄酒文化当成自己后半生的重要责任，是我们晚辈学习的榜样，乃业界楷模。

简要介绍胡先生的 3313 体系，让我们一起来学习他的教学体系。希望我的诠释能正确表达先生的精髓。

胡先生创造性地把葡萄酒文化总结为十个方面的内容，即 3＋3＋1＋3＝10，可以概括为胡先生关于葡萄酒文化的十点意见，哈哈。

第一个“3”：

1. 葡萄品种。接触一瓶葡萄酒，你首先要搞清楚她的酿制葡萄品种是什么，因为品种决定了酒的风格和特点，以及配菜规律。

2. 产地。产地就是风土，不同产地的土壤，气候直接决定酒体和酒风。相同葡萄品种的葡萄酒，由于产地的不同所带来的风格迥异，可以让人感受到风土的奇妙。

3. 酿造工艺。不同国家，不同产区，酿造的工艺会有很大的差异。例如意大利阿玛若尼(Amarone)的草席风干葡萄酿制法，葡萄牙的砖槽发酵法，西班牙的橡木桐长时间熟成法，还有美国橡木桐和法国橡木桐的风格差异。这些在酿造工艺的不同，都带来到了葡萄酒个性迥异。

第二个“3”：

1. 酒瓶。酒瓶的形状是有学问的。这点法国是全世界葡萄酒酿造的老师。波尔多的耸肩瓶，勃艮第的溜肩瓶，南法的肥肚瓶。德国白葡萄酒的长瓶，还有西班牙的民族变形瓶。种种形状，揭示了本民族的审美和历史的变迁。

2. 瓶塞。旧世界的软木塞和新世界的螺旋盖，都在细节上展示酿酒师的风格；通过观察瓶塞上的颜色和质地，我们可以观察酒的保养状况和酒的品质。

3. 酒标。酒标上揭示了该酒的所有信息，就如同该酒的出生证。在酒标上必须体现出酒的产地、采用的葡萄品种、灌装的时间和地点、产品条形码、酒庄的地址以及酒液的构成情况。因此读懂酒标，是葡萄酒语文课里重要的一节。当然，光会一门语言，是远远不够的。

“1”就是一个酒柜：

酒柜是酒文化传播的前提。好产地，好品种，好年份，好师傅，好酒，但是如果葡萄酒得不到好的保管，那是一件非常恐怖的事情。这就如同你早上榨了一杯果汁，把它放在厨房里，经过高温 30 度的夏天，傍晚下班回家时，你难道还能喝到美妙的果汁吗？葡萄酒在酿制的过程中，都严格地控制了温度，在橡木桐的发酵和熟成时，都放在地窖里。这无不说明，葡萄酒是一个非常怕高温的液体。我们必须将她放置在 10～14 度的空间里。那么只有恒温酒柜才可以让葡萄酒安静睡觉，直到我们把她唤醒。因此那些把葡萄酒放在汽车后备厢里的同学，你们是谋杀者，因为你们谋杀了葡萄酒。高温会使得葡萄酒死去，变成酸液。你做过这样的事情吗？在中国，还有很多人，把葡萄酒摆在装饰柜上，来展示主人高雅的品位和有钱的气派。殊不知将葡萄酒放置在温度 25 度以上的空间超过一个月，酒的生命就开始加速衰老和陈化。据我所知。中国任何一个地方，任何一个老百姓房间，一年里最少有 40 天超过这个温度。因此，为你的爱酒准备一个恒温酒柜，是你开始葡萄酒生活的必要保证。

第三个“3”：

1. 察色。当你打开一支酒，一段美妙的旅程开始展开，映入你眼帘的各种红色，各种温暖的深色，让你着迷。浓郁的紫红，宝石红，砖红，石榴红，褐色，就像是看到一个个年龄迥异的人。那些清澈透明的酒体，让你深感美妙，那些浑浊不清的酒液，让你倍感惋惜。

2. 闻香。闻香，是每个酒客都热衷的事情，在那熟悉的气息里，我们穿越时空，回到田野，回到乡间，回到那片土地的春夏秋冬，回到了那个时代的瞬间。葡萄酒的香气唤醒每个人的心灵，开启共振，衍生那些动人的故事和美妙的拥抱。

3. 品味。百闻不如一饮。高潮终于来了，十月成长，数载熟成，漂洋过海，辗转往返。终于来到你的面前，再经过你的仔细端详，在你鼻翼微颤中，她终于进入了你的身体。在那一刹那，哦，你呻吟着微闭双眼，感受这前所未有的幸福，享受这美好的时刻。酒宵一刻值千金啊！

这就是胡先生的3313教学法，将十个内容，分成四个包。第一个阶段是酿制；第二个阶段是罐装和运输；第三个阶段是保存；第四个阶段是品酒。

我是这样理解和诠释的，希望没有曲解胡先生的意思。斗胆讲来，望胡先生包涵。但是我们的目标是一致的，就是让所有的爱酒人士懂酒、爱酒、喝酒，享受这美酒弥漫的生活。

第59夜
不是所有冒泡的葡萄酒都是香槟

让我们开支香槟来庆祝吧！

在某些大日子和重要事件的关口。我们通常总是听到主人热情洋溢的号召。接下去的情景就是：主人拿着酒瓶上下摇晃，只听得砰的一声，白色的泡沫液体喷薄而出，人群中欢呼不已。然后主人把酒倒入客人们细长的酒杯里，只看得细细的气泡徐徐升起，仔细聆听细细泡声。主客大声欢呼：让我们喝香槟吧。

一切都高大上，完美情景。

如果我告诉你，你们喝的不是香槟。

如果告诉你每天有上万支“香槟”在中国大地上被开启，都不叫香槟。

你或许会表示极大的疑问，为什么？按照我们这种喝法，全世界没有这么多香槟在中国开启。因为，你们极有可能开启的是起泡酒，而不是香槟。因为全世界只有一个地方的起泡酒，可以叫香槟。那就是法国北部香槟地区的起泡酒，才可以称之为香槟。其他地区和国家的起泡酒，只能称之为起泡酒。为此，法国人在全世界打了上百个官司，才让全世界的起泡酒商，不敢在自己的起泡酒的酒标上使用香槟的字眼。

因为酿造起泡酒的工艺非常简单，任何一位酿酒师都可以酿造出泡沫丰富、噼里啪啦的起泡酒。但是，全世界只有一个香槟。就是在法国北部。因此法国人拥有这个名字的专利权。

起泡酒的酿造工艺，有一个非常重要的环节就是葡萄酒第一次发酵完成之后，在瓶中第二次发酵的时候，添加酵母和糖。添加了酵母和糖的葡萄酒进行封瓶，在地温环境下发酵，酿造出细致的气泡。但是这种在瓶中进行第二次发酵的办法是香槟地区的制造法，又称之为香槟制造法。普通价格低廉的起泡酒，在第二次发酵时，直接在封闭的酒糟里发酵，将二氧化碳留在槽中，除去沉淀后直接装瓶，但品质不如香槟制造法产生的起泡酒那么细致。

无数的酿酒师，在挑战法国香槟酒，酿造出胜过香槟地区的起泡酒。因为那些升腾而起的气泡，那窃窃私语的声音，让很多人着迷，让很多美妙的时刻永存心底。香槟两个字，已经不代表法国那个地名了，而是代表了一种喜悦，一种深情的绽放。

说到香槟酒，我们当然不可以忘记一个人，多姆·佩里侬（Dom Perignon）。佩里侬是法国修道士，他发明了香槟起泡酒的酿制办法，发明了厚重的香槟瓶子和瓶塞。此后几百年来，人们在无数砰砰的声响中，陶醉和拥抱，欢畅而放歌。顶级的香槟品牌酩悦香槟（Moet Chandou）在1937年推出了一批以“佩里侬”命名的产品。

在说香槟的篇章里，有些关键词不得不说！

兰斯，香槟地区的首府，法国的历史重镇，王者之城。因为自11世纪以来，每个法国国王都必须来到兰斯受冕登基，就如同伦敦的威斯敏斯特教堂，由于王室的婚礼而著名。兰斯由于国王登基而流芳千古，与之一同流传还有登基典礼上开启的香槟起泡酒。馥郁、醇厚的香槟让人流连忘返，爱不释手。高贵、大气、上档次，这些字眼数百年来就和香槟联系在了一起。所以说，好日子和大日子，开支香槟庆祝，就是高大上的感觉。总不能开支啤酒吧，啤酒的气泡也很丰富呢。

彭莎登（Veuve Clicquot-Ponsardin），著名的凯歌香槟的老板娘。彭大妈嫁到凯歌家族后，她的丈夫凯歌先生在27岁时便英年早逝。凯歌夫人用自己的智慧和勇气，将凯歌香槟带入了世界一流的香槟阵营，成为世界各国贵族喜爱的葡萄酒。凯歌夫人绝对是一位值得纪念的女性，她坚忍孤独的一生，造就了欢欣鼓舞的凯歌香槟。

当我们饮用香槟的时候，我们最着迷的是那成千上万升腾而起的气泡。争先恐后的气泡，朝气蓬勃，欢欣鼓舞，就如同那美妙的瞬间，如同那灿烂的心情。那细长的酒杯，为那千千万万的细细的气泡展示美丽的轨迹。当然还有另外一种香槟杯，就是那种浅浅的杯子。据说是按照拿破仑妻子的乳房形状制作的。拿破仑真是一个大方的人，让我感动的流泪啊。美貌妻子，美丽乳房，竟然愿与天下人分享他的幸福，大器啊！拿夫人的美丽乳型流芳千古，令万世遐想！多谢拿大爷！

……

香槟的迷人在于混酿，通常情况下，很多香槟都是无年份的。因为将不同年份的香槟混合调配在一起，形成一种独特的风格，是香槟酿制的秘方，每家酒庄都有自己的看家本领。因此，秘方显得非常重要，甚至是家族秘密相传的法宝。当我们在品尝法国香槟时，我们会有很多惊喜，因为不同的酒庄的香槟所呈现出来的风格，真是精彩纷呈。当然，我们也能碰到年份酒，但是价格是非常昂贵的。

让我们举杯！干！

Champagne!

第60夜
谢天谢地感谢你之一：大地篇

写下这个题目时，我的脑海里涌现出一幅画面：夕阳西下，广袤的平原上，雾霭蒙蒙，画面的主体是两个人，他们凝视着大地，俯身祈祷。这个画面充满虔诚和感谢。这幅画是米勒的名作《晚钟》。这个片段出现在名噪一时的动漫葡萄酒连载书籍里，作者想用来讲述自己的一个观点，葡萄酒是天地人三者共同创造的结晶，大地是其中重要的一个环节。这本书也算是开启了我对葡萄酒的认识和痴迷。天、地、人，是葡萄酒文化的核心，也是我们讨论葡萄酒的主要环节。离开了这三个内容，我们还能说些什么呢？

让我们来看看这根的大地吧！

俗话说，“寒门出贵子”。这句话用在葡萄的种植上，最恰当不过了。葡萄生长的土壤有个共同的特点，就是土质贫乏。贫瘠的土壤适合葡萄的生长，富饶的土壤反而使得葡萄没有酿酒的价值。

真的难以想象，如果没有葡萄的种植和葡萄酒酿造，法国、意大利和西班牙将穷成啥样？差不多整个国家都是沙砾土质，特别到了法国南部全是鹅卵石。葡萄酒圣地波尔多左岸广袤的大地上，沙砾土质，渗水极快。真是天工造物啊，针对这种土壤状况，人类竟然找到了适合生长的植物——葡萄。葡萄酒竟然成了滋养和哺育人们的圣水。感谢上帝，感谢主！

葡萄树的生长不需要太多养分，贫瘠的土壤会让葡萄的根须发育非常顽强，有些地方的葡萄根须竟然可以往地底伸展两米，远远超过葡萄苗的高度。这种顽强求生的供养系统，使得葡萄鲜甜和香气扑鼻。反而那些肥沃土壤里种植出来的葡萄苗，根须浅，葡萄叶极其茂盛，结果也是水多、味淡，充其量也只是适合食用，而非酿造葡萄酒。

这使我想起了江西家乡在山坡上种植的一种农作物。我们称之为剥皮薯，通常种植在少水的山坡上，这种地方其他农作物根本无法种植。剥皮薯的苗短短的，就如同发育不良似的，但是，在土壤深处却结出一个大大的块茎。小的时候，我们经常去地里挖了吃，水分充足，极其香甜。看来，这个道理是相同的，贫瘠的土地上结出的果实就是香甜，这也应了那句“寒门出贵子”的老话。坎坷的生活经历，确实可以磨炼一个人的品质，使得其坚强、善良、朴实和勤劳。这些优良品质何尝不是每个成功者的内涵呢？

土地，让葡萄苗植根在她的身上，供给其水分和营养。土质的排水性、酸度，土壤的深层和土壤中的矿物质都会深深影响葡萄酒的品质和风味。

大地让葡萄苗有生的可能，更养育了葡萄苗。我们在品尝葡萄酒的时候，常常在闻香和品位两个环节，流连忘返。那些各种各样的花香、果香，还有那来自大地的矿物质的味道，以及那些复杂的环境的气味，经常引领我们穿越时空，去往一个陌生的环境，那就是酒的故乡。

第61夜
谢天谢地感谢你之二：看天收成

葡萄酒的酿制得益于天、地、人。我前夜先谈地，今天再谈天，似乎有些乱了规章。古人云：先拜天，再拜地。在中国文化里，生存链里，天是大。就好似天为阳，地为阴，天为公，地为母。但是，我却先谈地，自然有我的想法。

假如把葡萄酒的酿制，比喻人的成长，那么大地就好像是母亲，给了你生命，并且把美好的基因遗传给你，让你具备了长成一个健康的人的基础，这就是我们所说的底子。俗话说，龙生龙，凤生凤，老鼠生娃会打洞。那么，天就好像是我们进入社会后的教育，它使得我们在原来的基础上，变得更加强大，更加智慧，更加优秀，这些品质，使得我们在生命里创造出更多的辉煌和美好。我们常常说到今年年份好，葡萄丰收了，指的就是当年的光照、降水、温度，最给力地让葡萄生长得最好。这就好像我们在面对那些成功的人，我们通常会发现，大部分人都接受了良好的教育，教育使得年轻人朝着正确的道路勇敢前进，把最珍贵的青春年华都放在学习和实践中；或者，即使没有接受好的学校教育，我们也会发现，他常常得到某位优秀长者的帮助和带领，或者是成长在某个纯洁、简单、美好的环境中。

如果这样来理解，我们就很简单地揭开了这个神奇的秘密。大地如同母亲，给了葡萄苗生命，出色的土壤让葡萄苗成长为将来可以酿造葡萄酒的可能；那么，当年的天气，就好像是葡萄所要接受的培育那样，从大自然中吸取降水，感受太阳的照射，在春去夏来的晨光暮色里接受气温的考验。这样才长成茁壮的身体，出色的个体，才有可能进入酿酒师的手中，打造成闪耀的明星。

让我来看看葡萄酒的酿制过程，看看老天爷带来的奇妙吧！

谢天谢地，感谢天地。

在众多的葡萄酒书籍里，常常把土壤和天气等等归结为风土。

出于对我的天地人三位一体的论述，天成了独立的一个环节。

老天爷控制了葡萄苗生长的两个致命要素，一是日照和温度，二是降水。

天上的主宰，我们的太阳。阳光可不能吝啬，葡萄需要充足的阳光。光合作用所产生的碳水化合物，提供了葡萄生长的养分，同时也是糖分的来源。还记得，我在前篇说到可怜的英国吗？在英国南部的肯特郡，多好的白垩土质啊，但多雨少晴的老天爷，白瞎了这块好地。中国最好的苹果产自哪里？当然是新疆小苹果，光照是糖分最好的保证。太阳所提供的温度也是重要的。温度适中，温和的天气非常适合葡萄的生长。太冷，果实无法成熟，德国的雷司令就是常常要捱到天寒地冻才来采摘，谁愿意啊？天气冷得快，葡萄熟得慢；天气太热，葡萄熟得快，糖分高，容易遭受病虫害，酿造的酒平淡无味。

何为天公作美？降水！雨水多了，土壤里水分足，土质潮湿，甜度降低，潮湿的环境使得葡萄容易感染病菌；雨水太少，就是葡萄耐旱性强，也扛不住一年到头不下雨啊。特别是春天葡萄枝叶生长时，需要大量的水分。这时硬是不下雨，这还算是春天吗？等到葡萄熟了，老天爷你硬是天天浇水，这算个啥秋天啊？说好的秋高气爽呢？这样看来，降水必须恰到好处，这才是天公作美啊！

在长期的劳动过程中，在与天斗、与地斗的过程中，我们人类发现了，只有顺应天、顺应地，选择适合的品种来种植。于是这样产生了不同的产区，种植不同的葡萄品种。因为，不同的产区，我们总结了降水的规律，温度的规律和太阳的光照。我总结了什么样的葡萄可以种植在这样的环境里。唯有这样，我们才有心存感激之情，谢天谢地。

第62夜
谢天谢地感谢你之三：神来之手

法国人最不喜欢和别人谈论酿酒师这个话题。在法国人的眼里，全世界只有法国的风土是最适合种植葡萄的。也只有这种风土条件下，才可以酿造出出色的葡萄酒。骄傲的法国人，更不屑世界上其他国家的酿酒业。

这个单词，喝酒的伙伴们大概都是知道的，就是“Terrior”。法国波尔多梅多克Medoc地区爱仕图庄园(Cos D'Estourne)的庄主普拉曾经这样阐述“Terrior”：所有可以对葡萄生长产生影响的自然条件、自然气候、土壤成分、地缘环境等因素构成了Terrior的重要组成部分。也就是我们常常从专家那里听到的“风土”二字。当然也就是前两篇提到的天之作、地之角。风土论的提出，使得“世界上没有相同的两块地”的言论成为主流论调，也使得风土成了葡萄酒评级中的一个重要考量部分。

风土论者，甚至把在那些完美风土条件下生长的葡萄所酿制的葡萄酒称之为“Terrior Wine”。法国人只愿意将这个名字用在本国的葡萄酒酒标上。其他国家的葡萄酒没有资格称之为 Terrior Wine。

事实上,确实如此吗?

谢天谢地,感谢你!

法国人忽略了酿酒师在酿酒过程中发挥的巨大作用。

有人曾对 1990 年波尔多的 100 种酒进行了比较。品种相同,生长的风土相同,而且都是一个年份的。一样的天,一样的地,一样的我和你。结果,唯一的差别就是不同的酒庄酿造出不同的风格,酿酒者的技术差别一览无遗。几个不同的酿酒师用相同的风土葡萄园的葡萄进行酿制,结果相当不同;同一个酿酒师,对不同的风土的葡萄进行酿制,得出的结果却没有太多的差距。

这个结论,告诉我们一个非常简单的道理:风土固然重要,酿酒师的技术才是重中之重。

这样看来,迷恋某个产区,是非常危险的。因为风土是好酒的前提,但是必须有个靠谱的酿酒师才好。

这才是喝酒的第三个境界,喝酒看师傅。

谢天谢地,谢师傅!谢谢师傅,缘分啊!

咱们继续之前的话题吧。如果大地如同母亲,哺育和滋养你;老天风云雷电,日照夜露,助你成长;那么酿酒师相当什么呢?

酿酒师相当于人生旅途的重大机遇和重要人物。

你相信平台对于职业的重要性吗?

你相信"贵人相助"的理论吗?

那些成功者的背后,那些让你诧异的平台,那些重要人物的背景,这一切会让你对前途倍感渺茫。当你赞叹王石的帝国,你肯定会埋怨你的岳父大人不是高官;当你仰望李嘉诚的财富时,你一定会渴望命运中出现汇丰银行董事局的橄榄枝。这世界上没有无缘无故的成功,机遇和实力才是成功的完美加法。机遇就是那个庞大的平台和升降机,机遇就是那个你生命中的贵人。若这两者你碰到了一次,你的聪明才智、你的勤奋坚强,将会生长出人生最绚丽的色彩。你遇到了吗?也许还没有,但是你要时刻准备,时刻努力奋斗。有一天,你一定能看到那张充满智慧,充满和蔼的脸庞,他微笑地对你说:嗨,小伙子!干得不错啊!

是啊，这就像酿酒师凝望着葡萄，心里一定开心极了。今年的葡萄真好啊！谢天谢地，感谢上帝！于是葡萄美酒开始在酿酒师的手中慢慢诞生。

酿酒师的工作开始了。这些好果实，一定要酿造出好酒。这是酿酒师心里最朴素的想法。

酿酒师就像雕塑家那样，去掉多余的涩味，降低过多酸度。使得每个转弯都是那么柔和，使得每个侧影都是那般销魂。无数个夜晚，漫步在地窖里，品尝，换桶，等待。就像神来之手，将神一样的液汁引来人间。

最应该感谢的就是那些酿酒师，那些伟大的酿酒师！

勃艮第的葡萄酒，让我们认识了两位大师级的酿酒师，一位是已经去世的大师亨利·迦叶(Henri Jayer)，另外一位是健在的勒鲁瓦女士(Leroy)。他们俩的葡萄酒的价格开始飙升了，飙升到喝不起的地步。但也是一件令人高兴的事，因为酿酒师的地位和重要性开始进入人们的视野。因为，这和风土没有关系，和庄园没有关系，和酿酒师孜孜不倦的工作有关系。新一轮的葡萄酒推广，应该是从讲酿酒师的点滴开始了，因为酿酒师赋予了葡萄酒灵魂。

试想，那些走过千年的酒庄，我们探望它起起伏伏的历史轨迹。我们发现了这样一个规律——酿酒师总是站在那个顶点辛勤劳作。

天地人三者合而为一，构成了葡萄酒的全部！这也是中国文化的精髓。

天地人合一。乃最高境界！

第63夜
那沸腾的气泡

1. De Bortoli Scacred Hill Spaking Brut
2. Santa Carolina Sparking Wine Brut
3. Cloud Chonion-Vin Mousseux Brut
4. Bonhoste Cremant De Bordeaux Bru
5. Blue Pyrenees-Vintage Brut 2010
6. Taittingger Brut Vintage 2005

7. Fontanafredda Moscato D'Asti 2012
8. Zonin Asti DOCG

这是一场盛大奢华的宴会。
欢乐的人群，
绽放的烟火。
群情激动的场面，
欢呼雀跃的男女。

盛装出席，
求夜晚的幸福；
欢颜逐场，
为交错的快乐。
混杂着各种兴奋，
欢闹在舞池里升腾，
升腾再升腾。
千奇百怪的女人，
共同诱发一个信号。
谈笑风生的男性们，
狼一样的目光，
投射着老猎人的精明，
和新手的跃跃欲试。

当音乐渐渐疲倦，
舞步开始斜向。
眼神开始暧昧，
酒杯开始错位。
这盛宴开始散场。
一刹那，
人群都已散去。

空旷和寂寞弥漫在空气里，
混杂着女人们的香水，
混杂着男人们升腾的欲望。

一切都已安静。
昏暗的灯光，
告诉我们，
这只是一场女人和男人的围猎。
是母氏意识和男性意识的决斗。
这是男女的游戏，
那欢闹的盛宴，
就如同那起泡酒里升腾的细泡。
但繁华散去，
遗留只有那白葡萄酒落寞的眼神。

我想说的是，起泡酒就是二次封闭发酵的白葡萄酒。当气泡散尽的时候，洗尽铅华后，剩下的就是一杯白葡萄酒，一杯气泡散尽的霞多丽，或一杯红中白的黑皮诺。就如同今日这八支起泡酒，除了那噼里啪啦的气泡，我其实就是在品尝来自各个产区的白葡萄酒。有香槟流派的霞多丽体系，也有意大利人自力更生的莫斯卡托(Moscato)，还有与波尔多分庭抗礼的赛美容(Sémillon)。

起泡酒，我们是讨论过的。我们都应该知道起泡酒的特点就是细致、持久的气泡。清新的口感，精致的酸度，是好的起泡酒的标准。然而来自意大利的 D'Asti 起泡酒，却彰显了意大利的个性。这种意大利的起泡酒，泡沫成粉末状。更有过之而无不及的是，来自 Zonin 的起泡酒，那个泡沫丰富的程度，整个就像一杯肥皂泡水，让人下不去嘴。

如果说，新世界在模仿香槟，那么意大利人更是根本不知道这世界上有香槟这一说，因为他们的起泡酒和香槟气泡完全没有任何联系。其他老牌葡萄酒国家的起泡酒，只是秉承香槟的传统制作方法，因地制宜，自造起泡酒。在这个程度上来说，品种不是问题，而是风格的多样化的体现。

第64夜
我的波尔多日记

1月3日　晴天

葡萄园里一片萧瑟，让西斯已经和我们在地里干了好几天活了。我们把那些过长的、分枝过多的蔓藤进行剪枝。晚上，艾菲尔用剪下的蔓藤来烤肉。我笑着说：果木烧牛排，不错。酒窖里的橡木桐的酒，开始进入乳酸发酵了。让西斯每晚都在地窖里监控和检查，以确定乳酸菌成长的状况和酒的酸度。

2月1日　阴天

剪枝的工作依然没有完工。今天我的活是负责将那些金属线进行修正和固定。

这周，让西斯让我帮助他检查每个橡木桐里，葡萄酒面的刻度，那些低于警示刻度的橡木桐，我们就往里面添加葡萄酒，以保证每个橡木桐里葡萄酒足够的容度。过多的空间会导致葡萄酒过早氧化。

3月15日　晴天

今天的天气真好，虽然草木还没有葱绿，但是我似乎在寒冷的空气里闻到了春的气息。因为中国南方的3月，我们都开始穿T恤了。明天开始翻地了，冬天快要过去了，要将地翻开，春天来的时候，土里的杂草就不会那样疯长了。让西斯今天灌了一些酒，他说，这个酒好了，简单易饮。明天给波亚克的考古斯送箱酒去，前几天还在惦记咱们的新酒呢？

4月15日　晴天

一不留神，发现那些葡萄枝开始发芽了。让西斯带领工人们整天在地里整理枝芽，把那些不定芽进行剪除，这样葡萄枝就可以集中力量去生长年轻的芽眼。换桶的工作上周就开始了，我主要从事这个工作。我和大家在地窖里，将酒从一个橡木桐换到另一个橡木桐里。这样做的目的就是将那些死酵母的沉淀物清除出去。年轻的葡萄酒在换桶时，和空气有点接触不会对葡萄酒产生影响。这样的工作，在一年的时间会有三次或者四次。这批酒是第一次换桶。

5月10日　阴天

今天的工作比较轻松，我们整理酒庄的订单。让西斯非常愉快，这是一个非常好的年份，酒可以卖出一个好价格。他们说，罗伯特·帕克下周来波尔多，协会要我们送去我们今年的两款酒，一瓶白，一瓶红。让西斯似乎很有信心。这几天一直在和艾菲尔嘀咕。

6月1日　晴转阴

昨天从巴黎回来。发现葡萄园的葡萄苗竟然那样茂盛。哇，太棒了。蓬勃的葡萄苗伸着懒腰，肆意地张扬。工人们正在整理那些葡萄苗，他们将枝蔓固定在金属线上。为了让葡萄苗都可以完全地得到太阳的照射，工人们必须让所有的葡萄枝蔓保持一样的树形。

天气有些潮湿，空气里总是黏糊糊的。对于我来说，似乎问题不大，想想中国南方的天气，这都不算个事。让西斯正张罗着明天开始给葡萄酒进行第二次换桶。

7月10日　晴

让西斯请了佩萨克的罗兰来帮助喷洒农药，今年潮湿的天气，可能会诱发真菌类病虫。这周，让西斯愁坏了。

让西斯准备装瓶了。夏天快来了，一定要抢在夏天的热浪到来之际，进行10万瓶的灌装。人数足够了，看着车间里热闹的场面，真是让人感到兴奋。

8月15日　晴天

天气真是热啊。今天早晨在葡萄园里跑步，我发现，那串串葡萄里竟然有些葡萄开始微微泛红。让西斯说，下周开始要对那些多余的绿色葡萄进行剪除，这样剩下的葡萄就可以获得更多的阳光和水分。上周那场大雨，让整个波亚克村沉静在幸福的海洋里。我似乎听到所有的葡萄在雨里贪婪歌唱和欢饮。天气真给力，葡萄在这个月，长势非常好。

9月15日　晴天

明天开始采摘了，镇上的小旅馆非常热闹。来观光的旅客和采摘的工人让小镇很久没有这么热闹了。我竟然碰到了中国旅游团，是来葡萄酒主题旅游的团。让西斯准备好了酿酒的所有工具和那些添加物（酵母、糖、酸）。

今天必须早点睡，明天将是热闹、繁忙的一天。明天的采摘工作将在凌晨4点开始。踏着露水，冒着初秋的凉意，我们将迎来美好而幸福的一天。这是我期待的日子，葡萄采摘日。

10月10日　阴天

葡萄酒还在开口的大桶里发酵。工人们站在高高的桶口的升降架上，用压皮具，将浮在酿酒槽的葡萄皮压到桶里去。看着他们浑身湿透的样子，我想这是个体力活，不轻松。但是想到那美好的葡萄酒正在慢慢养成，不禁觉得，这一切都是有价值的。

11月5日　阴天，有时有晴

葡萄园的叶子开始变得金黄了。下午的时候，在葡萄园里散步，真是非常迷人，金灿灿的夕阳照在葡萄的金黄叶子上，相映生辉，煞是壮观。工人们忙着给葡萄进行播撒绿肥。

上个礼拜，大家连夜将那几个大的酿酒桶里的葡萄酒，转存到了新的橡木桐里。

12月18日　阴冷

这周开始要进行调配酒了，这是波尔多葡萄酒的核心所在，让西斯和大家在讨论今年的调配方案。今年的天气还算不错，赤霞珠和梅洛都生长得不错。这真是让人开眼界的一周。让西斯在工作间里，指挥着工人们按照比例进行葡萄酒调配，就好像在指挥一场伟大的战斗。

看着日历，突然发现，来法国快一年了。这就是波尔多葡萄酒生活的一年。断断续续记来，以飨读者！

第65夜
当文明的脚步变成一种蹂躏

一直在想，南非的葡萄酒事还是放在最后来写吧。但是今夜，却非常想来写。因为最近新闻播报的非洲“埃博拉病毒”正在令世界战栗，令人闻风丧胆。美国人第一次启用军队应急纵队来随时听命疾病预警。

今日之南非，远比以前更加混乱。在种族隔离时期，甚至更加遥远的年代，有色人种，或者说黑人，他们一直是处于被压迫和盘剥的一个阶层。当一个新的时代来临，传统的东西被丢弃，他们重新在城市的钢筋森林里沦落。艾滋，枪杀，强奸，吸毒，抢劫，这些新闻每天都放在南非报纸的头条。那些呼唤美好、真爱和传统的声音，奄奄一息地躲在报纸的角落里。

我一直坚持一个原则，葡萄酒是农产品。种植葡萄的人，非常重要，用心、用情才能种植出优秀的葡萄，才能酿出美妙的葡萄酒。然而今日之南非，社会之动荡，生活之艰难，葡萄酒充满了艰辛和困苦，让人不忍品尝。我一直不敢写南非，就是生怕触碰到这个让人心酸的地方。就好像，我心里一直不愿触碰东南亚华人族群的乡居文化。前者是艰辛和磨难，后者是他乡流浪和故土思念。

南非，非洲最南端的土地。当成群的野兽被黑人追逐到天涯海角，我似乎穿越千年看到了那些黑色的眼睛里的恐惧，天涯海角的恐惧。海上阵阵涌来的寒流，让他们恐惧，他们还是退回了炙热的沙漠，然后试探着住在冷热交界的地方。这一住就是千年。但是，直到有一天，海上的船队到访，这里的一切就开始变化了，那个称之为“家”的名字在历史的书本中消失。那是1488年，葡萄牙的探险家，大名鼎鼎的巴托罗缪·迪亚士发现了好望角。好望角的发现，同时也开启了亚洲新纪元。印度航线的探索，将中国这白白肥肥的美味，端上了欧洲人的餐桌。好望角成了欧洲船队去往亚洲的重要港口、战略重地。

西班牙人干掉了葡萄牙，荷兰人干掉了西班牙，英国人赶跑了荷兰人，白人们在这块土地上，相互厮杀，把黑人看得胆战心惊。那喷火的枪口，冒着青烟。最后英国人将好望角揽入囊中。

当然，和其他殖民地一样，殖民者住下来第一件事就是种葡萄，就像中国人一住下来立马养猪一样。因为有了酒，这饭才吃得下。不然，那些烤肉，那些面包，总不成用水和着下肚吧？那可不是欧洲人的传统。葡萄酒就是欧洲人的餐桌饮料。南非的葡萄酒一直都不好，口感和风味都差强人意。我实在是想不出来，那些被奴役的黑人，往返在葡萄地里，奔波在酒窖里，那充满仇恨的目光，那充满无奈的呻吟，如何可以酿制成美味的葡萄酒。我就不相信高贵的白人会亲自下地干活。

为了与时俱进，假惺惺的白人们建立了南非共和国。但是却推出了种族隔离政策。这是如何丧尽天良的一个政治行为。当我观看曼德拉的纪录片，我才看到了那些公共场合里，黑人使用和白人使用的标志。这种逆天的社会，如何可以生产出美好的葡萄酒？

当历史的车轮行到1994年。曼德拉总统执掌政权，才实现了种族平等的南非。可以说南非这才开始回归之路，回归非洲之路。但是600年的白人统治，使得这块土地，不可能立刻变成非洲之地。严格意义上，这块土地已经变成了白人在非洲的国家，这就是今天的南非社会痛苦的核心所在。社会文化已经全部欧洲化，黑人已经全部被欧化后成为无根之苗。

葡萄酒基本上走的是法国的路子，因为南非的几款进入世界范围的葡萄酒都是赤霞珠、梅洛、西拉葡萄酒，这就是法国的传统葡萄酒。因此，除了价格的优势，我实在想象不出，他有什么可以让我关注。我更关注的是地里干活的黑人兄弟们，那些绿色葡萄架后黑色的脸庞。

今天的南非，葡萄酒产业还是被白人把持。黑人除了在地里干活，根本没法进入酿酒的核心层，很长一段时间，白人政府也不允许黑人进入这个行业。

全世界有很多人都像我这样看待南非的问题，当然也是对葡萄酒的担忧。这种担忧一度使得南非的葡萄酒的海外市场全盘崩溃，英国人就曾经一度放弃了南非葡萄酒。谁愿意饮用罪恶之地上果实酿制的葡萄酒？

愿上帝保佑他们。

但是，世界葡萄酒地图的著作上这样描写南非葡萄园：

如果要办一场“最美葡萄园”，总决赛的名单上一定有南非。由砂岩和花岗岩组成的桌山，像一个巨大的蓝色影像矗立在鲜绿色的田野之中，间或点缀着一些经历了300年风霜的白色屋舍。

这又让我对开普敦充满了遐想。如此之美的地方，为什么不可以酿造出美好的葡萄酒？但应该是黑人执掌酒庄的那天。

这是一条漫长的回归之路。

第66夜
东渡之地

今天我们要来说说日本。谈日本，不是赞美它，而是看清它，因为，不能小看日本。

上帝是公平的，上帝把日本玩坏了。

山梨县那座休眠的富士山大火山，时刻警告着这片狭长土地的人们：日本人脚底下的地震带，就像一个巨大的狗熊在睡觉，偶尔打个呼噜，偶尔翻个身，已经让日本崩溃；如果哪天狗熊站起来，直接把日本甩到太平洋里去；台风回外婆家似的，经常来访；海啸跟大爷搓澡似的，偶尔来上一次两次；整个日本有三分之二的陆地是险山陡坡。日本国民被迫往大陆架构的延伸坡上居住，因此日本的大城市全部在海湾。例如大家熟悉的大阪、横滨、东京、名古屋都在海岸线上。俯瞰日本国土，就像一个森林公园。看着这些绿色的国土，我突然心痛我们源源不断运往日本的木材和矿产。

日本人在葡萄酒方面的征途，从公元8世纪就开始了。公元718年，葡萄牙的传教士就将葡萄枝带入了日本。但是，日本并没有疯狂发展葡萄酒酿造业。徘徊，徘徊，再徘徊！这一徘徊就是1 200年。

因为日本的土壤和气候不适合栽培葡萄苗。先说风土吧，日本地处欧亚大陆和太平洋之间。海洋气候所带来的飓风和降雨经常在葡萄成长期间来袭，这对葡萄苗是噩梦般的打击；另外，日本国土以山林居多，偶遇平原，也是山上土壤冲击而成，排水性极差，种水稻极好，所以日本的米饭好吃，但是种植葡萄就麻烦了。基于此，日本人在要不要栽培葡萄苗、发展酿造业方面，一直在踌躇不前。

但是，年轻的酿酒师们，前仆后继，以前所未有的热情，投身到日本的酿酒事业中去，硬是在这片悲催的土地上酿出了令他们沾沾自喜的葡萄酒。

多款葡萄酒出现在世界的餐桌上，特别纽约和伦敦的日本餐厅里，日本人骄傲地向顾客介绍推荐日本葡萄酒，然后自豪地在旁边弯腰等待客人的赞美声——“ないですね。”

敢在瓶上写上“100%日本葡萄酿制”这样字样，来宣告本土生产的亚洲葡萄酒国家。当我们还在想办法用法国原酒进行勾兑，把自己家的葡萄酒叫卖成法国原装灌瓶时，日本大声宣扬的“100%日本葡萄酿制”使我们陷入了沉思。日本是怎么做到的？

日本人是有国际视野的。1870年，日本派出了留学团前往欧洲，专门学习葡萄酒的酿制工艺。就如公元8世纪时留学唐朝一样，这次日本把目光投向了遥远的欧洲。这批人留学归来后，启动了日本的葡萄酒事业，成立了大大小小的葡萄酒株式会社。

日本人因地制宜，选用了适合本国土壤和气候的葡萄品种。远在1180年，日本选用了欧洲一种厚皮的葡萄，据查，应该是赤霞珠的亲戚。这种葡萄被种植在富士山区域，被称为“甲州”。由于风土的原因，日本酿造出了柔细的酒款，或许这和阴柔的大和民族特征有关系。

日本的葡萄酒产区，相对简单，毕竟国土狭小，好地不多。主要有三个产区。首先是有着1 000年酿酒传统的山梨县。这里是甲州葡萄的故乡，也是日本葡萄酒产业的中心地带。山梨的市场占有额达到日本的33%。

第二个产区就是长野。长野号称日本的波尔多，就如同西班牙的里奥哈、新西兰的马尔堡。长野专注于梅洛和霞多丽的栽培。该区发展迅猛，也已成为日本的主要产区。位于北部的长野县，气候寒冷，昼夜温差大，特别适合霞多丽的生长。曾有机会品尝来自日本长野的霞多丽，感觉酒体消瘦，香气还算清新，酸感不似勃艮第那样精致，有些浑浊。当时一桌子公知，也没有细细讨论，如今想起来，印象不深，也算是第一次品尝日本长野的霞多丽。回想的感受就是，一壶清酒温火后的感觉。少了些许清新，酸感的缺乏，使得层次稍差。

第三个产区就是北海道。这是日本现在最为期待的一个产区。该地区无风，无梅雨，日本人期待在这里种植出德国系列葡萄品种。

日本政府发动的农业运动，打造“一村一特色，一村一品”的新农村模式。从某个程度上大力地推动了日本葡萄酒业的迅猛发展。有一个数字,足以让我们震撼,日本43个县,已经有36个县启动了葡萄的栽培和葡萄酒酿造。虽然葡萄酒的供应主要还是依赖于欧洲,但是国内的产量正在逐渐部分取代进口葡萄酒。

日本人正在把不可能变成现实,那就是在日本生产出优质的日本葡萄酒。那些从法国留学回来的人,正在长野和北海道的葡萄地里潜心栽培。还有大批的年轻人在波尔多的葡萄地里学习和劳作。这个认真的民族,逼迫我们要做些什么。在葡萄酒事业的发展中,我们绝不能在栽培和酿造方面输给日本人。我们也希望在法国留学的葡萄酒专业的年轻人,不要眼睛只盯住葡萄酒旅游业和葡萄酒贸易业,要盯住葡萄酒的酿造领域和葡萄苗的栽培技术。我们深深明白,买酒卖酒是钱的游戏,可种植和酿酒才是这个竞争的根本。不然,我们根本玩不下去。

最后一句话:日本人已经在葡萄酒的征途上全速前进,我们在什么位置呢?

第67夜
当诗人爱上农作物

我
在森林中迷失
树木散发出生命的芳香
我发现了本不应该出现在这森林里的花
与红色果实所散发出的香气
香气牵引着我
我抑制住振奋的心情
加快脚步
森林豁然开朗
在那深处出现了一处被浓雾包围着的泉
我隐约感觉到泉对岸的美景
但是浓雾迷眼使我无法前行

环视周围

那仿佛有座栈桥通往泉的那头

途中伴着花香和野果子芳香的风

吹进我的鼻腔

之后那一刻对岸的风景映入我眼帘

啊

那有两只蝴蝶正在花丛中嬉闹

我呆立在湖畔

一上来，就整诗歌。在我看来，比较少见。写这些文字，就让人觉得文艺腔太浓。所以我尽可能不要散发文艺腔的酸感。但是当我重读《神之水滴》的时候，我发现，这才是源头所在。

上面这首诗歌就是来自日本漫画丛书《神之水滴》中的13首诗歌中的一首。在这个诗歌死去的年代，来谈论诗歌，是多么不合时宜，至少在物欲横流的本土，确实奢侈。

言归正传。

上面这首诗歌，是谜面。谜底就是要猜出，这描写的是哪瓶酒，哪个年份，哪个酒庄的酒。看到这里，你也许要疯了。那瓶红色的液体难道有这么复杂和充满内涵吗？

各位看官，关于《神之水滴》这部葡萄酒主题的漫画丛书，想必有些人已经看过了。毕竟这部丛书是2004年出版的。十年的时间，依然没有失去它的光彩，他依然是葡萄酒爱好者的床头书。目前的销售量达到200多万套，这是一个恐怖的数据，还发行了法语版。后来，还翻拍电视连续剧《神之水滴》，更是让人着迷。

故事大概是这样的。日本著名葡萄酒评论家神咲丰多香骤然去世。留下价值50亿的珍藏葡萄酒。神咲有两个儿子，神咲霞和远峰一青。远峰是私生子。谁才可以继承这笔巨大的财富呢？神咲留下13个信封。每个信封里有一首诗歌，作品秉承了葡萄酒的文化核心。两个儿子必须从诗歌的字面上，理解并找到相应的葡萄酒来对应这首诗歌。13支酒，分别是12支酒，外加一支极品酒。从宗教的层面上，作者把12支葡萄酒比喻成12使徒，最后一支比喻成神之水滴，就好像耶稣和他的12门徒。为了找到这13支酒，两个儿子展开了惊心动魄的葡萄酒对决。在对决中，两个对父亲充满怨恨和责难的儿子，逐渐明白了生命和家庭的重要，逐渐在寻觅中明白了人生的价值。神咲通过这种方式，让两个儿子得到成长和提升，最后继承了他的衣钵。

丛书运用漫画的形式，将葡萄酒的知识生动形象地展示在读者面前。

这套丛书，改变了亚洲人对葡萄酒的观念，开启了亚洲葡萄酒文化的大门，推动了亚洲葡萄酒的销售。

这是一部非常专业的葡萄酒丛书，因为丛书的技术总监就是来自巴黎葡萄酒学院东京分校的品酒师齐藤研一。专家的加盟，使得该书的专业价值骤然升值。

丛书一经问世，就风靡全球。连骄傲的法国人都为之赞叹，不由得说：我们法国人都写不出这么让人喜欢的葡萄酒普及丛书。作者更是得到了法国政府的嘉奖，并出版了法语版。

书中，两兄弟为找到这13支酒，先后介绍了几百支酒，涵盖了法国、意大利、美国、德国，几乎将全世界的著名酒庄一网打尽，还有部分不怎么出名的小酒庄。曾几何时，日本人干脆照着书里提到的葡萄酒进行疯狂购买，日本的葡萄酒经销商干脆对着丛书进行订货。那些不怎么著名的小酒庄由于出现在书里，突然接到来自世界东方的疯狂订单，茫然失措。飞往欧洲的日本航空，全部将酒单更换成"神之水滴清单"。

该书是连载的，最疯狂的时候，有50万读者等着更新和续集。

在一个偶然的机会，徐先生将这套书推荐给我，那是我刚刚开始喝葡萄酒的时候。我一下子就找到了葡萄酒的语言。或许，这就是汉文化的同感吧。把感觉变成意象，是中国文化的精髓。我一下子就找到描述葡萄酒的语言和思维方式，迅速登堂入室，用自己的生活经验和已有的味觉、嗅觉经验，来感受葡萄酒，并且大胆地用自己语言来描绘嗅觉和味觉带来的感受，形成一个个生动的意象，展示一个个活现的酒灵。

记得，第一次喝阿莫罗尼·瓦布里切拉(Amarone Valpolicella)，我写出了江西乡间，夏日黄昏，田间劳作夫妻归来的情景，辣椒豆汁的辛辣味，夏日田间的干草气息。那是多么深的感受啊，因为那就是祖辈的生活，那片土地生命给我的感受。意大利的阿莫罗尼·瓦布里切拉让我重温了那种生命里冥冥之中的感觉。

还有一次，夜宿广州，与友人涛哥共饮勃艮第的一级田哲夫瑞·香贝丹(Gevery Chambertin)，我竟然喝出了女性冷峻的脸庞，逐渐柔和的笑纹，还有稍纵即逝的温柔。难道，我非得展示我的灵魂吗？生命中确实有这么一些防不胜防的瞬间，让你倍感伤感和惆怅。

喝葡萄酒就是要这么安静的两三人，在一个对的环境，在一个对的时刻，在一个对的心境，品味，感受，才能体味到葡萄酒唤起你心灵里的那首歌，那首诗，那份久违的情感。

神咲丰多香，就是用13首诗歌，描述自己一生追求真爱，呵护家庭，平衡内心，从不止步的人生。13首诗歌，13瓶葡萄酒。两个儿子重新认识了自己的父亲，也从自己身上找到了父亲留下的宝贵品质。父亲像山一样静默地承担着生命之重，为他们做了伟岸的榜样。

后来又看了电视连续剧《神之水滴》。惊叹于日本人的葡萄酒文化，感觉我们差得太远了，我们必须快速追上才是。或许我国对酒的消耗是亚洲第一，但是葡萄酒文化，就让人汗颜。偌大一个城市，竟然没有一家真正的葡萄酒酒吧。当然，卖酒的酒庄和酒窖不在范围之内，因为酒庄和酒窖销售自己品牌的葡萄酒的意图太过明显。葡萄酒酒吧应该是一个感受葡萄酒文化、分享葡萄酒感受、轻松愉悦的地方。片中神咲霞经常光顾那个小葡萄酒酒吧，竟然让我有开间葡萄酒酒吧的欲望，并觉得那样的人生才有意义，分享、感受才是人生的真谛。

说了这么多，就是想和大家分享《神之水滴》这部漫画丛书。因为，这是引导我进入葡萄酒世界的一部书。小伙伴们，打开百度，搜索《神之水滴》电视连续剧吧！是时候形成葡萄酒语言思维了。

揭开谜底。

开篇这首诗歌，是神咲丰多香留给孩子们的第一使徒。谜底是来自勃艮第香波密西尼村爱侣园一级田的黑皮诺葡萄酒。酿酒师卢米尔，是勃艮第的一把好手。

诗歌尾处的蝴蝶，昭示了爱情，看来日本人也知道梁祝这一说，那么爱侣园成了主要线索；那紫罗兰的花香，那红色的浆果气息，是黑皮诺的味道，坚定了勃艮第的界定;浓雾就是当年的年份不好,阻挡了人们的劳作和酿出好酒的步伐;那栈桥就是人们不放弃的精神。因此,在最差的年份里,人的作用一定强大。2001年的年份最差,但是香波密西尼的卢米尔酿出了伟大的葡萄酒。突破了重重浓雾,栈桥通向了美丽的景色。所以最后,锁定2001年的爱侣园。

来吧,小伙伴们,满饮此杯。让我们诗兴大发吧!

第68夜
中国的那些葡萄酒事

第六十八夜,好家伙。六十八,多好的数字。六六大顺,一路大发。中国人喜欢吉利,天意啊!今天至此第68夜,来谈我们中国的葡萄酒,好兆头。

中国的葡萄酒,怎么说呢?从哪儿说起呢?

还是从"葡萄美酒夜光杯"开始说起吧!

葡萄美酒夜光杯,
欲饮琵琶马上催。
醉卧沙场君莫笑,
古来征战几人回?

唐代王翰的《凉州词》二首,其一,诗歌描写了一幅生动的场面,抒发了英雄将士们视死如归的大无畏精神。举起夜光杯,满饮了这杯中的葡萄酒,战马仰天长啸,出战的琵琶声声入耳。看这酒醉的将士,飞身上马,告别大家:众位莫笑,末将没醉。此去沙场,必将视死如归,血染战场。待到凯旋而归时,咱们再好好喝一场。如果末将战死沙场,请为我留酒数杯,驾……

每每读到此文,不由得会心一笑。中国人文精神核心中,早已植入了舍生取义、忠魂报国的伟大人格。

当然,今天取此文,不是探讨人文,而是探究葡萄美酒。此文看来,在唐朝,葡萄酒就已经很普遍了。

有报道称,人们从挖掘出土的7 000年前的陶罐里发现了酒石酸,就是葡萄酒结晶体。由此判断，中国远古时候，就已经掌握了葡萄酒的酿造技术。

当然，我宁肯看到历史的文字记录。史书记载，公元前138年，张骞奉汉武帝之命，出使西域，看到"宛左右以葡萄为酒，富人藏酒至万余石，久者数十岁不败"，于是将葡萄苗带入国内，开启了中华葡萄酒的起端。

到唐朝时，葡萄产业逐渐衰败，只剩下凉州一带还有栽培，长安一带已少有种植。因为皇上喜欢葡萄酒，在唐朝开始又掀起了一个葡萄酒酿制的高潮。这算是中国葡萄酒业的二次开启。唐代以后，战火纷乱，北边游牧民族不断南侵，宋朝的南北战乱，元朝、清朝的建立，使得本已起步的葡萄酒业又衰落了下去。中国葡萄酒自我发展的时期结束了。

此后战乱，民不聊生，粮食蒸馏酒开始成为主流，因为酒精度数高，效果等同。酿酒采用的粮食比葡萄成本要低很多，实惠。

时光飘摇，当日本在苦苦学习欧洲的葡萄酒酿造技术时，我们已经将葡萄酒遗忘了一千年。

直到有位名叫张弼士的红顶商人在烟台创办了张裕酒厂，中国人的第三个葡萄酒时代才得以重新开启。

此后的一百年，中国经历了封建帝制落幕、民国时期、新中国成立，葡萄酒产业的发展伴随了军事需要、宗教需要、国民需要和世界贸易圈需要，跌跌撞撞，连滚带爬才得以发展到今天。真是一把辛酸泪啊！

今天，我们环顾中国葡萄酒产业，业界圈出了中国的10个产区，分别是：

1. 东北长春通化产区；2. 山东的胶东半岛产区；3. 天津渤海湾产区；4. 河北沙城产区；5. 河北东北部昌黎产区；6. 黄河故道产区；7. 宁夏贺兰山产区；8. 甘肃产区；9. 新疆产区；10. 云南弥勒产区。

洋洋洒洒10个产区。但是仔细来看，还是让人很是忧虑。

东北产区，以长春和通化为首，这个产区延续了伪满洲国时期日本人的产业线条。1936年，日本人铁岛庆三和木下溪思出于军事需要，开始在东北栽培葡萄，为日本军队驻扎东北，进行侵华战争，供应葡萄酒。由于各地区天气寒冷，欧洲葡萄难以成熟，因此采用了当地野葡萄进行酿制。新中国成立后，这个产业得以继续发展，专家们在通化地区，进行顽强的杂交试验工作，培植了不少新品种，当然这是一件很有“意义”的事情。

山东产区，还是有光荣传统的。从 1892 年的张裕酒厂，到 1914 年的美口酒厂，青岛和烟台这两个地方都有着不俗的表现。在这一百年的葡萄酒历史中，也算是有名有姓的主。如今，张裕是挂头牌的！

天津产区，渤海湾的湿润天气，滋润着王朝葡萄酒庄。这是一家中法合资的企业。

河北沙城产区，大名鼎鼎的长城酒庄就在此地。名气太大，不好说！

另外河北昌黎东北部，靠近渤海湾，华夏酒庄在此扎寨。

“王长华”围着京城，占尽天时地利人和啊！

接下去就是黄河古道产区。这是新中国成立后国家的农业项目，有政策倾斜，造福百姓，为了改善从河南往东到安徽，直指江苏北部的农民的生活水平。曾几何时，黄河一决堤，汪洋数千里，哀鸿遍野。政府大力支持该区域，人力物力财力支持该区域发展葡萄酒酿制工业，所以“民权葡萄酒”是个大名鼎鼎的品牌。实话讲，我还真的喝过这个酒，小时候在农村喝的。嘿嘿！

接下来说说贺兰山东麓地区。这个地区，近年很火，火到徐先生想去买块地！国有企业，我们就不说了，此地有个酒厂叫做“银色高地”，必须得说。老板姓高，酿酒师名叫高源，在法国取得酿酒师的证书。高姑娘在贺兰山脚下，酿出了让华人世界吃惊的葡萄酒。有幸品尝了她的赤霞珠，得波尔多真传。高姑娘让贺兰山成了中国葡萄酒界的延安圣地。各种资金都已调往贺兰山产区，各种机构都已进驻贺兰山产区，大有打造“中国波尔多”的气势。

往西往西，这里才是中国葡萄酒的发源地。从张骞带葡萄酒进入汉朝，到唐朝皇帝重新引进葡萄栽培技术，这条漫长的丝绸之路，寄托了多少豪情壮志。但如今，一切已成云烟，唯留有贺兰山的高姑娘，重新点燃了这块土地的希望火焰。无论是甘肃的莫高酒厂还是新疆的楼兰酒厂，我们都寄予厚望，望其能重振西域雄风，续写传奇。

云南产区，当然要感谢上帝了。看遍这个葡萄酒世界地图，我也想象不出，云南和葡萄酒有什么关系。在这个纬度上就没有葡萄酒的影子。当我追溯基督教中国传教史，我才豁然开朗。

从20世纪开始,基督教在华传教的步伐加快了。由于我汉民族历来信奉佛教、道教,使得基督教在汉地的传播举步维艰。但是,东边不亮西边亮。因此,基督教在中国传播最为成功的就是在云南地区。这样说,大家应该明白云南为什么会出现一个产区了吧?传教士带去了圣经和葡萄苗,带去了现代文化和礼拜用的圣水。

走马观花,10个产区。

但是有个酒庄,不谈恐怕完结不了此文。那就是“怡园酒庄”。位于山西南部。在著名波尔多葡萄酒学者丹尼斯·博巴勒(Denis Boubals)的专业协助下,香港企业家陈进强先生于1997年创立怡园酒庄。我认为怡园和银色高地是目前中国酒界的双子星。共同的特点就是,都是外来资源起步,都是私营企业,都怀着“做好酒,少做酒”的理念。

闲聊葡萄酒,这篇最体现了一个“闲”字。大家就闲着看吧!别往心里去!

嘿嘿!最后我想说,10个产区,有名有姓的酒厂有66家。问题是,我们熟悉的只有10家不到,充分说明喝得太少了,我深刻检讨!此后见到国产酒,一定要买来喝,不然愧对我泱泱华夏!

擦把汗!夜已深,洗洗睡吧!

第69夜
醉到深处有情歌

那时候的我们,
坐在房子前面的树林里。
在月色的夜里,
闻着青春的气息,
我看见了幸福的你,
怀抱着彼此的未来,
我为你轻轻吟唱,
如果时光可以停止,
我愿意永远陪在你身旁。

多年后的我，

路过我们曾经散步的小路，

在暮色的风里，

我闻到了家的味道。

仰望那些飘香的窗口，

我突然流下眼泪，

因为岁月变迁，

我一直徘徊在这小路。

用十年的时间，

唱无数的情歌，

每次在泪眼里收尾。

用十年的时间，

挥手往昔的点滴，

敌不过你轻轻的叹息。

今夜无醉，却想写情歌。

朋友，你还会在深夜里呼喊她吗？

走在深夜的大路中央，酒醉的你蹒跚而行，那一声声绝望的呼喊，就如同忏悔的表白。

多年以后，我才知道。

你的最爱在你的内心深处，只有走到酒醉的深处，你才将她释放出来，那么无助和歇斯底里地呼喊一个人的名字。那是你祭奠的爱情和往事。

这个时候，什么样的酒，都不再重要了，只需要血液的酒精浓度足够高。你深锁在内心深处的往事就会翻涌而上，就像一切就在昨天。无奈的现实，逝去的时光，在你哼哼哈哈的自言自语里，迷离恍惚。

人是个倔强和任性的动物，从来不会为自己的过往而后悔。任凭时光过去，错过春华秋实。然后，用“我爱你”三个字，将无数的坚持轰然推倒。

爱情不是一种神圣的崇拜吗？一旦迷信，永远难以离弃。苦行僧一般，永远鞭打自己，拷问自己。

你无视自己的内心，因为现实和理智，常常使得你坚强和勇敢。但是，当美酒进入的身体，她就像心理治疗师那样，和你进行各种漫无边际的对话。

你看见了童年的山坡和母亲的身影。

你闻到了春天的花园和泥土的芬芳。

你听到了秋日的私语和雪地里葡萄的吟唱。

如果你此时戛然而止，你将是这世界最幸福的人。

如果继续前行，你会发现你陷入一个迷失的黑洞。当你重新找到自己时，那是一个伤痕累累的自己。

你不再坚强，

你不再倔强，

你不再勇敢，

你不再阳光。

你看见了她背对你的哭泣，

你看见了她离去时无奈的背影，

你想起了自己那瞬间的软弱，

你听见了自己心碎的声音。

就如同这断断续续的语言，

你想写首情歌，

你重复了多少次，

在酒醉的深处，

纪念那逝去的爱情。

第70夜

不做“问价君”，好吗？

亲爱的，我已经写了70夜了。从某种程度上来说，你已经不再是菜鸟了，可以算是酒徒了，酒博士（Dr. Wine）的定义是学徒。学徒的最基本规则，就是不要做这样一件傻事，拿到一瓶酒，第一句话：这瓶酒多少钱？如果你做这种傻事，你将面对两种情形：一、别人认定你是个门外汉；二、就是懒得理你。

怀着“治病救人”的人道主义原则，我再和菜鸟们谈谈不做“问价君”的预防措施，免得你在公共场合遭人唾弃和白眼。不是每个人都像我这样温文尔雅、循循善诱的啊！

首先，你该记住些名庄了吧？我们说了这么多世界名庄，该记住了些吧？名庄的就意味价格贵，道理很简单，人怕出名猪怕壮。葡萄酒的酿制不是工业化生产，可以大规模进行，风土决定了产量，因此，有限的产量、巨大的市场必定导致价格走高，这是市场经济的必然规律。全世界有几十万款酒，你是没有可能记住所有的酒款的。明星酒庄可以记住，因为但凡盛大的酒会和高端的宴会，明星酒的出现机会大，因为那就是一个面子，大家知道好，才是真正的好。这些名庄的酒基本上是从 1 000 元以上开始起跳。或许，你会问，拉菲（Chateau lafite Rothschild）和罗曼尼康帝（Romanee Conti）贵到离谱，这之间的差别这样大，这是为何？我只想说，这天底下没心没肺的土豪真不多。那些明星酒庄的酒，常理上基本是这样的：一、好年份，好口碑，好市场，走到 5 000 元一支，已算是极品；二、普通年份，好口碑，好市场，差不多 3 000 元一支，已经很有面子了；三、不管年份，因为光环耀人，忠实拥趸，2 000 元一支，开支庆祝大日子，不是不可以；四、啥也不管了，该酒庄就是有名，书上有记载，历史有传说，1 000 元也是能买到的。此话说的是，山不在高，有仙则名。酒不说钱，有名则好办。拍拍脑袋，数出 20 个名庄，拉菲，木桐，玛歌……

然后，如果名字不好记，那就来看看分级吧。牛皮不是吹的，酒不是瞎卖的，酿酒的是正经人家，人家可是有级别的，不可以瞎吹牛的。目前世界驰名商标的几个葡萄酒国家，级别的鉴定上大同小异，法国，意大利，西班牙，德国……葡萄酒基本上分成日常饮用的餐酒和法定产区的优良酒款。餐酒的意思，就是老百姓日常饮用的饭桌酒，那就是便宜的意思，如果太贵，老百姓不是要造反了？难道要“遍身罗绮者，不是养蚕人”？那可不行。这类葡萄酒，价格相当于当地人在餐桌叫了一瓶苹果醋或者大瓶的可乐。旅居加拿大和法国的朋友对我说，葡萄酒太便宜了，才几块钱。那是，我昨晚吃饭，叫了一瓶大可乐，才7元。这些酒就是我们说的VDT，VDP。各国的叫法有些不一样，毕竟语言不一。法国是VDT、VDP，意大利是IGT，西班牙是VDM、VDT，德国的餐酒是Deutscher Tafelwein\Landwein。咱不懂外语，没问题，那个VIN总看清了吧？德国是WEIN。但凡此类餐酒，在原产国是便宜得很的，你只要付50元钱，随便你喝，就好比付50元，进草莓地，吃到你吐为止。这样看来，以后你拿到一瓶葡萄酒，如果看到酒标上的Vin、Table、Pay、Tafe之类的字眼，你就别问多少钱了，你问的话，会让主人很难堪的。说不贵，怕待慢了你，说很贵，心里负罪。唉！好，打住。著名的O大哥登场了。O大哥，原名Oregine（法语，意大利语和英语通用）西班牙语是Oregen，我们统称O大哥。意思就是法定产区认证，国家认证，优质良品，值得推荐。就是江湖经常传说的法国AOC，意大利DOC，西班牙的DO。O的认证，可以大到一个地区，也可以小到一个村庄。道理很简单，产区越小，酒就越贵，产区越大，酒就越便宜。懂了吗？我亲爱的"问价君"。就拿法国AOC来说，Appellation Bordeaux Controlee和Applellation Pauillac Controlee前面的AOC中"O"是波尔多，是个地区，达到一个广东省那么大，自然便宜。后面的AOC的"O"是波尔多地区的梅多克区内波亚克村。你看，小到村庄了，当然酒就贵了。整个波尔多地区才7个AOC村，波亚克村算一个，这个村的好酒多啊，大名鼎鼎的拉菲和木桐就在这里。在AOC产区，政府为了将那些特好的区别开来，还进行了一些特级酒庄认证，例如法国的Grand Cru，意大利的DOCG，西班牙的DOC。有这些标志的酒，都挺贵的。不会低于1 000元，好吧？好吧！咱说说价钱吧。产区越大，价格越便宜。如果你看到产区是个大名鼎鼎的大区，那么价格酒贵不到哪儿去了。这一圈转下来，法国的波尔多，勃艮第，罗讷河谷，意大利的皮埃蒙特，巴洛洛，西班牙的里奥哈，德国的莱茵河流域，智利的中央山谷，新西兰的中奥塔哥和霍克湾，还有澳大利亚的巴洛萨，当然还有中国的贺兰山麓，大区的产区酒大概在100至300元之间。小产区的酒大概在400至700元之间，小产区里名声大的酒庄的酒在800元以上。小产区指的就是大区里某个山谷，或者上游、下游之类的。我说的价格是没有经过中国市场洗礼的价格，就是原产地到达亚洲自由港香港的价格。

最后，来说说那些不正常的酒。车库酒和膜拜酒，他们的价格不能用常理来判断。车库酒，顾名思义就是小作坊，小产量，艺术家创作方式的葡萄酒。卖的不是酒，卖的是机会和智慧。你用高价买了一个别人给你的机会，你很满足吧！多少钱你都愿意出，我表示没有压力。膜拜酒，这是美国财团最爱干的，这是商业神化的产物。通过炒作，再炒作，饥饿，饥饿，再饥饿。膜拜酒就诞生了。哥卖的不是酒，卖的是身份，买了我的酒，你就牛了。

最后，我想说的是。哥，别问价格了，行不？咱开瓶呗！

第71夜

葡萄酒，智利造

当我们还没反应过来的时候，智利葡萄酒已经长驱直入，已经进入了中国的每个角落。如果要问她的秘诀，我想天底下的人都知道。"葡萄酒，智利造"。智利采用了一种物廉价美的方式，横扫世界。就好像中国制造的鞋子和衣服横扫世界一样。当然，背后的后遗症，就是廉价基地。但这又怎么样呢？我们已经占领了全球市场。智利的葡萄酒的思路和中国制造业的思路是一脉相承的。

智利葡萄酒的发展，用古话讲就是：顺应天意，顺应民意，顺应时事。

高耸的安第斯山脉，将这片狭长的土地逼仄在太平洋的东岸，看似绝境自成，但却也得天独厚。这里拥有非常稳定的地中海式气候，没有污染，使得天空如洗，阳光充足。葡萄酒的前辈们早在200年前就发出感叹，此地是葡萄种植的天堂。此谓"顺应天意"。

1518年，西班牙传教士在圣地亚哥城外种下葡萄苗，酿制葡萄酒为教会做弥撒用，开启了葡萄酒的智利时代的序幕。1830年，智利设立国家农业研究中心，开始从欧洲引进大量的葡萄进行酿制。因为西班牙殖民的原因，智利和欧洲走得更近，人们在这种交流中，接受了更多的文化和视野。葡萄的栽种，是让这个国家和欧洲更接近的一种方式。此谓"顺应民意"。

1830年，智利国家农业研究中心建立后，大量引进欧洲的葡萄苗进行栽种，引进的品种主要是法国的黑皮诺、赤霞珠、霞多丽和西拉。这种全盘法式的引进和种植，为日后智利酒进入欧洲和征服世界，埋下了重要的伏笔。加之1877年的葡萄苗瘟疫，使得欧洲的葡萄种植陷入了灭顶之灾。严格意义上讲，今天欧洲的葡萄苗是后来从美洲嫁接过去的，只有安第斯山脉后面的智利葡萄苗，才是原汁原味的欧洲原始种苗。因为海拔5 000米高的安第斯山脉将瘟疫挡在山以东的世界。当智利葡萄酒在今天打出这张牌：我们的葡萄酒秉承法国的风格时，我们除了沉默和轻轻鼓掌以外，我们没话说。因为他们提前200年摸准了世界葡萄酒的命脉。此谓“顺应时事”。

真是天要助智利啊。智利的销售策略很简单。透过智利的销售种种，我们发现两句话：一、我们的葡萄酒便宜又好喝；二、我们秉承欧洲葡萄酒传统风味的呈现。

智利的葡萄酒产地，最著名就是中央山谷(Central Valley)，是一个大的产区。著名的智利名酒，活灵魂红葡萄酒(Almaviva)就产在迈波谷(Maipo)，香港售价在700元港币左右，是智利的骄傲。该酒庄由法国木桐酒庄集团(Chateau Mouton Rothschild)和甘露集团(Concha Y Toro)投资建成。迈波谷号称智利的波尔多，酿造大量的赤霞珠、西拉、梅洛葡萄酒。

往南的库克里斯山谷的葡萄酒，开始显得更为浓重深厚。著名的桃乐丝集团(Torres)在该区有家酒庄——米高桃乐丝酒园，生产的赤霞珠葡萄酒价格在300元左右。

智利葡萄酒没有分级。如果非要分出个子丑寅卯，有些酒庄开始在酒标上做出标示，以区分葡萄酒的品质，但是并不代表官方：普通酒是Varietal，再上一个档次就是Reserva，珍藏；再上一个档次就是Gran reserve，相当于特级珍藏；最高的档次就是Reserve De Family，家庭珍藏。

好吧，就像文章前面提到的，智利的葡萄酒生产，就如同“中国制造”，是国情决定的全球市场行为。占领全球市场，比酿酒技术和葡萄酒艺术要现实得多。

当我面对一杯葡萄酒，智利葡萄酒的语言是：让我满饮此杯，感谢生活。欧洲古典葡萄酒的语言是：让我们沉醉在这田园的风光里，任凭紫罗兰和玉兰花拂过我的鼻翼，带我前往这山南的春天！

说白了就是：活着和生活的区别。

第72夜
桃乐丝(Torres)的世界之路

桃乐丝在中国的生意做得很大。猛一看到这个名字，还以为是娱乐业公司。当你了解他之后，你会被他的世界之路震撼。

四川汶川地震后，桃乐丝公司为成都捐赠了一所希望小学。就冲着这种高尚的国际人道主义精神，我也要点上32个赞。

早在1997年，桃乐丝中国公司就已经成立了。2007年，著名的法国木桐罗斯柴尔德公爵公司注资，成为桃乐丝中国公司的股东。可见桃乐丝的国际地位和国际影响力。

桃乐丝，你从哪里来，你要向哪里去?

桃乐丝是西班牙最大的家族酒庄，桃乐丝家族早在17世纪就开始在巴塞罗那南部宾纳戴斯地区古老的加泰罗尼亚镇酿造葡萄酒。时至今日，桃乐丝公司已成为西班牙葡萄酒的楷模。今天的桃乐丝在智利、美国、法国都拥有自己的酒庄，桃乐丝葡萄酒目前行销全球超过140个国家，是一个名副其实的国际葡萄酒公司，自己酿酒，自己卖酒。

从西班牙的沧桑的历史中，桃乐丝总是在机遇和奋斗中找到前进的方向。

作为一个葡萄酒酿造古国，西班牙人千百年来都保持着葡萄酒酿酒的传统，桃乐丝家族也不例外。早在17世纪，桃乐丝家族就开始在西班牙宾纳戴斯地区古老的加泰罗尼镇酿造葡萄酒。19世纪初期杰米·桃乐丝(Jaime Torres)去美洲闯天下，在石油和航空业中大获成功，这应该是家族掘到的第一桶金吧。

1860年返回西班牙后，他创建了葡萄酿酒厂，并用其兄弟米高(Miguel)所经营的家族葡萄园的葡萄来酿酒。

1870年，杰米·桃乐丝正式建立桃乐丝酒庄。此后的时光里，桃乐丝酒庄潜心酿制，在西班牙享有美誉。

当战争的车轮碾过欧洲，法国陷入了战火之中，运往美国的法国葡萄酒也就中断了，桃乐丝等来了这个千载难逢的好机会，将自己的葡萄酒送进了美国市场。从这个时候开始,桃乐丝找到了自己的方向,那就是要走世界之路。

但是世界之路的艰辛和坎坷,桃乐丝人是清楚的。西班牙酿酒技术的传统和品种的小众化,都影响了西班牙葡萄酒在国际的上销售和贸易。战争结束后,法国人重新杀回销售前线。

面对市场,桃乐丝作出了一个英明的选择。1965年,现任桃乐丝酒庄的总裁,桃乐丝家族第五代传人米高·桃乐丝(Miguel A. Torres)率先在自家的葡萄园中改革,他下令拔掉所有土生的葡萄树,大规模种植国际流行的品种,如赤霞珠(Cabernet Sauvignon)、美乐(Merlot)、霞多丽(Chardonnay)等。这批葡萄树在1970年挂果,开始酿制葡萄酒。

1979年,桃乐丝迎来了最令他们族人感到骄傲和自豪的一年。这一年桃乐丝的黑牌特级王冠葡萄酒(Mas La Plana)在Cault Millau组织的世界葡萄酒奥林匹克比赛上一鸣惊人,它战胜了法国五大酒庄中的拉图酒庄(Château Latour)以及奥比安酒庄(Château Mission Haut-Brion)荣获红酒金奖!这是西班牙红葡萄酒第一次战胜法国的顶级酒庄,这件事震惊了世界,葡萄酒品评家们终于意识到西班牙人也可以生产品质非常高的葡萄酒了。桃乐丝葡萄酒一举登上葡萄酒顶级宝殿,享誉世界。

桃乐丝翻开了历史的新篇章,跻身于世界顶级的酒庄。西班牙葡萄酒重新回到了世界优质葡萄酒的阵营。桃乐丝成就了自己家族的荣耀,同时也成就了20世纪的西班牙葡萄酒。

此后荣誉和光环,笼罩着桃乐丝。

1988年至2004年,公司的累计年营业额翻了一番。

1997年,桃乐丝中国公司成立。

1999年,桃乐丝酒园被世界权威葡萄酒杂志《葡萄酒鉴赏家》(*Wine Spectator*)评为西班牙最重要的酒园。

2002年,米高·桃乐丝先生被世界权威葡萄酒杂志《品醇客》评为年度风云人物。

2006年,桃乐丝酒园被《葡萄酒爱好者》评为"欧洲年度最佳酒园"。

2007年,法国罗斯柴尔德男爵注资桃乐丝中国公司,成为重要股东。

桃乐丝用了30年的世界,一步步稳扎稳打占据了世界葡萄酒的重要席位。最后连罗斯柴尔德家族都要注资他们在中国的公司,可见桃乐丝的前途和发展多么辉煌和美好。

让我们注意这个单词：Torres，他们来自智利，来自美国，来自法国，来自西班牙本土酒庄，还有桃乐丝经营的其他酒庄的葡萄酒。因为桃乐丝已经成了一个值得信赖的品牌。

就为了桃乐丝的慈善之举。我为桃乐丝写下这篇短文，祝生活更美好，美酒更香醇。

第73夜
罗家有儿最霸气

无独有偶，五大名庄中，木桐（Chateau Mouton Rothschild）和拉菲（Chateau lafite Rothschild）两个酒庄都属于罗斯柴尔德家族所有。刚刚接触葡萄酒时，也曾留意到这个问题，但是想到罗斯柴尔德或许只是欧洲的一个姓，同姓之人应该大把吧，就好像你总不能一看到李嘉恒，就想起李嘉诚吧？所以也就没有留意。但随着对葡萄酒的了解加深，慢慢发现了罗斯柴尔德家族在葡萄酒界的影响和重要。

罗斯柴尔德家族（又称洛希尔家族、红盾家族）的发家史，应该从19世纪初开始讲起，其创始人是梅耶·罗斯柴尔德。他和他的5个儿子（即"罗氏五虎"）先后在法兰克福、伦敦、巴黎、维也纳、那不勒斯等欧洲著名城市开设银行，建立了当时世界上最大的金融王国。作为善于经营和商业运作的犹太民族，老罗家充分展示这个族群的优秀和霸道。在欧洲步入工业化革命的19世纪，罗斯柴尔德几乎成了金钱和财富的代名词。据估计，1850年前后，罗斯柴尔德家族总共积累了相当于60亿美元的财富。在最牛的时候，欧洲大部分国家的政府几乎都曾向老罗家借钱，到了20世纪初的时候，世界主要黄金市场也是由他们家族所控制，罗斯柴尔德家族总共累积了相当于50万亿美元的财富。可以说，这个家族建立的金融帝国影响了整个欧洲，乃至整个世界历史的发展。在今天全球成千上万的资本项目里，都可能看到罗斯柴尔德家族的影子。但是这个家族一向以低调著称，让人感觉不到他的霸气逼人。

在赚到了富可敌国的财富之后，老罗家的后代开始进入艺术领域和葡萄酒领域。

1853年,来自英国的罗斯柴尔德公司,就购买了木桐酒庄,木桐酒庄虽然5年的列级在随后的1855评定中,没有评为一级庄,直到1973年,时任法国农业部长的希拉克主持了评级,木桐晋升为一级庄。但是在长达100多年的时间里,罗斯柴尔德家族坚守自己的原则,坚持酿制好酒的信念,展示罗家的行事风格和职业标准。就如同金融业务一样,稳健地推进木桐酒庄的技术革新和市场掌控。

1234年拉菲家族持有了拉菲酒庄,在此后600年时间里,拉菲家族创造了一个酒界神化。1868年,法国的罗斯柴尔德公司,收购了拉菲酒庄。拉菲家族将酒庄卖给了罗家,拉菲的酒依旧风靡世界,只不过在酒标的后面多了罗斯柴尔德的字样。

在这个问题上,罗斯柴尔德家族并没有抹平拉菲庄和木桐庄辉煌的过去,而只是告诉世人,这两个庄从此属于我罗家了,但是酒的质量和荣耀永远不会变,相反,有罗家在金融帝国的信誉,酒庄只会越来越好。事实上也是如此,100多年过去了,拉菲和木桐在酒界的地位坚如磐石,看看他们的售价就知道了。因为消费者不是傻子,没有好酒,他们是不会买账的。

作为成功的商人,罗家并没有故步自封、止于波尔多,而是频频出拳。

1980年,木桐罗斯柴尔德公司在美国和罗伯特·蒙达维(Robert Mondavi)合作,在加利福尼亚建立作品一号酒庄(Opus One)。这个酒庄的作品一号(Opus one),已经深受“土豪”们的喜欢。

1997年,木桐罗斯柴尔德注资智利,建立阿玛维瓦(Aal maviv)酒厂。著名的智利名酒活灵魂红葡萄酒就来自此酒厂。

除此之外,木桐罗斯柴尔德还注资西班牙桃乐丝中国公司,成为桃乐丝中国公司的股东。桃乐丝公司在中国众多的慈善义举,已经让知恩图报的中国人了解,桃乐丝公司的业务在中国也正在持续健康地发展。我想,罗斯柴尔德在下一步更大的棋,中国巨大的葡萄酒市场一定能给罗氏家族带来更庞大的回报。

葡萄酒的业务只是老罗家享受生活的一种方式。拉菲和木桐酒庄精益求精的酿制传统,让罗氏家族更被世人尊重,让人忘记老罗家富可敌国的财富。

葡萄酒世界，持续百年神话传说的罗氏家族！

第74夜
谢谢你的酒

贱人就是矫情。

请不要这样说我，我很委屈啊！

假如还像以前那样一无所知，说不定我也就嗨过去了。

那些年，我把葡萄酒当成啤酒来折腾，豪爽无比。因为本人酒量非常有限，白酒三两不过冈；啤酒三瓶会犯错，耽误女孩终身；葡萄酒喝倒为止，找水喝。

曾几何时，我一上桌，那个叫兵来将挡，水来土掩。而如今，这种风景一去不返了。

如今一上酒桌，苦不堪言。

现在的情况是这样的。葡萄酒绝对不能掺假，以前肯定和东道主造不少假酒，现在做不到。最害怕的是，主人拿出葡萄酒，大声说：知道你喜欢红葡萄酒，来，专门开了一瓶。远远看到酒标，端来一闻，我只能违心地说："好，还行。昨天喝高了，今天不行啊！"我不能告诉别人，这是假酒。如果你要当场告诉人家，这是假酒，这朋友以后还怎么做？

我吃过这个亏啊！一朋友从遥远的欧洲带来一瓶酒。当然这朋友不懂酒。这支就是一支DO酒，来自里奥哈产区。朋友一片心意，老远给我带来。我本人是非常感谢，名声在外，圈里人都知道我爱上葡萄酒了。微博名也变成"晓斌爱上葡萄酒"。那语气，不知道是同情我呢，还是同情葡萄酒，总是有酒就送来我处，好像关照一个怀了孕的女人喜欢吃酸的一样。晓斌爱上葡萄酒了，我们给他送点货，别委屈了晓斌老师，想喝酒，没酒喝，葡萄酒又这么贵。感谢各位兄弟姐妹，叔叔阿姨。我感动啊！这支来自里奥哈的葡萄酒已经变成醋了。我本人的猜测是，应该是保存不善，路途遥远。温度太高，直接给收拾了。我手贱得很，在朋友圈，写了几句话。大概意思是：朋友给力，从欧洲带来了一瓶酒，但是保存不善，开瓶后已是衰化。好家伙，就这几句，那哥们直接和我断交了。我那个悲催啊！对不起兄弟！我这是职业病啊,不是薄情无义看不起你的酒啊!

也曾有人给我送酒,酒倒是真酒,只是把酒送到我手上,拉着我的手,反复强调:“晓斌,这个酒不错,一朋友经销的原装进口酒。你要自己喝,不要送人。”我满脸真诚地说:“谢谢,谢谢!这种好事都想到袁某人。真是感激涕零啊!谢谢啦,兄弟!这个茶,我一定自己喝,不送人。不,这个酒!……”

餐酒啊!原装进口的VDT,少有的好酒。兄弟,今天你看到这行文字,您千万别骂我。你不懂酒,不怪你。我懂酒,实在不好拂你的情面。你这深深的情意,我袁某人心领了!受我一拜,多谢了!已经作揖了,不可以和我绝交啊!

当然也有碰到好酒的时候。认识一朋友,圈里大哥,连锁集团的老大。当然喜欢喝酒,自然朋友也送些好酒给他。一日,众朋友一起喝酒,当然是我准备酒,来招待这位大哥。喝得真是高兴,大哥也很给力。夸奖我的酒不错,自然来自新西兰吉布斯山谷(Gibbs Valley)的黑皮诺全线系列,从普通黑皮诺,到校舍黑皮诺,到纪念版黑皮诺一路干过去,最后以迟摘收场。大哥甚是高兴,喊着去他家喝。喝他的酒,他叫人送酒来。随行而去,都是他公司的手下,喊着要开洋酒来喝。老大笑了,拿出一支酒,说:“晓斌,你看这支酒如何?”好家伙,苏甸的滴金酒庄的750毫升的贵腐葡萄酒,年份是2003年的。这是考验一下我这个年轻中医吗?“老大,这是来自法国波尔多产区,著名的滴金酒庄(Chateau D'Yquem),广东人称之为滴金酒庄的贵腐葡萄酒。这个酒在广东“土豪”界广受欢迎,价格非常贵,通常375毫升都要卖到2 000元一支,您这支是750毫升,在广东要卖到5 000多啊。好酒!”我话音刚落,老大立马兴奋地说:“识货啊!晓斌!打开喝了!”

随行的小朋友们,一听说此酒昂贵到这个程度,立马围上来,要品尝品尝。是啊,这种酒局才有意思,懂酒的人在一起,相互欣赏,相互肯定,喝得才幸福啊!随后送来一箱意大利的阿玛若尼产区的DOCG,这也是好酒!那是一个幸福夜晚,在酒过三巡的深夜,浓郁的酒体,满满的辛香,这是一个充满了豆蔻、松果和浓郁的紫罗兰花香的夜晚。

矫情,矫情啊!

此文过后,送酒的人,肯定少了很多啊!谁会送酒给晓斌老师去自取其辱呢!

那就去买酒，那就去蹭“土豪”的酒！

呜呼！爽哉！

第75夜
名庄汇：滴金酒庄(Chateau D'Yquem)

聊酒也这么长时间了，就好像仰望繁星夜空，总算也在心里热爱了些酒庄，不是因为酒贵而庄荣，而确实他们的许多亮点照亮了我的人生，照亮埋头苦干的旅途中的前方路。

先说滴金酒庄，为何不是先说波多尔的五大名庄，勃艮第的罗曼尼康帝(Domaine Romanee Conti)？

一直觉得如果要说起酒庄，我就想先说说滴金酒庄。因为滴金酒庄的贵腐，重建了我对葡萄酒的美好。那些深秋蜂蜜的香气，那些干果的恬淡，还有那些莫名的气味，让人惊讶，为什么可以有这么多美好的内容。在反复确认这不是混合液体，是葡萄发酵形成的酒液之后，我开始迷恋这种农作物，尊重那些千年来耕作在地里、劳作在酒窖的人们，开始思考劳动者的坚持和智慧在人类历史过程中的重要性。

滴金酒庄位于波尔多产区，是波尔多超一级的酒庄。在1855年，波尔多评级中，滴金酒庄是唯一被评为超一级的酒庄。

简单浏览酒庄的历史，是十分有价值的。

1453年，法英战争结束后，波尔多地区重新回到了法国的怀抱。

1593年12月8日，Jacques de Sauvage以交换保留地协约的形式获得当时为皇家领地的酒堡。随后在16世纪开始建造酒堡，Sauvage家族修建了古朴宏大的酒堡，陆续将酒堡周围的葡萄园购入麾下，初步建成延续至今、具有400多年历史的酒堡。

1785年，Francoise-Josephine de Sauvage D'Yquem嫁给法国国王路易十五的教子Luis Amedee de Lur Saluces伯爵，从此酒堡归入吕萨吕斯(Lur Saluces)家族。

非常不幸的是，新郎官福浅寿短，婚后三年就撒手归西了，Francoise-

Josephine 接过家族产业管理并拓开吕萨吕斯酒堡最绚丽的一段历史。当时的吕萨吕斯酒堡甜白酒广为世界最著名的葡萄酒鉴赏家欣赏，越来越多像美国总统托马斯·杰斐逊(Thomas Jefferson)和俄国沙皇这样地位显赫的人物成为吕萨吕斯酒堡的拥趸，吕萨吕斯酒堡葡萄酒的市场需求量也随之变得越来越大。

1851 年 Francoise-Josephine 去世，四年之后是闻名的 1855 年波尔多分级，吕萨吕斯酒堡在分级中是唯一被定为超一级酒庄(Premier Cru Superieur)的酒庄，这一至高荣誉使得当时的吕萨吕斯酒堡(Chateau D'Yquem)凌驾于现今的包括拉菲、拉图、玛歌在内的五大酒庄之上。

1966 年，膝下无子的贝特朗·吕萨吕斯(Bertrand de Lur Saluces)将酒庄管理权交给弟弟的儿子亚历山大·吕萨吕斯(Alexander de Lur Saluces)伯爵。

1968 年，吕萨吕斯酒堡传到最后的贵族亚历山大·吕萨吕斯(Comte Alexandre de Lur Saluces)伯爵手中，亚历山大·吕萨吕斯伯爵精心管理酒庄 36 年，使古老的酒庄不断发展。

然而，400 年家族继承最终仍然惜败于现代商业的最后一击。1999 年，吕萨吕斯家族成员开始抛售自己的股份，LVMH 集团获得控制滴金酒堡的绝大多数股份，成为酒庄的新庄主。

2004 年 5 月，亚历山大·吕萨吕斯(Alexander de Lur Saluces)伯爵退休，拥有吕萨吕斯酒堡 235 年的吕萨吕斯家族正式将管理权交给 LVMH 集团。

一代名庄的家族传说戛然而止。话说回来，LVMH 集团作为全世界最大的时尚精品集团，属下赫赫有名的 LV 品牌、酩悦香槟、轩尼诗，都告诉我们，他们接管滴金酒庄，是不会让滴金酒庄栽在自己手上的，只会越来越好。十年的时间过去了，滴金酒庄在 LVMH 集团的精心管理下，不辱使命，精彩依然。只是，人们越来越觉得它是奢侈品了。

回头再说滴金酒庄的天时地利人和。

不是每个酒庄都可以酿造出贵腐的，也不是每个苏甸区的酒庄能酿出滴金家的美酒来的。滴金酒庄那块地，真是千载难逢的好地。此话怎讲?

贵腐葡萄酒的关键技术就是要葡萄感染贵腐菌。贵腐菌的成长需要雾气，但雾气过多过少都会降低贵腐葡萄的质量。雾气过少，贵腐菌不会成长，而雾气过多又会使贵腐菌转变成灰霉菌。灰霉菌是会令葡萄腐败变质的大敌，贵腐菌最佳的条件是秋季晚间生成的雾气在午间前后散去。

上天是多么眷顾这片土地啊！酒庄的葡萄园依偎希隆河(Ciron)畔，希隆河是加龙河(Garonne)的支流。因为希隆河的水温比加龙河低，两河在这里交汇的温差使得晚间和清晨生出腾腾雾气，为贵腐菌的生长提供了必备的条件。

这块向阳的土地，在中午时候，阳光充足，日照彻底。夜晚起雾，清晨雾笼，午间散雾。这样的天时地利，世间少有，因此这块土地注定有圣水产生。

说到人和，我们要敬佩滴金酒庄的家族酿酒师。不是每个年份都好的，贵腐葡萄的形成，本来就是火中取栗，险中求胜。这种依靠葡萄腐烂，从而获得好酒的酿制工艺，常常因为细微的变化，导致贵腐菌感染出现问题。那么，往往这样不好的年份，滴金酒庄就干脆不酿酒了。因此，在滴金酒庄的历史上，有些年份是没有酒的，例如 1972、1974、1992、2012 年就没有酒上市。

滴金酒庄头顶的光环足以照亮波尔多的天空，甚至法兰西的天空。

滴金酒庄的法文 Chateau D'Yquem，是为了纪念那位伟大的女性 D'Yquem，所以用她的名字来命名该酒庄。内地翻译成滴金酒庄，香港翻译成伊甘酒庄。滴金看似粗俗鄙陋，但却彰显该庄的酒滴滴如金啊，所以，中国市场的策划和定位是非常准确。当广东地区的“土豪”们对滴金贵腐甜白趋之若鹜的时候，断货的亚洲市场，又让 LVMH 集团高层的脸上增添了一抹笑容。将奢侈品投放中国，是颠扑不破的真理。

这样一个家族世代传接下来的酒庄，这样一家有着王室血统的酒庄，这样一家有着天时地利人和的酒庄，这样一家有着全球最大的奢侈品贸易跨国公司支撑的酒庄，无论昨天还是今天，都同样辉煌，滴金酒庄的明天会更美好。

第 76 夜

人生最妙，午后一觉！

朋友，自从你开始人生奋斗以后，你有多久没有睡个午觉了？

前不久，有人问我：你最想做的事情，是什么？我回答：想找个乡间小屋，好好睡两个月午觉。对方愣在那里，凌乱成风……

其实，我想说的是，我想找个乡间的地方，要不选择出生的故乡山村，要不就是西班牙小镇上葡萄园边的小旅馆，和自己心爱的人穿越时空回到20岁的时候。中午的时候，我们坐在简单的饭馆里，吃着美妙的食物，凝视恋人甜甜咀嚼的模样。大口喝着红葡萄酒，然后透过窗户看着明亮的太阳照着葡萄园，空气里弥漫着慵懒和幸福的气息。饭后，在微微醉意里，开始幸福的午觉。直到黄昏的时候，镇上教堂的钟声把我唤醒。

黄昏时的阳光暖暖地抚摸着大地。我们漫步在河边，河畔是望不到头的葡萄园，一行行，整整齐齐的，如同五线谱那样延伸到远方。那些葡萄串，就好像是音符，在黄昏的风里，奏响着一曲美妙的音乐。河水缓缓地流淌，只有岸边的水草，在水的拥簇下，发出窸窸窣窣的声音。我们都不说话，长长的午觉，让我们都变得懒散，各自任凭思绪飘摇。

就这样走着走着，不知什么时候，星星布满了天空。空气的燥热逐渐消散了，晚风凉凉的。"回吧！"从河边回来的时候，脚上的鞋子都湿了，那是河畔草叶在夜里的露水。初秋的葡萄园里的叶子和葡萄果实的香气，远远地飘进镇上的街道。

坐在阳台上看漫天的繁星，看那些不知名星星的闪烁，看得久了，自然也就迷糊了。迷糊中，说着一些碎碎点点的话语。把你的头枕在我腿上，抚摸着你的头发，看着你调皮的睫毛。时不时用手指弹了一下你的小鼻尖。你大呼小叫的笑声，银铃般传得老远。

就这样，日复一日，享尽人生最美幸事。

最美的当是午后一觉，十年少！

20世纪初，美国电视台制作了一期节目《法国人的悖论》。节目介绍了法国南部居民尽情吃喝，不但没有患心血管疾病，反而长寿。得出的结论是：秘密在于喝葡萄酒。

好家伙，一时间，美国市场上的葡萄酒一扫而空。全世界掀起了葡萄酒热。这种欧洲人的饮料，瞬间成了健康明星。

这个热潮直到现在，还在影响全世界的人。

我一个朋友心血管有些问题。看完医生后，医嘱就是：回去每天喝一杯红葡萄酒。

最近，好几个朋友找我买酒，用红酒泡洋葱。据说功效是：降血脂，软化血管，延年益寿。据说这个方子是秘密，不要广为传播。红酒和洋葱配置比例，回头可以向我索取。

我一个老哥朋友，他太太每天一杯葡萄酒，坚持了10年，从长城、华夏、王朝，直到现在的澳洲，智利和法国，从未间断。老头一直没搞清楚，最近才恍然大悟，自己已经老态龙钟，太太依然焕发生机的缘故。老太太太自私了，老哥哥怅然若失啊！这是要有人先走的节奏啊！

种种事情，算是开心一笑。

事实上是这样的。既然喝葡萄酒可以长寿，为什么意大利人、葡萄牙人、西班牙人也是胡吃海喝啊，为什么就不长寿呢！

最后的结论是：人生最妙，午后一觉。

法国人有午睡的习惯，足足的午觉和轻松的生活方式，享受人生的态度，是长寿的秘诀。

为何不享受人生呢？来一场想干啥就干啥的那个干啥吧！

人生是你自己的，不是搜狐新闻，也不是千万条评论。

洗洗睡吧！

好一个：人生最妙，午后一觉！

第77夜
超级托斯卡纳(Super Tuscan)

初见超级托斯卡纳，是铁拿尼洛(Tignanello)，来自意大利托斯卡纳产区奇昂地地区的葡萄酒。当时也就那么一听，超级托斯卡纳，听起来很牛啊。但是意大利是一个艺术国度，某些词语往大里用，也不是不可以，加之意大利的葡萄酒本来就很复杂，所以也没有太在意。但是铁拿尼洛葡萄酒那优雅而富有力量的美感，让我久久难以忘怀，就好像一个目光柔和、气质优雅的女性，却有种让你无法挣脱的力量感。记忆里弥漫着黑色樱桃、黑醋栗、混杂这意大利惯有的香料味，至今也没有忘记。

印象中，超级托斯卡纳来由很简单，就是一帮我行我素的农民，引进了来自法国的葡萄品种，酿出独特风格的葡萄酒。但是，却不符合意大利官方的葡萄酒规格。虽然酒可以达到特级 DOCG，但是不愿放弃自己的习惯栽培。舍不得拔掉满山遍野的赤霞珠、梅洛葡萄苗，而自愿降级为最普通的意大利葡萄酒 IGT，相当于法国的 VDP，但是质量和价格相当于名庄酒，我们把这种葡萄酒称之为超级托斯卡纳。超级托斯卡纳（Super Tuscan）是很多酒客的收藏，就好像收藏一幅毕加索的画作一样。

直到我看到一组托斯卡纳的图片，我才被震撼到，自己对超级托斯卡纳的认识太浅了。托斯卡纳这样一个美丽的地方，置身其中的每个人都是艺术家，都是充满激情和艺术气息的人。那些酒庄的庄主，那些酿酒师，正是这片土地上的艺术家。超级托斯卡纳葡萄酒就是艺术品，让人向往和尊崇。

走进托斯卡纳，你很难相信世界上竟然真的存在这样一个地方，像那画布上的风景，跃然展现眼前。如同仙境，那样宁静，那样完美，仿佛时间都静止了一般。

正视托斯卡纳，我才发现她是意大利的文艺之都，因其丰富的艺术遗产和极高的文化影响力被称为华丽之都。托斯卡纳被视为意大利文艺复兴的发源地，一直有许多有影响力的艺术家和科学家，如彼特拉克、但丁、波提切利、米开朗琪罗、尼科洛马基雅维利、达·芬奇、伽利略和普契尼等。

托斯卡纳著名的两个产区就是布鲁奈罗（Brunello）和古典勤地（Chianti Classico）。

这样一个孕育了艺术家的仙境般的地方，让我重新为她写下介绍的话语。期望人们都了解她、走进她。

重新回顾超级托斯卡纳的来由。

首先，意大利的葡萄酒法律细致，严格到变态。这让土地上的人们无法接受这种古板的酿酒工作。意大利政府对葡萄酒的含量做了严格的规定，葡萄酒的酒精度数、每公顷采摘的葡萄的重量，甚至葡萄园种植的葡萄品种等等，政府都做出了详细的规定。这种种规定，就好像戴在酿酒师身上的镣铐，让这些豪爽的艺术家气质的酿酒师难以伸展他们的拳脚。如果遵守这些规定，你的酒就和 DOCG 拜拜了。

唉，你吓唬谁呢？

还真有酒庄主动放弃了 DOCG、DOC，自愿降级为餐酒，也就是 IGT 级别。

做自己的风格，做自己的美酒，就好像艺术家的创作一样。只遵从自己的内心，完美地去做自己事情。不虚度光阴，不违背内心。托斯卡纳的人们，这点艺术家的气质，在酿酒的问题上展露无遗。

他们采用法国品种与意大利的传统品种进行混酿。这种法意混酿，一下子就成为全世界的追捧，托斯卡纳的葡萄酒一下子风靡全球。超级托斯卡纳就这样诞生了。

两个超级托斯卡纳酒庄是值得记住的。

一是铁拿尼洛，来自安蒂诺里酒庄，这个酒庄早在 1385 年就开始葡萄酒的贸易和生产。这又是一个土豪家族。1968 年家族的皮耶罗·安蒂诺里接管酒庄，采用赤霞珠和桑娇维赛进行混酿，这就是第一支 ST（Super Tuscan）。

第二个是西施加雅（Sassicaia）。西施加雅是距离地中海 10 公里的贝格瑞的葡萄园的名字，因为满地小石子而得名。1942 年，安蒂诺里家族的马里奥侯爵，在西施加雅种植了赤霞珠和品丽珠，尝试酿制法国风格的葡萄酒。1968 年，这个法国风格的餐酒取得了销量第一的好成绩。

请记住意大利酒标那个单词，Super Toscan。

请珍惜她，因为这意味着逆流而上，意味着特立独行，意味着走自己的路，意味着酿自己的酒，让 DO 定级滚犊子。

你真行，超级托斯卡纳。

第 78 夜
请记住阿玛若尼（Amarone）！

还记得徐均先生曾经说过：意大利葡萄酒之复杂，令初学者望而生畏。就是老酒客，面对意大利葡萄酒也常常六神无主。

当真正面对意大利的葡萄酒时，才开始理解徐先生的话。

就分级来说，在意大利的分级似乎并不是完全的无懈可击。很多 IGT 的餐酒，就常常价格高过 DOCG（特级酒）的价格。

再者说来，意大利拥有全世界最多的葡萄品种。连法国的葡萄，都是罗马时代战争延伸时由意大利带去法兰西的。两百多种葡萄品种，让意大利葡萄酒令人眼花缭乱，再加上法国葡萄品种返送意大利，这就使得意大利葡萄酒更是精彩纷呈，很多品种听都没听过，谈何了解！

另外一方面，酒标的问题。在法国，勃艮第的葡萄酒的酒标核心内容是葡萄园和酿酒师，在波尔多葡萄酒的酒标核心内容是酒庄，最起码我们有章可依。然而，在意大利的葡萄酒标上，产区、葡萄园和酒庄堆砌在一起，好像这三个东西缺一不可。举例：杰乐托酒庄碧高石头园巴洛洛干红葡萄酒，这个完整的酒牌将酒庄、葡萄园、产区、葡萄酒类型一一说清，而不像法国葡萄酒标那么简单，如木桐酒庄葡萄酒。如果你要介绍一款意大利葡萄酒，你该介绍是杰乐托，还是介绍是巴洛洛，还是介绍碧高石头园？这就似乎让人头晕。

目前的情形就是这样混乱，没有标准。意大利人艺术家式的思维方式，导致了这种非常规的逻辑。

说到意大利的葡萄酒，那些酒客们总结出来意大利的五大葡萄酒，分别是ABBBBC：A（Amarone）B（Barolo）B（Barbaresco）B（Brunello）C（Chianti），分别是：阿玛若尼葡萄酒，巴洛洛葡萄酒，巴巴来斯科葡萄酒，布鲁内洛葡萄酒和勤地葡萄酒。如果从你从法国波尔多思维来判断，那就错了，因为巴洛洛根本不是酒庄名；如果你用勃艮第思维来判断，也错了，因为巴洛洛根本不是葡萄园的名字。事实上，巴洛洛和巴巴来斯科是埃特蒙特产区中的一个DOC产区。而布鲁内洛是托斯卡纳产区桑娇维赛的当地称呼，奇昂地是托斯卡纳产区中的小产区。但是，阿玛若尼却不是产区的名字，而是一种葡萄酒酿制工艺而得名的葡萄酒的名字。现在，你知道该有多乱了吧？传播者也开始不讲规则了，按照意大利人的方式没有章法地传播开来。

意大利葡萄酒如此之博大精深，那么就慢慢来喝呗。

尽管这样，我们还是要记住这款伟大的葡萄酒——阿玛若尼，位于ABBBC首位的葡萄酒。

位于意大利东北部的威尼斯城外的维尼托产区，有个知名的瓦不利切拉（Valpolicella）产区。为了酿造出更浓郁的葡萄酒，千百年来，瓦不利切拉产区的人们使用传统的方式来酿制葡萄酒，就是将精选的葡萄风干。风干葡萄时，有的将其挂起来，有点将其放在麦秆上，有的将其摊平在草席上，将葡萄风干成葡萄干(这个有点像苏甸产区滴金酒庄贵腐甜白葡萄酒的做法，只不过贵腐是通过贵腐菌感染，使得葡萄在枝干上风干)，然后再进行压榨和发酵。这样做的结果就是导致糖分陡高。进行长时间的发酵后，酒精含量高达14～16度。当然，这是后话，据说一开始瓦不利切拉的人们酿的都是甜酒，就好像波特酒那样。在20世纪30年代，酿造厂的工人疏忽遗漏了一桶未酿制好的甜味葡萄酒。后来，他们品尝那桶遗漏的葡萄酒时，发现味道新而又独特，竟然是甜中带点苦味。到了1938年，这种有点苦味的葡萄酒被命名为“阿玛若尼”。阿玛若尼意大利文的意思就是苦的意思。“Amarone”字样正式于1940年出现在酒标上。

阿玛若尼一开始面世的时候，大家并不是非常喜欢。但是，阿玛若尼香味独特、强烈，和亚洲菜肴非常相配。因此，中国将会是阿玛若尼的大市场。

对于那些喜欢白酒的中国酒友来说。找到一款浓郁、强烈、独特，而又口感犀利饱满的葡萄酒，那是梦寐以求的事情，阿玛若尼可以达到这个要求。当阿玛若尼在你的口腔里停留，你明显感到一种力量，在你的口腔里横冲直撞，但又感到一种力量强大地驾驭它，这就是我们常说的巨大的高浓缩度。那一刻烟草、巧克力和甘草的气息，让你回到了故土的情怀里。江西菜、湖南菜和朝鲜菜，和阿玛若尼配食，简直就是一绝配。但是，很遗憾的是，阿玛若尼的价格正在走高，普通的阿玛若尼市场零售价也在500元以上，为什么这酒如此之贵呢?

原因在于：

1. 酿造同样多的葡萄酒，阿玛若尼所需要的葡萄是酿造普通葡萄酒的2倍多；

2. 酿酒葡萄需经过一段时间的风干，在风干过程中，葡萄面临滋生霉菌的风险且一旦感染则传播迅速，情况严重时，有可能颗粒无收，同时也增加了人工成本；

3. 需经过长时间的缓慢发酵和长时间的窖藏。

除了酿造工艺以外，品牌也是价格的一大重要影响因素。在众多酿制阿玛若尼葡萄酒的酒庄中，表现突出的有：艾格尼酒庄(Allegrini)、布索拉酒庄(Bussola)、比昂达酒庄(La Bionda)、昆达维尼酒庄(Quintarelli)和戴福诺酒庄(Dal Forno)。其中的昆达维尼酒庄是阿玛若尼殿堂级的酿造大师。

我们来看个数据,1997 年阿玛若尼产量仅为 150 万瓶,2004 年就已经达到 570 万瓶,2007 年已经突破 1 000 万瓶。现在,全球阿玛若尼葡萄酒的消费数量在日渐增多。

第 79 夜
2013 年的中国葡萄酒

2013 年,对于我来说,注定是不平凡的一年。由于偶然的机会,2012 年,我闯进葡萄酒世界。为此展开新西兰葡萄酒产区旅行品饮之旅。面对神州大地的葡萄酒界的稀奇古怪,决定要发出自己的声音。一个不迷信权威,不迷信广告的声音,从此为品醇客们响起。

让我们来看看过去的 2013 年,那些圈里的事情。

1.《葡萄酒庄园规范》、《庄园葡萄酒》等 2 项山东省地方标准正式实施

晓斌说:离开真正的中国自己的产区 AOC 认证,我们还有很长的路要走。

2. 王朝联手央视隆重推出葡萄酒文化系列短片《美酒传奇》

晓斌说:做些文化普及倒是好事,没有品酒客,何来市场? 尽管可能给别人做了嫁衣裳,但是功德无量。

3.《宁夏回族自治区贺兰山东麓葡萄酒产区保护条例》2 月 1 日实施

晓斌说:又一个 AOC 法定认证?

4. 葡粹(中国)优质葡萄酒联盟发起成立

晓斌说:中国的葡萄酒业要发展,还是得脚踏实地把酒酿好。

5. 第 88 届全国糖酒会成交总额达 210 亿元

晓斌说:这个数字还可以往上增加!

6. 香槟获我国地理标志产品保护

晓斌说:总算又厘清了一笔糊涂账。

7. 长城桑干酒庄特级精选赤霞珠干红获 2013 布鲁塞尔国际品评大赛金奖

晓斌说：中国人认真起来不是一般的人。不过，获奖固然重要，更重要的是要维护好市场秩序。

8. 张裕获评“全球最受欢迎葡萄酒品牌”

晓斌说：受欢迎的标准是什么？是市场占有率吗？

9. 大学兴起“葡萄酒学院”热

晓斌说：路漫漫其修远兮，吾将上下而求索！

10. 中国葡萄酒在2013 Decanter世界葡萄酒大赛、Decanter亚洲葡萄酒大赛荣获佳绩

晓斌说：路还远着呢！中国葡萄酒在亚洲都还算不得顶尖的。

11. 对欧盟葡萄酒“双反”启动并立案

晓斌说：要做大做强，仅靠这些是不够的。

12. 中国葡萄酒行业金融创新，葡萄酒、葡萄汁可质押贷款

晓斌说：钱能解决的问题不是问题。

13. 烟台张裕国际葡萄酒城规划亮相，预计2016年完工

晓斌说：新建酒城固然好，但真正的实力还是要由好酒来展示。

14. 第七届烟台国际葡萄酒博览会7月5—7日隆重举行

晓斌说：雄起吧！中国葡萄酒！

15. 2013中国优质葡萄酒挑战赛隆重开赛

晓斌说：媒体在哪里？

16. “卡斯特”商标之战再现转机

晓斌说：成都酒战，卡斯特被现场拿下。这官司打得有点意思。

17. 张裕国内酒庄陆续开业，加速市场布局

晓斌说：中国有13亿张口，我们需要用心酿造好葡萄酒！

18. 第十四届中国秦皇岛(昌黎)国际葡萄酒节隆重开幕

晓斌说：除了酒，还能拉动当地餐饮业！

19.《宁夏贺兰山东麓列级酒庄评定办法》正式颁布实施

晓斌说：想法很高尚！

20. 烟台市酿酒葡萄栽培有了“地方标准”

晓斌说：都开始玩小产区了。牛！

21. 国产葡萄酒行业低迷，通天酒业收购延期

晓斌说：但愿少用些金融玩法！

22. 河西走廊第三届有机葡萄美酒节圆满落幕

晓斌说：……

23. 张裕在葡萄基地举行种植机械推演现场观摩会

晓斌说：农民的想法是高产量。企业的想法是高品质还是高产量呢？

24. 中国食品董事总经理及执行董事栾秀菊辞职

晓斌说：中国葡萄酒需要高管和酿酒师！

25. 2013国际葡萄与葡萄酒组织(OIV)学术报告会议在宁夏举办

晓斌说：去中国开会吧！

26. 辽宁王朝五女山冰酒庄在桓仁县举行试营业庆典

晓斌说：做好企业，不能只靠吆喝！

27. 蓬莱蛇龙珠葡萄优质生产技术研究项目通过验收

晓斌说：酿酒再说！

28. 张裕、王朝入选2013“中国最有价值品牌”排行榜

晓斌说：必须的！

29.《酒类行业流通服务规范》11月1日颁布实施

晓斌说：流通服务，就是葡萄酒运输嘛。

30. 成都市葡萄酒协会成立

晓斌说：这都不算事！

31. 都安野生山葡萄酒获地理标志产品保护

晓斌说：你一保护，就不是野生的了！

32. 李德美荣登“全球十大最具影响力的葡萄酒顾问”榜单

晓斌说：这个必须要赞！32个赞，必须的。李教授雄起！

33.《葡萄与葡萄酒词典》中文版出版发行

晓斌说：迟来的课本，早该翻译了！

34. 我国首个酒产品物流信息追溯行业标准获批立项

晓斌说：好吧，祝贺下。

35. 戎子酒庄葡萄酒正式获批地理标志产品保护

晓斌说：他们家的好酒是什么？

36. 珠海有人名叫晓斌，开始尝试自己的葡萄酒活动品牌“晓斌美酒音

乐汇”

晓斌说：微不足道，但是要宣告，葡萄酒不是礼物送来送去，而是要带来快乐和情趣。

第80夜
往西是法兰西，往北是德意志

大家看完题目应该明白我们今天要来聊什么了吧？往西是法兰西，往北是德意志，没错，是的，今天说的就是瑞士和奥地利。

绵长的阿尔卑斯山，横亘在这块土地上，美丽瑞士就处在阿尔卑斯山区。寒冷的高地气候，高山的屏障，已经告诉我们，此地葡萄酒走的是什么风格。

瑞士的酒不多，全国只有1.5万公顷的葡萄种植面积。自己喝都不够，根本没法谈外销了，所以瑞士的酒挺贵。

我们还记得法国南部那条河流吧？对，就是罗讷河。罗讷河的上游就在瑞士境内，河谷的南北两面都是崇山峻岭。此地海拔1 100米，号称欧洲最高的葡萄园。来自岩壁反射的阳光，还有来自意大利吹来的暖风，让葡萄很容易达到足够的熟度。这个产区就是瑞士的瓦莱州，此地的葡萄酒多以白葡萄酒为主。

瑞士的第二个大产区，就是日内瓦湖畔的沃州产区。湖畔南畔的山坡上。坡度和缓，主要种植霞多丽，占到当地的80%。这里种植的霞多丽可以酿成多酸，带有矿石和火药味的个性。

瑞士南边意大利区的葡萄产区主要在提契诺(Ticino)州，这里产的葡萄酒全部是红葡萄酒，以梅洛为主。

瑞士东部靠近德国，寒冷得多，这里开始种植黑皮诺。这和德国南部地区喜欢种植黑皮诺酿制红葡萄酒的传统一脉相承。

瑞士的东西南北，各有自己的特色，很明显地具有各自邻国的特色。西部临近法国的法语区，东部临近德国的德语区，南边临近意大利的意大利语区，各自的酿酒多少有着邻国的特色和传统。

奥地利和德国的关系，我们就不说了吧。历史有太多篇章，太多瞬间。

奥地利的分级和德国是一样的，葡萄酒里的糖度是分级的衡量标准。

与此同时，奥地利人还启动了一个类似法国AOC的法定产区系统，称为DAC，这也算是奥地利人对德国分级体系的一个补充吧，一种对国际接轨的渴望。因为欧洲传统的分级体系，都是以产地为分级核心，而德国以糖度分级的独树一帜的做法，让消费者很难掌握购买尺度和消费标准。

奥地利和德国一样，也是生产单一葡萄品种的葡萄酒，以白葡萄酒为主，只不过主要品种不是德国的雷司令，而是奥地利的Gruner Veltliner。

与匈牙利交界的布亘兰产区以北有个Neusiedlersee湖。湖水带来的雾气，让湖畔的葡萄园可以酿成贵腐甜白。

南部靠近斯洛文尼亚的Steiermark产区，处于山区，酿制干白葡萄酒。主要种植像长相思、霞多丽、琼瑶浆这样的国际品种。

当然维也纳，也是要说的。

这里有太多让人梦牵魂萦的地方。这里是中世纪之后的音乐朝圣地，巴洛克、古典主义、浪漫主义时期的诸多音乐大师都在这里生活、创作、恋爱和死去。太多回忆和思考，系于这座我心中的圣城，但是我却要轻描淡写、走马观花似地经过此城。

维也纳城外的多瑙河，流淌了千年，就如同生命的河流一直流淌，生生不息。大师们凝固成石像，音乐散落在泛黄的乐谱里。穿越时空的声音，在剧院的圆顶里缭绕不绝。

安静的小城，一如百年的寂寞。郊区有些葡萄园，面积只有700多公顷。这里已是观光胜地，游客也就不必在这里买酒来送人了。维也纳主要生产浅龄清淡的新酒，名字就是Heurige，就像勃艮第的薄若莱那样的酒。你有幸经过此城，和你的伴侣在酒馆叫来喝就好。

“Excuse me. I would like a glass of Heurige!”

第81夜
和她喝支酒

这世界上，和她喝酒最幸福，也是最纠结，当然也最期望，然后就是再喝。

作为一个男人，当然要和自己妻子共进晚餐。首选，当然是选择波尔多的凯隆世家(Chateau Calon Segur)，酒标上那个大大的心，足以表达你满满的爱意。此酒，在情人节和相爱纪念日的日子里，是非常应景的。当她甜甜地对你微笑，酒标上那个红色的心形，映衬着幸福的你们，你会发现，这支酒绝对是选对了。其次，可以选择的是来自勃艮第爱侣园(Amoureuses)的黑皮诺葡萄酒。如果说，凯隆世家葡萄酒有些艳俗和直白，当然有时候有些女人也就是喜欢直白，就好像要全天下的人都知道她的幸福。这也无可厚非，恋爱中的女人总是相当可爱的。相对凯隆世家来讲，那么来自勃艮第的爱侣园，那就显得知性内涵，优雅如水了。香波密西尼的爱侣园葡萄酒(Chambolle Musigny Les Amoureuses)，雍容华贵，芳香，柔顺，深情款款，就如同那知性女人一样，退则陪你归隐山林，进则伴你君临天下，就如同这爱侣园，不露声色，但全心相爱。

除了和爱人的晚餐，应该还有红颜知己共进晚餐吧。暧昧弥漫这个夜晚，很显然使用爱侣园和凯隆世家都不合适，这会犯罪的。那就让暧昧天长地久吧！没听说暧昧可以促进荷尔蒙的分泌，有助于健康和美容吗？那就让我来点甜白葡萄酒。相当应景，人生苦短，尽情欢歌。来自波尔多苏甸区的贵腐甜白，法国阿尔萨斯的雷司令，德国莱茵河流域的贵腐葡萄酒，或者来自地意大利莫斯卡托甜白，来自新西兰南岛的迟摘甜白，这些甜甜蜜蜜的葡萄酒，会让这个夜晚无比幸福，甜美的葡萄酒不知不觉在清脆的碰杯中空盏。女人的脸渐渐变红，偶尔闪过的眼神，让彼此心电一闪。但是，更多的是信任和包容，知己和悦己。甜白葡萄酒可以让夜晚变得更美好，美好到连坏念头都消失了。在送她上车的刹那，可以一个拥抱："今夜真美好。谢谢你！"她也可以满脸淡红："谢谢你的美酒！"

你会是谁的闺蜜呢？不用害羞，不用沉默，男人和女人一样都会成为异性的闺蜜。很多时候，你不知不觉地就成了她的闺蜜。当然很简单，你也不会因为她是女人，而觉得尴尬；她也会不觉得你是男人，就有所顾忌。这种关系，超越了男欢女爱。你是她的姐妹，她是你的兄弟。这种女性多半有女汉子的特性，常常会在你面前表现得强大和勇敢。而你呢，也会在她软弱的时候，陪她喝个酒，聊个天。挺好的，这就是闺蜜！前段时间黄磊演的电视连续剧《闺蜜》，讲的大概就是这个情况。闺蜜，是一种介于朋友和情人之间的东西，往前走一步就是情人，往后一步就是朋友，稍微控制得不好，就会焦头烂额。来吧，开支酒！喝什么呢？当然是白葡萄酒。开支霞多丽！精致的酸味，淡淡的香味，时光般的口感，木桐发酵带来的温暖，会让你觉得，好朋友来之不易啊！闺蜜的感情何尝不是这样呢？如君子之交淡淡的，如冬日壁炉温暖如初。或许，上辈子有恩于你，这世需要你多关心一下，多注目一下。如亲人的包容但不是亲人，如情人的温暖却非情人。霞多丽就好像如此，简简单单，精致透彻，温和如风，回味长长。

下瓶和谁喝呢？应该还有吧，就是那些让你尊重的大姐。当你还是少年的时候，她们已经热火朝天地恋爱了；当你热火朝天地恋爱时，她们已经相夫教子了；当你妻儿在旁时，她们已经岁月安好，慈祥和蔼。岁月在她们的发间轻轻拂过，留下一丝痕迹；时光在她们的眼角细细留下一条波纹。如午后的风，吹过松林；如酒醉的圆月，微笑不语；如清晨的露水，滋润幸福。男人的生命中，总有这样的大姐。直到岁月染白了双鬓，还是你亲爱的大姐。和大姐也喝杯酒吧！听大姐讲讲故事吧！开支来自勃艮第的勒鲁瓦(Leroy)吧！勃艮第妈妈，勃艮第的酿酒师，神一般的大师。从特级田，到一级田，到村级田，直到勃艮第大区酒。勒鲁瓦慷慨地将自己的名字印在每个瓶子上，将自己荣耀和那片土地的人们一起分享，分享丰收的果实，分享岁月的美好。让我们举杯，和大姐喝一杯勒鲁瓦葡萄酒，表达我们心里的感激，感谢大姐家庭般的温暖和爱护。

还要和谁喝？对了，还有那些小姑娘。她们天天跟在你的身后，一声声“大哥哥”的呼唤，声音真脆啊，年轻真好啊。多想向上苍要回20年，回到年少，听着你们脆生生的呼唤，我一定跟你们嗨到天亮。天亮的时候，和你们在酒吧外的海滩上，看太阳从伶仃洋里升起来。然后各自打车回家，或者在海滩的椰子树下睡个大觉。但是，如今是不行了，熬不了夜了，也不喜欢夜场那震耳欲聋的电子音乐了。或许你坐在我身旁，看到我听首老歌泪流满面会笑到前俯后仰。行吧，给你们开瓶香槟吧！祝贺你们如花的青春。那种细致的酸感是你们喜欢的，那升腾的气泡如同你燥热的青春。似乎听到你们银铃般的笑声，真好啊！夜已深了，斌哥要上楼睡觉了，你们自己喝吧！当然，如果香槟不够给力，酒柜里还有干邑，你们自己开啊。

啊，就要睡了？那其他人喝什么？

啊，其他人！呵呵呵呵！

开两打青岛纯生！记我账上！

第82夜
那些饭局上的葡萄酒

中国人的饭局，所蕴藏的意义太深远了。选择的餐馆决定了接待的规格，作陪的桌友负责四面夹击，最后就是酒来出场了。当然今天不谈白酒，只谈葡萄酒。其实，葡萄酒的介入，就完全可以表达做东的人意图。不需要金碧辉煌的酒店，只需要清静、整洁、菜品良好的饭店就可以。作陪的人，也不要那些冲锋陷阵的酒客，也不需要那些卖弄风骚的女子，各自几个知心好友，新老朋友汇聚一堂，皆可以表达宴请的意图。这样看来，酒的选择就显得至关重要了。

高峰论坛，颠峰对决，华山论剑，这样高大上的场合，自然要用好酒。大家彼此都是江湖传闻的"土豪"，不差钱，自然酒要配得上身份。如果说是假土豪，就是人称"土鳖"的那种，用拉菲、柏翠斯就可以了。贵就一个字，越贵越好。实在不行，罗曼尼康帝旁边候着，"土鳖"还不满意，就让康帝上来。反正，将来秋后算账，"土鳖"你跑不了。如果大家都是有修养的"土豪"，那就不一定要上拉柏罗（拉菲，柏翠斯，罗曼尼康帝）。世界名庄的酒，就已经彰显精英风范，凸显贵族风范。来自波尔多队列级名庄的五大名庄，来自勃艮第的特级田黑皮诺葡萄酒，来自美国的作品一号，来自德国摩泽尔的雷司令，来自意大利的超级托斯卡纳，来自西班牙的特级珍藏酒，就已经非常高大上了。大伙往这桌旁一坐，好家伙。"辛总，你这规格挺高啊！"主人哈哈哈一笑，高兴就好！当然，这种饭局也不是每天都这样折腾，"土豪"也不能天天喝拉菲。俗话说"达则兼济天下"，意思就是要做点善事，要知道一瓶拉菲是山区几十个孩子一年的学费呢！

你说咱一个土豪，咱也喜欢喝酒，咱该喝点啥呢？大兄弟你给列个单子呗。首先，先向华人首富李大爷学习。李爷招待客人，有时高兴，也开支酒来喝，不过那是来自波尔多五级庄的靓次伯酒庄的葡萄酒。低调啊！江湖上是这么传说的。李大爷在新西兰北岛霍克湾的拐子角打高尔夫球的时候，有时也会大方的开一支酒，只不过是啤酒。这是前次我去新西兰时，球童们亲口说的关于“Mr. Lee”的逸闻。我苦口婆心说了半天，意思就是说不要太挥霍，要慈济天下啊！酒柜可以常备些波尔多的三四五级庄的列级酒，当然五大名庄必须备货，另外勃艮第的一级田自然少不了，意大利和西班牙的DOCG、DOC，酒的品质确实不错。

“土豪”毕竟少数，咱们不是“土豪”，也要喝酒。当然酒柜里也必须要有些勃艮第的特级田，一级田，也要存几支木桐和玛歌。但是，我要更多囤积的是列级庄三四五级庄，还有勃艮第的村级田，还有更多的就是名庄的副牌酒。当然少不了来自新世界的一些名庄酒，智利的活灵魂(Almaviva)，澳洲的奔富(Penfolds)，新西兰的吉布斯山谷啊，阿根廷的安第斯之阶，还有就是AOC、DOC之类的酒，肯定也少不了。

如果碰上好日子，在家和家人庆祝咱就开一支名庄酒，左岸三级庄以上，右岸列级庄，勃艮第的一级田，西班牙的DOC，意大利的DOCG都很开心了。

如果是和有潜质的年轻人喝酒，不妨来上一支列级庄酒和它的二军酒，意义就很明显了。告诉年轻人，人生就如同这二军酒，世界终究是你们的。人生没有永远是二军酒的情形，只要用心做事，努力奋斗，和公司同呼吸共命运，公司是我家，我们都爱她，一定能成就你自己辉煌的青春……(此处省略50个字，内容你懂的。)

实话讲，我平时自己在家喝，就开二军酒。喝二军酒时刻警醒自己，不好好管理自己的事业、不好好管控自己的人生就像二军酒的感觉样，总是缺少些什么。话说回来，你说几个狐朋狗友经常在一起吃吃喝喝，带上几支二军酒，挺好！毕竟是名门之后，质量保证，酒好着呢！更重要的是，哥们看清了，这是名庄的酒呢！来，走一个！

有些时候，你可以心细些，俗话讲，细节决定成败。今天接待的朋友，是一个白酒爱好者，你弄些黑皮诺，弄些佳美，那就根本不对口味。如果你准备来自维尼托的阿玛若尼，法国罗讷河谷的西拉，还有来自西班牙里奥哈的田普兰尼洛，这就对头了，你的朋友一定赞不绝口。大呼过瘾，因为重口味的哥们，一定要重酒体来对付。

有些朋友，口味清淡，酒量一般，不喜欢喝白酒。那么你应该准备来自波尔多右岸的梅洛葡萄酒，还有来勃艮第的黑皮诺，当然还有就是意大利的布鲁内那（桑娇维赛）。在葡萄酒充分醒来后，那柔顺的酒体如丝绸拂过喉咙，那各种香味，令人陶醉。这一轮下来，估计你这朋友多半会成为酒友的。

最后想说的就是，如果聚餐超过5个人，我基本上不建议带好酒，AOC、DOC就非常不错了。如果超过两桌，干脆直接上VDT。我的经验是，桌上人数一多，号子一喊，基本上接下去的节奏，就是拼酒求醉的节奏。您说哥几个求醉了，我的酒可贵着呢！

当然，酒柜还要藏些勃艮第的父子庄，还有父女庄。碰到一些中秋佳节、春节，把儿子和女儿叫来，各自倒上，还可以来个传统美德教育呢！

民以食为天啊！这酒啊就如同那个天上的云彩，各自精彩啊！

第83夜
聚而情深，饮者多乐

我们可以让聚会变得更有意思。

在城市的喧闹中，我们都在忙碌着自己的事情。我们常常渴望和老朋友来一场聚会。这场聚会，我们常常会使其成为一个饭局，酒足饭饱，酣畅淋漓。但是随着大家越来越关注自己的身体健康和饮食习惯。这种大吃大喝的聚餐，慢慢也变成了鸡肋。我常常听到朋友们讲，自己最近节食清肠的消息。面对这样的朋友，你请他来顿猛吃猛喝，我实在下不去手。我自己也不喜欢晚餐在外面大吃大喝，一顿吃喝下来，停留在身体的脂肪，需要多少运动量才能消耗。特别身处南方广东，一顿饭下来，一只鸡，一只鹅，一条鱼，外加各种包子和甜品，吃完之后，弯腰都麻烦。再加上这些年食品安全和食材问题，让很多人对在外面用餐，开始持谨慎心态。当你想请一帮朋友吃饭的时候，你会发现自己会很惆怅，这种为聚餐而聚餐的饭局，变得越来越没有意思。

但是，我们庆幸找到了一个新的方式，可以让朋友们聚在一起，那就是葡萄酒局。让品尝葡萄酒的聚会，成为新老朋友沟通的全新方式。

我想和大家来讨论这种葡萄酒聚会的几个关键问题及解决的办法。

第一个问题，大部分朋友们会有一个疑问，我不懂葡萄酒，怎么安排啊？就是因为不懂，所以才安排这样的活动。葡萄酒在未来五年一定席卷全国，你要做一个落伍的人吗？我们可以把这种聚会安排在酒窖。通常酒窖都有专业人才，可以免费为聚会提供侍酒和讲解。我们可以在聚会的时候，一边聊聊生活，叙叙旧事。中间可以请专业人士，给我们讲解下所喝葡萄酒的知识和酿制情况。每个酒庄、每支酒的背后都有很多让人神往的故事，专业的侍酒师会给你和朋友一段愉快的时光。一个专业的酒窖定能满足你的要求，只需要你在订场的时候，提出你的要求。如果能将聚会变成一个学习型的聚会，我想朋友一定会非常开心。

第二个问题，就是成本。你也许会想，这种葡萄酒聚会一定会很贵吧？我们来算笔账吧。以我们昨天在酒窖的活动为例，我约了七个朋友聚会。如果在酒店吃饭，我们一伙人饭菜、酒水下来，我想在珠海这样的地方，这顿饭突破 1 000 元是非常正常的。然而我们昨天进行的葡萄酒聚会，我配置了第一支新西兰象山酒庄(Elephont Hill)白葡萄酒长相思，第二支象山庄白葡萄酒混酿，第三支象山酒庄乐福赤霞珠梅洛混酿红葡萄酒，第四支象山酒庄西拉红葡萄酒。最后再配一支甜白葡萄酒，来自新西兰吉布斯山谷(Gibbston Valley)的迟摘。总共五支酒，由于假日的原因，酒窖在做回馈活动，每个酒窖都会在节假日做优惠活动，我们需要去和店长沟通，没有人愿意把生意往外推。我们把酒成本控制在 1 000 元左右。这五支葡萄酒构成的葡萄酒聚会，让我们的幸福和满足持续了五个小时。朋友们聊天，歌唱，交流葡萄酒感受，聚会目的完全达到，主人心意完全表达。当我送客的时候，看着朋友们兴味盎然、意犹未尽的时候，我想，这是一个美好的聚会。

第三个问题，也许你会问，长达几个小时的聚会，会很沉闷吗？光喝酒，吃点什么呢？在我们看来，吃饭已经不是问题了！广大的养生营养家们都开始主张晚餐少吃。所以下午两点开始的酒局，在黄昏时分，作为主人，你可以准备些水果沙拉、蔬菜沙拉，或者准备披萨，因为有朋友可能需要吃些东西。根据我们的经验，五瓶酒下肚，外加水果沙拉和蔬菜沙拉，极少有人还有进食的欲望，披萨或者烤箱食品足以满足朋友的要求。在长达几个小时的聚会时间，在美酒的催情下，我们可以享受非常美好的沟通和交流。这点和饭局是完全不同，饭局的进度往往很快，酒下得很快，通常一个小时就能将半桌人放倒了。葡萄酒由于酒精度数不高，人在饮用的时候，由于聚会的交谈，会削弱酒精对人的影响。有条件的话，我们可以在酒窖里自娱自乐地进行表演。如果酒窖有音响系统，可以来个 K 歌大赛；如果酒窖有乐器，可以自弹自唱，一起玩玩。如今的 80 后、90 后不会玩乐器的已经很少了。实在不行，就走个文艺范，朗诵诗歌，或者启用万能的手机"唱吧"。聚会中的这种表演，会让聚会变得热闹。中华民族是个伟大的民族，说不上能歌善舞，也算是文明古国，我们血液里还是有文化的，既然是文化人，聚在一起，为何不寻欢作乐下？想想我们古人，聚在一起，哪一餐不是击节吟诗作歌的，为何到我们这一代，就成"土鳖"和"土豪"了？

第四个问题，多少人为宜。我觉得八个人最好，不要超过十个人。因为一支酒 750 毫升，十个人平均每人 75 毫升。品酒的标准口位是每口 15 毫升，一支酒可以让客人感受四次，基本可以感受酒的全貌。人一多，还没喝到位，就完了。其次，一次聚会酒的种类不用超过五种，因为喝到第四支后，人的认知意识开始模糊，再好的酒，也就白瞎了。所以用支甜白来收尾，那是最好不过！

邀上几个朋友，来场葡萄酒聚会吧。让我们以美酒的名义来享受生活，葡萄酒会变得不重要，生活的情趣成为主角，因为葡萄酒，生活更美好！

这是一种生活的态度。你将拥有一个美好的下午。当华灯初上，你飘飘然穿过这座城市，你会觉得人生是如此美好！

第 84 夜

不可小瞧那个倒酒的

不把村长当干部，这是要不得的，这是素质问题。

同样，不把侍酒师当回事，只道是个倒酒的，那就麻烦了。

侍酒师，简单来说，就是在餐厅、酒店或者酒吧里为客人斟酒倒水的人；从深层意义上来说，就是需要具备为客人设计酒单、讲解酒款、把握酒质、将酒水最棒的一面呈现给顾客的侍者。这里要求侍酒师有渊博的酒水知识和深厚的人文精神，很好的公关技巧以及快速的反应能力。

打个简单的比喻，这就像革命博物馆的讲解员和旅行社的导游的区别。博物馆的讲解员只需要照本宣科，把墙上的内容念叨出来，以照顾左顾右盼的参观者和视力较差的参观者，不需要发挥，不需要创新。而旅行社的导游就不一样了，要根据游客的情况来设计讲解套路，常常还会结合游客的情况，进行调整。一个好的导游，会带给你一段美好的旅程，让你深深体会到：读万卷书，行万里路。

作为一个称职的侍酒师，也必须具备完整的酒水知识，知识涵盖葡萄酒及各种烈酒，酒款遍及全球。除此之外，还要有很好的操作能力，能熟练优雅地将葡萄酒开瓶、换瓶、倒酒；在客人饮用之前对酒的状态进行判断，把握好葡萄酒醒酒的情况，在适当的时间让客人品尝葡萄酒；能解答客人提出的各种问题。

这么看来，侍酒师不是一个简单的工作。有了他的带领，我们才得以品尝到最美的酒，领略到酒最美的那一刹那。不亚于你仰望漫天繁星时，只有天文学家才能带你在这漫天繁星里找到你想要寻找的星星。

所以，侍酒师是一件非常让人尊重的工作，请不要忽视那些高级餐厅的侍酒师。因为，为了让您享用这美好的葡萄酒，那哥们或许在这个领域学习了很多年。千万不可呼来喝去：请倒酒。而是可以和侍酒师进行简短的交谈，从而了解酒的情况。感谢他的帮助，那是对他最大的尊敬。

要想成为一个出色的侍酒师，要经过长时间的学习和实践。全球有很多家提供葡萄酒学习的机构，目前全世界较为主流的有美国丹佛的 IWG (Intenational Wine Guide)和英国的 WSET(Wine & Spirit Education Trust)两家葡萄酒学院。这两个机构认证的最高级别都是大师级，美国的 GMW(Guide Master of Wine)和英国的 MW(Master of Wine)，就是我们说的葡萄酒大师。

要想达到 MW，必须通过他们的一、二、三、四级的考试。这么说吧，一级和二级要求考生在理论知识上达到要求的标准，品酒的实际操作性低些，三级开始，要求考生在一、二级的基础上进行更加偏冷僻的领域的学习，开始品尝大量的葡萄酒，从而训练葡萄酒感知能力。四级的要求更加高，在这个级别的学习里，考生要求进行海量的葡萄酒评鉴，横向品尝，纵向品尝，通过各种品酒实践才得以塑就侍酒师敏锐的品鉴能力和宽阔的视野。

到了大师级的考试，对参加考试的人来说，就会提升到一个更高的层次，不仅仅是葡萄酒方面的理论知识，可能还需要涉及葡萄酒人文、葡萄酒发展和贸易、葡萄酒酿制技术传统与革新。这可能意味着一个葡萄酒大师具备影响一个产区、一个酒庄、一个时代的能力，夸张点说，甚至可以影响葡萄酒世界的格局。这种葡萄酒人才，才称得上葡萄酒大师。目前全世界葡萄酒大师有 300 多人，分布在 16 个国家。中国目前没有葡萄酒大师。

葡萄酒人才的培养，关系到中国的葡萄酒事业，由于缺少人才，中国葡萄酒业跌跌撞撞走到今天，才逐渐成行。

侍酒师的明天依然路漫漫其修远兮。每年中国参加侍酒师考试的考生才千把人，而韩国报考的人数竟然上万人。这个数据的巨大差别告诉我们，我们的葡萄酒之路将继续坎坷和迷离。没有导游，14 亿中国就如同盲人在葡萄酒世界里瞎转，对整个行业的健康发展有重大影响，甚至制约这个行业的发展。

目前，高档餐厅的侍酒师的薪水看涨，希望这份薪水丰厚的工作，能够吸引更多的人参与进来，从而让这个行业逐渐成长起来。

"您好，请推荐一瓶酒给我们！"

第 85 夜
走村串户梅多克之一：波亚克村(Pauillac)

1855 年，那一年过去很久了。

法国葡萄酒列级评定已经过去快 160 年的时间了。在这 160 年的时间里，法国人秉承传统和荣耀，就如同爵位赐封一样，永世传承。61 家酒庄，唯有木桐酒庄在 1973 年升级为一级庄，其他一概不变。传统促使酒庄后人不辱使命，日复一日劳作和投入，做得更好，不辱荣耀，让全球的酒友们更加信赖他们的产品。这是一个良性的循环。

让我们重新寻访这些酒庄，探究如今的酒庄的大致情况。那就让我们走村串户来访问吧。

说到波尔多的列级酒，波亚克村当然首当其冲，就凭着村内的三大名庄拉菲、木桐、拉图，我们就没有理由不先说波亚克村了。

波亚克的葡萄酒结合了新鲜柔和的果香、橡木桶的香气和甘雅的口味，酒体厚实又轻巧雅致，另有雪茄盒的韵味，口感甜熟却又活力十足。

波亚克村镇是梅多克地区最大的一个村镇。波亚克的葡萄园较为集中。

三家大户，我看就不用细说了。

拉菲酒庄拥有105公顷葡萄园，每年可酿出700桶正牌一军酒，约计25万瓶。酒香特别，丹宁光滑细腻，优雅无比。2009年的价格646欧元。

拉图酒庄(Chateau Latour)，拥有105公顷的葡萄园，年产25万瓶。葡萄酒丰满，浓郁和饱满，散发一种丰富而纯正的芳香。

木桐酒庄(Chateau Mouton Rothschild)，1973年升级为一级庄。拥有50公顷的葡萄园，年产量15.3万瓶。木桐酒庄的酒强劲，酒色深沉，充满美味的黑醋栗浆果的味道，有时还带些异国风情。2009年的价格646欧元。

波亚克村拥有18家列级酒庄。同在一个村自然会有各种关联。

村里四级庄度夏美浓(Chateau Duhart Milon)，是拉菲的小老弟。酒庄由拉菲的管理团队进行管理。2009年的价格是43欧元。你应该懂的，强将手下无弱兵。

和度夏美浓相同的还有，木桐酒庄属下管理的另外两个酒庄，同为五级庄的米龙修士(Chateau Cler Milon)和达玛雅克酒庄(Chateau D'armailhac)。两个酒庄在木桐团队的高效管理下，一路凯歌。但是两个酒庄各有不同，在酿酒后期，达玛雅克添加更多的赤霞珠，酒体越发强劲；米龙修士添加更多的梅洛，酒体更加醇厚。2009年的达玛雅克33欧元，2009年的米龙修士43欧元。

在木桐酒庄的隔壁有个大酒庄，那就是庞特卡内(Chateau Pontet Canet)。这个酒庄占尽地利之势，面积达到81公顷，年产30万瓶。但是他的酒和木桐却是截然不同的两个风格，如果说木桐开放丰盛，那么庞特卡内就是封闭保守，酒体显得爽直，但是纯正的口感和优雅令他一路走俏。2009

年的价格 144 欧元。这个价格不像是五级庄的价格，嘿嘿！

靓次伯酒庄(Chateau LynchBages)，江湖人称“小木桐”，种植面积为 90 公顷。丰盛的酒体和辛香味的风情，深受英国人的喜欢，当然，华人首富李嘉诚也钟爱这款酒。2009 年的价格 86 欧元。

再说说林茨穆萨(Chateau Lynch Moussas)，这是一家正在调整和前进的酒庄。一百年来，该庄基本上符合五级庄的称呼，一直处于 61 家酒庄的后尾。2009 年的价格 24 欧元。之所以说他，是因为林茨白的原因，谁叫他们都有个前缀都是 Lynch 呢。

和林茨穆萨一起，还有巴塔叶酒庄(Chateau Batailley)，这两家酒庄的管理是一个团队。巴塔叶的酒近年来，独特性和精细度有了明显的提高，定价也很公道，是葡萄酒爱好者今后可以探索的一个好地方。希望巴塔叶和林茨穆萨能成为性价比较高的酒。2009 年的巴塔叶酒 31 欧元。

波亚克还有两个家族必须要说说，因为他们拥有好几个酒庄。我们常常因为拥有拉菲、木桐酒庄的罗家的光环，忽略村里其他的家族。

梅洛家族，在波亚克村拥有奥-巴日-里倍哈。酒庄近十年来，状况良好，特别是那些优秀的年份，由于加入梅洛，酒体更加性感诱人，有些林茨白的风格。2009 年的价格为 30 欧元。

碧尚家族闪亮登场。沿着波亚克 D2 公路往南走，出了村头，快要进入圣于连村的时候，道路两旁有两个酒庄，那就是碧尚女爵酒庄(Chateau Pichon-Longueville, Comtesse De Lalande)和碧尚男爵酒庄(Chateau Pichon Longueville Baron)。这两个酒庄都是二级庄，曾经都属于碧尚家族的产业，但是 2007 年 AXA 收购了碧尚男爵酒庄。碧尚女爵的酒丰腴醇厚，相比顶级葡萄酒略差精细，从回味和浑厚来看，确实稍逊些。碧尚男爵很久没有让人欢呼了，希望 AXA 集团的资本注入，能让男爵重回顶尖级行列。2009 的碧尚男爵的价格为 75 欧元，女爵是 151 欧元。

呃，岗-皮依高地上还有两家酒庄没说，分别是拉寇斯特和杜卡斯。两个酒庄都是五级庄。Chateau Grand-Puy Ducasse 杜卡斯酒庄是法国农商银行下属的子公司。2009 年的价格是 26 欧元。杜卡斯酒庄最近两年雄心勃勃要奋起，大家可以买些近年份的酒。Chateau Grand-Puy Lacoste 拉寇斯特酒庄几乎所有的年份都不错，口感丰满紧致，丹宁辛香丰富。2009 年的价格为 57 欧元。

需要提一下的是，和拉寇斯特一起被佛朗索瓦-泽维尔-宝利管理的酒庄还有个 Chateau Haut-Batailley，先进技术和设备的引进，让他们取得巨大进步。2009 年的价格 29 欧元。具备庄严的丹宁框架，非常的融合；出色的平衡和清新感，非常容易饮用。值得买进。

最后说两个最不出名、最不争气的酒庄，那就是贝德斯科酒庄（Chteau Pedesclaux）和歌碧酒庄（Chateau Croizet-Bages）。贝德斯科酒庄近年来值得关注，在丹尼斯·朱格拉的领导下，进行了有效的更新。2009 年的价格是 19 欧元。同为白日村，林茨白多棒，可是歌碧酒庄就不稳定了，闹着玩似的，非常不稳定，被称为波亚克最差的酒，品质最低。2009 年的价格是 20 欧元。

扯了半天，这就是来自波亚克的十八罗汉。总体来说，波亚克是波尔多的骄傲，是法国的骄傲，是人类的骄傲。世界好村镇——波亚克。

好一群波亚克十八罗汉！

第 86 夜
走村串户梅多克之二：玛歌村（Margaux）

假如说波亚克依靠三大名庄拿下世界最美村镇的名号，那么玛歌村当获小康村镇的称号。61 家列级酒庄，玛歌村就占有 21 席，让人惊叹。国家主席胡锦涛先生，曾经访问玛歌酒庄。玛歌酒庄的酒呈现的风格是温和柔顺，越到最后越让人惊叹它的浓度和芳香。丹宁精细，让人感到温和中又有威严存在，回味悠长。

玛歌村，位于梅多克的南部地区，靠近波尔多市区。该村群星闪烁，光耀法兰西。

这篇文字，让我们来认识每个酒庄，用一句话来形容她。

1. 波瓦-刚特纳，三级庄（Chateau Boyd-Cantenac）：天时地利人和，我沉默太久，我开始迎来我的时代。

2. 班-刚特纳，二级庄（Cheteau Brane-Cantenac）：我已沉沦太久，我已经找到归途，我要重回二级的荣耀。

3. 刚特纳-布朗，三级庄(Chateau Cantenac Brown)：我有一座英国学校式的城堡，我的新主人是英国商人西蒙·哈拉比。

4. 迪桑酒庄，三级庄(Chateau D'isson)：我有最好的葡萄园，我秉承玛歌村细腻的传统，我要攀登细致和复杂的高峰。

5. 杜扎克酒庄，五级庄(Chateau Dauzac)：我的主人是法国小学教师互助保险公司，三尺讲台传承文明，优质葡萄酒滋润教坛。

6. 戴斯米哈酒庄，三级庄(Chateau Desmiral)：长期以来，你们认为我体弱多病、寡言少语，当你蓦然回首，我的优雅和精美是否重新捕获你的芳心？

7. 杜·黛特酒庄，五级庄(Chteau Du Tertre)：饮用我吧，那满满的水果气息，可口的酒体，迷人的气息，我会让你记住我。

8. 杜夫·维望酒庄，二级庄(Chateau Durfort-Vivens)：我属于 Lurton 家族，我性格张扬，我血管里流淌赤霞珠的灵魂。

9. 菲利埃酒庄，三级庄(Chateau Ferriere)：往事不要再提，人生已多风雨。我曾租给力士金酒庄栽种，直到被梅洛家拥入怀中，我才重新找回自己。

10. 吉士客酒庄，三级庄(Chateau Giscours)：我上次睡觉的时候，世界依然安静；当我再次醒来，新世界的淘金者前仆后继。

11. 麒旺酒庄，三级庄(Chateau Kirwan)：还记得那个在天上飞来飞去的酿酒师米歇尔·罗兰吗？我的前任酿酒师。世上没有不散的筵席，现在我的身旁是宝马酒庄的菲利普·德尔福，他欣赏我丰满、肥硕的身影。

12. 力士金酒庄，二级庄(Chteau Lascombes)：我赶上了金的时代。土豪金，力士金，这一切不是我的错。你喜不喜欢，我都是力士金。你为金来，我本金生。

13. 马来斯科·圣埃克佩里酒庄，三级庄(Chateau Malwscot S'Exupery)：咱家装空调了，天然果味脆脆爽。邻居是玛歌姐，近朱者赤，你相信吗？

14. 玛歌酒庄，一级庄(Chateau Margaux)：人生总是起起落落。肩负玛歌村的荣耀大旗，我一刻也不松懈。我是名副其实的 NO. 1。

15. 阿莱思慕侯爵酒庄，三级庄(Chteau Marquis D'Alesme)：我的痛

苦，只有吉伦特河明了。葡萄园和酒窖已委身于邻居兰伯格斯酒庄。我的城堡还在梅多克的风里迷失自己。我的今日困境，只有中国“BOSS”可以救我。

16. 德美侯爵酒庄，四级酒庄（Chateau Marquie De Terme）：玛歌庄是我们村的，但是我何时服过她？我也可以酿造出鲜艳、肥硕多汁、香气诱人、令人愉悦的美酒。给我时间，给我空间，我会让玛歌姐承认我的实力。

17. 宝马酒庄，三级酒庄（Chateau Palmer）：犯不着日本的神公子来吹捧我。我的目标就是超过村里的玛歌姐，事实上，我一定会赢过她。一级庄，我来了。六时代就要开启了。

18. 宝捷酒庄，四级庄（Chateau Pouget）：我哥哥波瓦刚特纳的春天来了，我的好日子还远吗？

19. 彼奥雷·李琪酒庄，四级庄（Chateau Prieure-Lichine）：玩深沉和复杂，不是我的风格，我只做简单美妙的自己，忘却轮换更替的身世。

20. 侯瓒·佳希酒庄，二级酒庄（Chateau Rauzan-Gassies）：我承认我让二级庄的金牌蒙羞，但是，我现在开始用心酿酒。请相信我！

21. 侯瓒·赛格拉，二级庄（Chateau Rauzan-Segla）：我必须是好酒，香奈儿家族的融资，让我的贵族之路走得更加风生水起。

神奇的玛歌村，竟然拥有一级庄 1 个，二级庄 5 个，三级庄 10 个，四级庄 3 个，五级庄 2 个。

站在玛歌村头，向您脱帽致敬！

第 87 夜
走村串户梅多克之三：圣于连村(Saint Julien)

圣于连，这个神奇的村子，面积不大，产量也是四大名村之末，然而拥有列级庄确实最多。

圣于连村的每块土地都可以用来种植高品质的葡萄。这里有典型的砂石小园丘，虽然没有波亚克村的深厚，但是都靠近河岸或者开放的南向山谷，排水性极好。

好，我们进村扫过去。

从南边进村。这里有大名鼎鼎的龙船酒庄。围绕他的还有帕纳·杜克酒庄（Chateau Branaire-Ducru），和杜克·宝尤嘉酒庄（Chateau Ducru-Beaucaillou）。往西还有古·拉豪斯（Chateau Gruaud Larose）和朗日酒庄（Chateau Lagrange）。

五家列级酒庄集结在龙船酒庄的附近，托起了圣于连村的辉煌。

龙船酒庄（Chateau Beychevelle），自然在华人世界跑火。龙的传人，自然喜欢龙船酒庄的酒。龙船酒庄的酒具有丰满的结构，但是体现了优雅细致的风格，这就是圣于连的特殊风范。

帕纳·杜克作为四级庄，近年来，由于引进先进技术和设备，加之天然的土壤属性，自1998年来，就开始变得稳定。也拥有圣于连村独有的细腻，柔软，天鹅绒的优雅和细腻。

杜克·宝尤嘉二级庄，位于龙船庄的东北角。酒体高贵典雅，丝绸光滑。

西边的朗日酒庄，1983年被日本三得利公司收购。结构紧密，口感纯正，平衡极好。

古·拉豪斯酒庄，这块葡萄地的葡萄成熟极好，出来的酒也是极好，细腻取胜。二级庄啊！

向北向北。在圣于连中部的高地上，我们看到了大宝酒庄（Chateau Talbot）。

大宝，大宝，我喜欢大宝。

我想起了前两年的护肤产品，那个愣头愣脑的大老爷们硬是打动了无数少妇的心，给心爱的人买了无数大宝护肤液。

大宝酒庄也是如此，庄主诚诚恳恳，任劳任怨，酿出的酒也是中规中矩，绝不花哨。

面对梅多克最大的葡萄庄园，法国人似乎顿时安心了。无论全世界怎么炒作五大名庄和勃艮第，但是有了大宝这1 500亩的大宝葡萄园，法国人心里就踏实了。物廉价美的大宝葡萄酒，真是好东西。虽有人说，大宝的酒没有发挥其真正的潜力。但是，或许这就是大宝的魅力。

穿过宽阔的大宝葡萄园，

穿过那些小山丘，

我们接近了波亚克的村子。

就在这里，我们可以看到圣于连的光环在闪耀。

看吧，那雄狮酒庄(ChateauLeoville Las Cases)，

还有那里奥威・波菲(Chateau Leoville Poyfeerre)，

还有那里奥威・巴顿(Chateau Leoville Barton)。

这就是著名的里奥威庄园。这里曾经是圣于连村最大的庄园，但是现在一分为三。

里奥威的葡萄酒，是神奇的酒，由于此处圣于连和波亚克的交界地带。有些年份的酒像波亚克雄浑、有活力，有些年份的酒又像圣于连的风范，细腻柔顺。这块地总是给无数的酒客更多的惊喜。

这里的光芒闪耀了整个圣于连村。

里奥威・巴顿还有个姐妹庄，那就是朗日・巴顿(Chateau Lango Barton)，知名度不高，但是酒品极好。父亲打理朗日，女儿打理里奥威。两个庄的风格相似。酒体肥腴，入口顺滑，但是陈酿后，会显得紧瘦，大家可以尝试。

最后要提的就是圣皮埃尔酒庄。这个酒庄都快被人遗忘了，让人怀疑1855年那次乱点鸳鸯谱是怎么回事。1982年歌莉娅酒庄收购这个酒庄，酒庄重新回到了一线。看来，还是事在人为啊！

圣于连，小小的村庄，你看吧，她的光芒闪耀！

第88夜
走村串户梅多克之四：圣埃斯泰夫村(Saint Estephe)

沿着吉伦特(Gironde)河，穿过波亚克(Pauillac)，再往北走，那里就是圣埃斯泰夫。

圣埃斯泰夫是梅多克产区四个著名村镇中的一个，隔着一条小河和南边的波亚克镇对望。小河一边是拉菲的葡萄园，另一边是圣爱斯泰夫五家列级酒庄的三家，他们分别是爱斯图酒庄(Cos d'Estournel)，拉伯里酒庄

(Chateau Cos Labory)，拉芳罗谢酒庄(Chateau Lafon Rochet)。

穿过拉菲葡萄园，远远地见看见了爱斯图酒庄。看着爱斯图还是倍感亲切，主要是我曾喝过一些，自然亲。当然，如果天天喝拉菲，也是会觉得亲切无比呢！

爱斯图酒庄，二级庄，2000年庄主米歇尔·赫比尔对酒庄进行了大兴土木的翻新和改造，各种优质的设备全部进驻。记得喝到过2003的爱斯图葡萄酒，那种精致和典雅，让我震惊，这是左岸的葡萄酒吗？后来，才明白，那是梅洛葡萄的作用。2005年，酒庄向着更精细、更平均前进。后期调配中，加入更多的赤霞珠，使得酒体更加复杂和深厚。2007年和2008年，爱斯图的葡萄酒取得完全成功，后果就是，喝不起爱斯图了！

那就看看爱斯图西侧的拉芳罗谢酒庄吧。这是块宝地，拉芳罗谢的葡萄园被拉菲和爱斯图酒庄紧紧包围在一起。你想诋毁这个酒庄都没有理由，酒庄一直生产稳定的圣埃斯泰夫风格的葡萄酒。这家四级庄的酒，目前的价格徘徊在900元左右。我想她的潜力应该巨大，主要是因为地理位置太重要了。

爱斯图酒庄旁边，西北方向，还有个酒庄，那就拉伯里酒庄。这个不起眼的酒庄是五级庄。他的主人奥多家族一直在拼了老命给他擦徽章。拉伯里的新酒显得紧涩，陈酿还算不错，不深厚，也不张扬，让人觉得典雅，觉得还会更好。

沿东北方向的河边前往。

那里玫瑰山酒庄(Chateau Montrose)的城堡，玫瑰山酒庄的城堡耸立在圆丘之上，俯瞰着吉伦特宽广的河水。那葡萄园沿着河岸延伸，真的让人觉得她就是拉图葡萄园，和继续往南的圣于连村雷奥维·拉卡斯葡萄园是孪生姐妹一样。这里的酒体纯正，但口感稍差。事实上，玫瑰山的葡萄采摘是在成熟期采摘，被丹宁包围的柔软的质感是相当出色的。现在的管理者是奥比安酒庄的前主任，玫瑰山的鼎盛时期要开始了，这是多么让人期待的事情。吉伦特河边的这块伟大葡萄园，一定会像拉图那样惊艳世界。

沿着河流继续北去，就是凯隆世家酒庄(Chateau Calon Segur)，就是那个酒标一个大大的心形的酒庄。每年情人节，每个结婚日，都要畅销的葡萄酒的庄子。虽然，佳能酒庄的酒总是让人感到不靠谱，有的年份极好，有的年份又差强人意。但是，在那些甜美的日子里，谁会过分在意酒是不是最好的状态呢？加隆的葡萄酒和其他圣埃斯泰夫的酒一样，酒质坚实，年轻时候显得粗犷和强健，需要更长的时间来陈酿。所以太年轻的凯隆世家是不适合来饮用的。

传说，250年前拥有拉菲和拉图的赛居侯爵，曾经说过要把心留在凯隆世家，而不是那两个名庄。这颗真心，今天依然保留在酒标上。

同饮一江水，沿河而下，玛歌、圣于连、波亚克、圣埃斯泰夫，无独有四啊，梅多克的四个明星村镇全部依水而居，但是地质却有些不同。随着河水往下游冲刷，到了圣埃斯泰夫的北端，砂石数量减少，黏土成分反而更高。有些地区的排水性差，这也是圣埃斯泰夫有些地方的葡萄耐热的主要原因。

圣埃斯泰夫虽然只有五家列级庄，往往让很多人忽略这个村。但是真正懂酒的人应该知道，圣埃斯泰夫以中级酒庄多而出名。该村的中级酒庄多达40家，大家应该明白中级酒庄意味着什么。1855年列级评定完后，一直没有变。那些出色的酒庄、那些后起之秀怎么办？全部憋住中级庄的行列里。梅多克的中级酒庄评定不含糊，每过十年来评一次，就如同圣爱美浓那样。中级酒庄也分为精选中级庄、特级中级庄和普通中级庄。圣埃斯泰夫的精选中级庄有9家，这9家中级装不会比五级庄差到哪里去。特级中级庄有十多家，这些中级庄直逼列级庄的五级庄应该没问题。这样说，大家应该知道圣埃斯泰夫的实力是什么情况了吧？更让人震撼的是，这些中级庄的管理者全部是以列级庄的要求来管理酒庄。因此，买些圣埃斯泰夫的中级庄来喝，或许会有更多的惊喜。这就是圣埃斯泰夫之行带来的启示。

圣埃斯泰夫，
依靠着吉伦特河，
静静回望梅多克宽广的土地。

第89夜
走村串户佩萨克村(Pessac)

说到佩萨克，也许很多人都熟悉这个地方。有些人隐约知道，这地儿是波尔多的，但是左岸还是右岸，北郊和南郊又不知道了。但是，如果说起奥比安酒庄(Chateau Haut Brion),那一定如雷贯耳啊!

奥比安,广东人又称之为红颜容,1855年波尔多列级酒庄评级中,位列前四尊,和拉菲、玛歌、拉图并列四尊。奥比安酒庄是唯一一个不是来自梅多克产区的酒庄,他来自波尔多南郊的佩萨克村。

奥比安是什么来头,竟然可以闯入梅多克夺走桂冠?

这还得和大家说说奥比安的那些牛逼事情。

早在1525年,奥比安酒庄就建成了。当波尔多的农民们还在把酒当廉价农副产品进行买卖的时候,奥比安已经开始进行品牌营销了。

奥比安是第一个在酒瓶上标注酒庄名字的酒庄。这样一个发展思路清晰、大胆冷静前进的酒庄,怎么会默然于波尔多南郊?再说,彭塔克家族,这个波尔多的神奇家族,如何甘愿默默无闻?

波尔多的城市越来越大,作为南郊的佩萨克,正在一点点被城市吞噬。仅留的酒庄,也深陷于人海之中和楼宇之间。

佩萨克村的土质是干旱的沙质和砾石,正是这种地质才孕育了美好的葡萄酒。奥比安的葡萄酒,酒质是介于劲道和细腻之间的一种甜蜜均衡,具有格拉芙特色。酒中含有泥土和蕨类的气息,还有烟草和焦糖味,让人揣摩不透,比拉菲、玛歌还要回味无穷。

这一切要感谢几个强大的男人:

首先是酒庄创始人让·彭塔克(Jean De Pontac)。1488年出生的让·彭塔克,于1925年37岁那年,迎娶了波尔多市长的女儿柏龙(Jeanne De Bellon)小姐。柏龙小姐带来了奥比安那块地。让·彭塔克在这块地上进行细心的规划,建造了这个酒庄。

彭塔克绝对是个强大的男人,他结了三次婚,有15个孩子,高寿101岁。

他的四儿子阿诺德·彭塔克,继承了父亲的酒智慧,将奥比安的葡萄酒推向巅峰。

1699年的时候,奥比安的葡萄酒风靡欧洲。

第二个奥比安男人,就是1787年美国来法赴任的外交特使托马斯·杰弗森(Thomas Jefferson)。他虽然不是酒庄人,但他满怀热情地推广奥比安,足以获得终身成就奖的荣誉。托马斯大力推荐奥比安的葡萄酒,使得奥比安葡萄酒成了美国白宫的御用招待用酒。

1933年，深陷困境的奥比安酒庄为了基业万代的想法，提出将酒庄提供给市府，来换取“市政永久性保留葡萄园”的政策，被市政拒绝。就在此时，又来一个美国人。

这就是第三个奥比安男人，来自美国的银行家狄龙。狄龙在1934年买下了奥比安酒庄。交易刚结束，波尔多市政就后悔了，法国人也后悔了。像奥比安这样的国宝级酒庄，竟然被外国人买了去，这成何体统？因此，法国政府立法，确保名庄不要被外国人买了去。后来，希腊人想买玛歌酒庄，由于法律的原因，那个希腊人安德烈·门则罗普洛斯，硬是将自己的国籍改成了法国国籍，才完成对玛歌酒庄的收购。

20世纪60年代以后，让德尔玛斯开始接手管理奥比安庄。奥比安开始回归她的鼎盛时期。酒庄按照低产量、全呵护的方式来进行生产。

第四个奥比安男人就是当今世界葡萄酒骨灰级大师罗伯特·帕克。帕克太钟爱奥比安的葡萄酒了，以至于说出这样的话来：“30年来，当我品尝完了波尔多所有的葡萄酒，我发现自己原来珍爱奥比安的葡萄酒。”

第90夜
走村串户右岸行之一：波美侯村(Pomerol)

当我在键盘上输入这几个字母，我的口腔似乎充满口水。那是一种令人怀念的温润、丝滑和丰盛，果香四溢，奶香入鼻，如同温情的夜晚，在陶醉中沉睡，满是惬意和舒展，安全而又幸福。

这是波亚克没有的感觉，也是勃艮第没有的感觉。

101夜，一定得有一篇来讲波美侯。虽然那片田野里没有高耸的城堡，没有气派的酒厂，在那片790公顷的河边抬起的平地上，最高的建筑就是教堂，站在教堂上，一眼将整个村庄尽收眼底。

横竖交错的马路，形成一个个葡萄园。葡萄园旁边的树林里，匍匐着座座农舍，那些农舍就是震惊世界的葡萄酒庄，就是我们口中传颂的城堡，就是葡萄酒世界的城堡，Chateau。

这片土地太小了，总共790公顷，人家波亚克村的拉菲一个庄就100多公顷。难以想象村里几十家酒庄该怎么使用这有限的土地，来酿出世界名酒。或许，也就是这寸土寸金的土地，才让这片土地上的人们呕心沥血，全身心地投入，才酿出了美好的葡萄酒。就是这小片土地的葡萄酒，才得以在今天物以稀为贵的潮流下，价格飞涨。就是因为地少酒少，葡萄酒的主人才懒得去参加什么分级，分级是可以促进销售量，可问题是，有了订单又能怎么样，自己家里每年就只有 4 000 瓶的产量，这还不够喝和销售呢！

这就是波美侯的情况！

地少，酒少，酒好，客多！

酿酒师们在窄小的地窖工作，那是大酒窖里没有的工序。那几百个橡木桶一字摆开，酿酒师们一个个木桶进行乳酸发酵，一个个精心味控。这是大酒窖没法做到的。试想想木桶那个地下宫殿般的地窖，走一圈你都晕，还谈什么精心呵护。

这是一片神奇的土地。从地理上讲，波美侯村是一处巨大的砂石河岸，整个地形平坦，此处没有复杂的地质，除了黏土，就是带砂粒的黏土。整个地区都是如此，此处是梅洛葡萄的天堂。这片土地上每个酒庄都能酿出出色的美酒，如果够用心，够开拓，就能酿出了世界瞩目的美酒。所以，在波美侯讨论酒庄，似乎没有什么意义。简单来讲，波美侯的酒庄就像是艺术家村落，他们每个人都有着自己的风格，因为首先他们都是艺术家，就那一亩三分地，没空间让他规模化生产，小额量酿酒，使得波美侯的酿酒师都变成了艺术家。那浓郁，那肉感丰满，那狂放不羁，就是波美侯的群体写照。这个区的酒，品质稳定，水准非常高。严格意义上讲，只要酒标上注有"Pomerol"，你就可以收下了。

把波美侯的酒庄比喻成画家，一点也不过分，因为年产几万瓶酒，相对于波亚克村那些年产 30 万瓶的酒庄来说，就是艺术家和行画画工的比较。因此，才有了天价的葡萄酒在这个小村子里诞生。说到波美侯村，大家应该知道那个柏翠斯(Chateau Petrus)的酒吧？大名鼎鼎的波尔多八大金刚之一的葡萄酒，就是来自这个村子。少则几万元，多则几十万元一瓶。只有勃艮第的罗曼尼康帝才能望其项背，那还是康帝沾了皇家之气。

柏翠斯酒庄(Chateau Petrus)，注定是一个传奇的酒庄，就凭着酒标上的头像，那位耶稣的第一个门徒圣彼得，胸前举着的那把钥匙，那把打开葡萄酒世界荣耀之门的钥匙，就注定这个酒庄是上帝的酒庄。他的成就和荣耀是主的荣耀。

那些柏翠斯酒庄的邻居，都好像沾了圣灵之气，好生了得！

柏翠斯酒庄往北两百米，就是花堡(Chateau Lafleur)。这个酒庄历史上曾经超越过柏翠斯，1925年曾获得波美侯金奖。但是继承酒庄的主人是一对姐妹。1946年后，这对姐妹不知道信的哪家菩萨，消极避世，与世无争。好家伙，使得花堡的酒一蹶不振。直到1981年前柏翠斯酿酒师巴洛特应邀前来整顿，才得以元气恢复。做个波美侯好邻居，不是问题。

柏翠斯西南面，还有个老家伙，就是老色丹堡(Vieux Chateau Certan)。当波美侯还没有确立葡萄酒地位的时候，老色丹堡就在这片土地上酿酒了，他算是村里的老家伙了。但是随着柏翠斯的风生水起，加上花堡和里鹏酒庄的穷追猛赶，老色丹堡多少有点英雄迟暮的感觉。

里鹏酒庄(Le Pin)位于老色丹的西南面，与柏翠斯隔庄相望。看着老色丹堡的古堡，不知道里鹏的主人作何感想。因为里鹏酒庄太小了，葡萄地只有2.08公顷，连盖个像样的房子的地都没有。就在葡萄园尽头的松树下，有两间小屋子，一间酿酒，一间存酒。主人估计自己都不好意思，酒标上不都不好意思标上Chateau(城堡)的字样。村里张三李四王二的酒标都大大方方地标上Chateau，虽然没有波亚克那些土豪真正的大城堡，但是家族的荣耀还是要体现的。但是里鹏的酒庄的酒标就两个单词，Le Pin。何意呢？就是松树的意思。主人的务实和幽默可见一斑。事实就是这样，我们就是在松树底下的两间屋子干活，松树(Le Pin)就是我们的保护神。俗话说得好："山不在高，有仙则灵。水不在深，有龙则名。"我来加一句："地不在大，好酒则行。"1979年才开始整合起步的里鹏酒庄，迎头赶上，直追柏翠斯酒庄。硬是活生生地将柏翠斯摔得鼻青脸肿。1995年，10名德国品酒家盲品了1979年到1990年的13款里鹏和柏翠斯的葡萄酒。结果是震惊世界，里鹏家的9款酒战胜了柏翠斯。看来，真是"庄不在大，有松树则行"啊！

在波尔多，老罗家(Rothschild)是大户。自然，波美侯村怎么能少了老罗家的身影。在柏翠斯庄南边，有个酒庄就是Chateau L'Evangile老王吉堡。千万别认为是王老吉，这和凉茶没关系。就是要去买，估计也买不下来，因为东家就是罗斯柴尔德家族拉菲堡主人罗家的产业。1990年，罗家买进这个酒庄70%的股份，开始经营这家酒庄。酒庄就在柏翠斯的南边，土壤和柏翠斯非常相同。罗家进驻后，采用拉菲一贯的精品加精品的运作模式，酒庄地位直线上升。帕克老兄给这个庄的定位：明日之星。乘着明日之星还没升起，土豪多买进些吧？

当你从柏翠斯出发前往拉弗尔酒庄时，路上你会发现一个酒庄，当心你的眼镜不要掉在地上，那就是 Lafleur-Petrus——传说中的柏翠斯小酒王酒庄。这哥们懒得出奇，顺风打车，直接把柏翠斯和拉弗尔加在一起，就成了自己的酒庄名，挺会省事，名气又大，有形象。这位置选得好！左青龙右白虎，左柏翠右花堡！算你狠！

话说，这波美侯的几个大拿，都是非常了得的。但是村里的小拿也毫不逊色。

见到波美侯，就买呗。1 000 元以下的波美侯，你一定不会后悔！

高手如云的波美侯。

我为你歌唱！

第 91 夜
走村串户右岸行之二：圣爱美浓(Saint-Emilion)

圣爱美浓，一座宗教城市，那里有迷人的教堂和古城狭小的街道，那些石块垒成的古堡和铺就的街道，无不诉说历史的凝重。圣爱美浓人按照自己的方式生活，信教和酿酒。

圣爱美浓也是波尔多的一个区。当波尔多的梅多克(Medoc)、格拉芙(Graves)、索泰尔讷(Sauternes)的葡萄酒风生水起、享誉世界的时候，为何圣爱美浓却安静了 100 年？

要怪就怪那条吉伦特河。

一条大河波浪宽，风吹葡萄香两岸。我家住在河右岸，听惯了艄公的号子，看惯了船上的白帆。

宽广的吉伦特河，将波美侯和圣爱美浓隔在河的右岸。而波尔多的码头在左岸，葡萄酒贸易中心也在左岸，于是梅多克地区的葡萄酒和格拉芙、苏甸的葡萄酒自然成了波尔多的骄子。以至于 1855 年的列级评选，圣爱美浓连参选的资格都没有获得。

事实证明一个真理：要想富，先修路。与人谋，要搭桥。

圣爱美浓就缺了一座桥，就失去了100年的辉煌。直到1958年，圣爱美浓才拥有了自己的列级分级制度。此时距离1855年已经过去了100年，圣爱美浓失去了100年的时间。但是，好在有了开端，圣爱美浓这块号称“波尔多的勃艮第”的葡萄酒圣地终于踏上追赶左岸梅多克地区的大路了。

圣爱美浓人太需要这个分级了。

1958年开始的圣爱美浓分级，真是让人欢喜让人忧，因为圣爱美浓人选择一个十年一审查的分级制度。波尔多其他列级酒庄的分级，从1855年开始定级后，永不改变。但是圣爱美浓人选择每过十年，就重新审核。达不到考核的标准的酒庄就要降级和出局。竞争上岗的节奏啊，圣爱美浓人挺猛的啊！

圣爱美浓的分级分为特级酒庄和特级一等酒庄两个级别，特级一等酒庄又分为A级和B级，A级就是最高的级别。著名的白马酒庄，奥颂酒庄就是特级一等A级酒庄。

圣爱美浓有6个AOC产区，其中两个村级AOC产区最为出名。

所有的特级酒都来自Saint-Emilion Grand Cru产区。

从1958年开始，这其中经历了1969年、1979年、1984年、1996年的重新分级修订，倒也相安无事，考核通不过就下来，水平上来了就升级。圣爱美浓人信奉优胜劣汰的原则。想想河对岸梅多克那61家列级酒庄的庄主，如果也施行圣爱美浓十年审查制度，该是多么闹心的事。

但是2006年，对于圣爱美浓的分级审核办公室——圣爱美浓葡萄酒商会来说，就满头刺了。这是一次冒进的评选，顶级酒庄增加至15个，而列级酒庄则减至46个。这次大改动触发了可谓波尔多分级史上最激烈的争议，因为仅仅经过十年就有十多个酒庄被一夜之间剔除出列表，这种大胆冒进的做法无疑激怒了那些无辜的酒庄，他们于是把整个圣爱美浓商会告上法庭，要求这份列表无效。这场官司自2007年11月开始，其中过程迂回曲折，加上涉及多方利益，最后持续至2009年3月才结束，前后历时16个月，法庭宣布2006年的修订无效，圣爱美浓地区沿用1996年的分级制度至2011年。这在历史上是唯一的一次。

2012年圣爱美浓新的分级于9月6日公布。

圣爱美浓全城张灯结彩，喜气洋洋，这是一个狂欢的节日。自从2006年来，葡萄酒农心头的阴霾一扫而光。

新的列级名单可谓好看得很。

有82家酒庄升级为特级酒庄或者为列级一等酒庄。

还记得1996年的分级名单是13家列级一等，55家列级；

2006年那个失败分级名单是15个列级一等，46个列级酒庄。

但是2012有18家列级庄一级优等酒庄，64家列级庄，总数82家。最大的变化要属列级庄一级优等酒庄A级首次加入了两大庄园——柏菲酒庄和金钟酒庄。

值得一提的是瓦蓝德鲁酒庄(Chateau Valandraud)升级为特等一级B级酒庄。主要是我喝过几次，因为是2006年的，那时还不是特级一等，所以价格非常普通，现在估计已经价格不菲了。

值得提起的是目前市场上的圣爱美浓的特级酒庄，也就是Grand Cru Classe酒庄的酒，有些酒庄不是非常贵，甚至有时三四百元都可以买到。试问波尔多左岸的列级酒庄，就是五级庄什么时候低于1 000元过？但是圣爱美浓的特级一等B级的酒那就超过1 000元了。

圣爱美浓的酒确实不错。

圣爱美浓的分级确实要说说！仅此而已！

第92夜
玛歌，一首婉约的歌

玛歌，

一首婉约的歌。

立于风中，

长发飘起。

立于乱世，

气节高亮。

人们在背后讨论你，
芳香，柔美，温和而又坚强，
你是什么样的女子。
人们要封拉菲为王，
推你作王后。
王的女人，
非你莫属。

路易十五，
法兰西的王。
王的女人杜巴利夫人，
钟爱你，
与其说钟爱你，
不如说是在那鲜红的杯盏里看见自己。

那位克洛尼亚的女人，
明白你的心声，
她要为你建造一座优雅的宫殿，
来安放你高贵典雅的灵魂，
还记得，
那位名叫康博的设计师吗？
为你设计建造了你的宫殿，
那希腊巴特农神庙的优雅。
轻轻抚摸着你门前的廊柱，
你耸立于玛歌村的中央。
这座以你的名字呼唤的村庄，
以你的名字为骄傲。
玛歌宫殿，
永远矗立在波尔多的风里，
承启历史的前后来往。

你在眺望克伦特河里的船只，
日夜奔忙。
你凝望着，
你侧目而视。
革命的炮火，
掠过这片土地，
贵族们仓皇的马车消失在你的目光里。

那东方来的商人，
门泽普洛斯，
为你改变了自己国籍。
只为瞻仰你的优雅的身影，
哪怕夜夜徜徉在你的地窖。
你微笑，
依然优雅，迷人。
这夜色里的幸福，
让负重的老人安静地睡去。
幸福的笑容挂在希腊人的嘴角，
直到主的面前。

劳拉，
希腊人的妻，
科琳娜，
希腊人和他妻的女儿。
她们坚守在你的宫殿。
用时间恪守承诺，
用生命演绎精彩，
成就百年来的传奇。

玛歌，

婉约的歌。
唱尽人间繁华，
独留一袭芳香。
人们传颂你的故事，
世间流传你的奇迹。
玛歌，
优雅的歌。
看尽世事起伏，
唯有笑意撩人。
酒杯盛满爱的真诚，
歌里写满心的独白。

玛歌，
美丽的歌，
玛歌
心爱的歌。

第93夜 女士之夜

好友过生日，是女性。光临的客人男女各半，四男五女。要考虑其中有人需要驾车，不能多饮。如果需要你准备酒单，你该如何动手？今晚，我们准备四支酒，刚刚好，大家非常尽兴。

请看酒单：

1. 新西兰奥克兰-奥体森酒庄2007年Flora(夫罗莱)白葡萄酒；
2. 奥体森酒庄2007年琼瑶浆；
3. 玛歌村力士金酒庄(二级庄)2006年红酒；
4. 波美侯村Le Moulin酒庄2002年梅洛葡萄酒。

酒单准备的原因：

由于晚宴，出席的有五位女性，因此白葡萄酒必须准备两支。芳香型一支，半甜一支，但如果结尾再用一支甜白收尾，那就非常完美了；

接下来就是红酒了。今晚的女主角是中年女性，知性、婉约、温和，从事教育工作。那么寻遍左岸，只有玛歌村的酒合适，来自二级庄的力士金，非常符合这种晚宴，土豪金出场必是高端大气上档次。再有玛歌村一贯的婉约、温和、丝滑的酒体，略带一些左岸的力量，更能彰显知识女性领导者的所有气质。那就玛歌了。

酒过三巡，心也软了，话也多了，来自右岸波美侯的梅洛葡萄酒最合适不过了。丰硕的酒体，肆意的芳香，饱满的口腔感，定能给晚宴推上高潮。

最后准备一首老歌《在那遥远的地方》。一同回忆年少时光，感慨岁月潺潺。唯有真爱尚在，友情如金。美酒和着美好的旋律，一起烘托起美好的生活。

定调：美酒，美妙音乐，衬托美好的日子。这就是一种生活的态度，一种生活的方式。精致，品味，幸福和满足。

酒后感受：来自新世界的白葡萄酒，2007 年，我看瓶时，心里就琢磨着，这酒能撑到现在吗？夫罗莱葡萄是一种杂交葡萄酒，它的父亲是琼瑶浆和赛美容。这种酒芳香四溢，青草气息和小花的香味明显。这支 2007 年的夫罗莱，打消了我的顾虑。经过 2007 年中国式的储藏，竟然能保持芬芳的气息，入口也相当清新，略带甜味，估计是酿酒师故意留些甜美给那些周末出行的人们。

第二支来自奥体森的琼瑶浆，就没有了一如既往的妖艳和芬芳。原来这种陈年了七年的新西兰琼瑶浆是这种感觉。那种陈年的芬芳，更像是干果的香气。入口略显恬淡、优雅，似乎是步入不惑之年的优雅女性。

第三支来自玛歌村的力士金酒庄 2006 年的红葡萄酒，充分展示了玛歌村的风格。刚开瓶时，丹宁略显犀利，酸味也比较明显，芳香呈半开状态。但是半个钟后，丝滑柔顺，芳香四溢，入口极好，大家惊呼好酒！婉约柔和中，略带力量，彰显左岸的风骨。到后期，那种惯有的华丽的醋栗，矿物和草莓的香味，非常迷人。

第四支来自波美侯东北部的 Le Moulin 酒庄。刚打开时，丝毫未动。我倒了半瓶进醒酒器，进行粗鲁转瓶，从瓶口喷涌而出的是豆蔻的香气。但是一停下瓶，又封闭了。麻烦了，要醒酒，这才发现 2002 年的波美侯彻底睡着了。半个钟后,才开始逐渐醒来,豆蔻和紫罗兰的香气若隐若现,酒体略微显得消瘦,完全不是波美侯的风格。1 个小时后,葡萄酒完全打开,香气四溢,酒体丰硕,迷人无比,入口顺滑饱满,回味悠长,令人长叹不已。

又是一个美好的夜晚。人生就是由无数个片段组成,那些感动的人,那些感动的笑容,那些感动的瞬间,成就了无悔的人生。人生就是要这样幸福满足地迎接每个黄昏和黎明。

第 94 夜
1976 年的那几个杀手

美国,是我印象中最熟悉的西方国家,这得感谢那些好莱坞大片。原来这么多年,我们一直在电影院里被美国人上德育课来着:从《泰坦尼克号》开始学习为爱献出自己,从《廊桥遗梦》里学习爱一个人就要放手,从《钢铁侠》学习个人英雄主义拯救世界,从《猩球崛起》明白抗争的意义,从《阿凡达》学习跨种族的大爱。所以,谈到美国,虽然双脚从没有踏上过那块土地,但是却有种莫名的激动和亲切。想到这里,我竟然感到有点无耻。

那些在绿树成荫里的老百姓的独栋屋子,那些门前的草地,那些孩子们无忧无虑的学生时代,那些彻夜不归的狂欢晚会……这就是我印象里的美国。我承认我快要堕落了。

闲话就不说了,利索说点美国的事。奔着那 1976 年那场剿杀法国葡萄酒的事件,说说那几个杀手的事。

把美国扯上葡萄酒,倒也从未想过。印象里美国的葡萄酒,应该是全球采购吧。在内心深处,美国就不是一个农民的地方。我再次觉得自己无耻!

随着新大陆的发现,欧洲的探险者们蜂拥而至。美国的祖宗就是全世界的探险者们。富人去牟取更大的利润,穷人去寻找更好的生活空间。这个庞大的移民群体中,自然少不了葡萄农民,特别是那些祖祖辈辈生活在意大利、西班牙和法国的移民。他们走到哪里,都要种植葡萄,酿制美酒,因为他们一日不可无酒。决定葡萄酒将出现在美国的历史中,但是美国的葡萄酒的发展并不是一帆风顺的。

无论葡萄酒怎么发展,如何探索,从 1918 到 1933 年为期 15 年的禁酒时期，就使得美国葡萄酒遭受了灭顶之灾，前功尽弃。严格意义上来讲，美国葡萄酒的发展就是从1933年以后开始的，截至1976年巴黎事件，美国只用了43的时间，就超越了他的老师法国。

1976年，史上称之为“巴黎审判”的葡萄酒盲品事件，以美国的胜利而告终。来自美国纳帕鼓谷鹿跃酒窖的葡萄酒一举击败木桐和奥比安大牌酒，一举粉碎了法国骄傲的葡萄酒皇冠，从此改写了葡萄酒世界的格局，新世界的葡萄酒的春天拉开了帷幕。

时隔十年，法国人欲雪前耻，又和美国人对决一次。这次法国人输得更惨，连回家的门都差点没找到，前五名全部来自美国。第一名是海兹酒庄(Heitz)，第二名是玛雅卡玛斯酒庄(Mayacamas)，第三名是瑞吉酒庄(Ridge)，第四名是鹿跃酒窖(Stag's Leap)，第五名是克罗杜威酒庄(Closs Du Cal)。最大的耻辱是奥比安酒庄(Chateau Haut Brion)竟然跌至第十名，那可是法国五大名庄之一啊！

法国还是不服气，2006年，再比！结局依然凄惨，法国人还好心态好。这次盲品PK，美国葡萄酒再次囊括红酒前五名，第一名是瑞吉酒庄，第二名是鹿跃酒窖，第三名玛雅卡玛斯酒庄，第四名是海兹酒庄，第五名是克罗杜威酒庄。

三十年恩怨情仇，美国葡萄酒彻底树立了自己的纪念碑。

我一直在思考这个问题。我也一直在默默品饮美国来的葡萄酒。每次的品饮，都证实了我的想法。

我试饮过来自纳帕谷Hall酒庄的长相思，我试饮过来自纳帕谷Cunvasion庄的霞多丽，也试饮过来自俄勒冈的黑皮诺。这些葡萄酒给我的感觉，都有惊喜。

这些酒不是名庄，也不是历史庄，更不是膜拜酒。这些普通的葡萄酒，是最能体现美国葡萄酒的真实水平。

白葡萄酒，无论是长相思，还是霞多丽，我印象中，来自美国的两款酒给我感觉是，继承了法国白葡萄酒的精髓，你是根本不会把它误认为其他新世界的葡萄酒的，那种丰满、优雅，是智利、阿根廷、澳洲没有办法做出来的。但是，美国白葡萄酒却能在法国的基础上，将白葡萄酒惯有的果香、花香引导得更加清晰迷人。这就是美国葡萄酒给我的惊喜。

有幸品尝朋友美国归来带回的黑皮诺。深刻记得美国黑皮诺给我的震撼,那种丰满却不失优雅的酒体,那种扑面而来又不张扬的香气,还有那勃艮第一级田黑皮诺独有的余味。让我顿时觉得,我需要重新认识美国葡萄酒,要摒弃偏见,重新审视美国葡萄酒的历史地位。

再后来,两支来自纳帕谷的普通的餐酒,一支赤霞珠,一支梅洛,那种平实,顺口的风格,橡木桐的味道夹杂着黑醋栗浆果的气味,不张扬的丹宁和尚可接受的口感,使我大致对美国酒有了基本的了解。

美国在学习法国波尔多的均衡架构,学习勃艮第的优雅精致,并开始有所成就了。

美国葡萄酒崛起的答案,在哪里?

我一直在思索。

首先,美国人本身也就是欧洲人,是法国人、意大利人或西班牙人,只不过是换了个地方继续酿酒,底子还是千年的底子。只要地方选得恰当,传奇一定诞生;

第二,美国在纳帕谷进行大量的投资,设备更新,从欧洲引进资本和著名酒庄的技术力量,使得纳帕谷的整体水平迅速提升。

第三,美国是全球消费大国,国内对葡萄酒的需求非常巨大,另外,纳帕谷将葡萄酒庄打造成一个个高端大气的旅游观光胜地,促使游客蜂拥而至。美国人还有个特点,就是特爱国,从某种程度上来讲,爱国产葡萄酒的美国人大力支持和推动了整个行业的发展。

第四,美国的农业科技发达前所未有,全世界的精英汇集美国。纳帕地区的戴维斯葡萄酒专科学院,培养了一大批酿酒师,戴维斯的葡萄酒研究和改良技术,也让加州葡萄酒少走了很多弯路,可以直接奔着法国人,一上去直接五刀,把法国葡萄王,刺于马下。

抓住杀手,抓住他……

杀手一:鹿跃酒庄(Stag's Leap)。位于纳帕谷中部,1976 年鹿跃酒窖一举成名,问鼎华山,从此天下谁人不识君!

杀手二:海兹酒庄(Heitz)。1986 年法美第二次 PK 战中,海兹酒庄夺冠。这个酒庄只成立于 1961 年,葡萄酒学院毕业的 Joe Haiz 在圣海伦镇买了几块地,开始了葡萄酒的历史。这个酒庄的葡萄酒具备阳刚气质,强烈的薄荷、巧克力和蜜饯的味道，特别适合中国白酒客们。

杀手三：玛雅卡玛斯(Mayacamas)。位于索诺玛和纳帕谷中间的玛雅卡玛斯山脉上，海拔 2 000 多英尺。大家还记得《云中漫步》那部电影吗？就是在此地取景，就在海兹酒庄的玛莎葡萄园的旁边。旁边还有个大家熟悉的哈兰酒庄。

杀手四：瑞吉酒庄(Ridge)。酒庄历史悠久，1885 年就成立了。2006 年第三次法美 PK 战中，她问鼎冠军。1986 年，日本人买下该酒庄，我想不便宜，好在是 1986 年，如果是 2007 年，那将是天价。或许是日本人的精耕细作，自此提升了这个酒庄。有一点值得注意的是，日本收购酒庄后，原来的酿酒师继续留任，并担任该庄的首席执行官，某个程度上保证酒庄的持续性发展。

杀手五：克罗杜威(Closs Du Cal)。该庄在鹿跃区，文字意思是"小山谷中的小葡萄园"。酒标上三位女神分别代表灿烂、微笑和佳肴，我喜欢，庄主有文化，有品位。他们家的特长是酿制赤霞珠。

杀手六：自由马克修道院酒庄(Freemark)。成立于 1886 年，几番易主。1967 年七个小伙伴合伙买下了这个酒庄，用了十年的时间，就带着酒庄奔赴世界顶尖级行列。该酒庄的主人是个葡萄酒学院的学问家，这哥们建立纳帕地区很多葡萄酒酿制标准，所以江湖上又称：自由马克学院。院长所在地啊！

六个杀手全部提溜在此。美国加州葡萄酒基本代表美国葡萄酒，就凭他 90%的产量。没有法国分级的制度，似乎才符合美国自由的性格气质。

美国人相信梦想，相信个人英雄主义，所以，美国葡萄酒的购买地图，就是谁名气大，谁就是好酒！多少英雄好汉逐鹿加州。谁是大英雄，还看今朝！杀手的故事只是历史。

第 95 夜

那些神一样的美酒是怎样酿成的？

看着那些标着天价的葡萄酒，我们常常感叹，那是土豪的酒。勃艮第的罗曼尼康帝的一支酒，拍卖的价格是人民币 103 万元。连罗伯特 · 帕克都感叹：罗曼尼康帝的酒是百万富翁酒，可是只有亿万富翁才舍得品尝她。

勃艮第的亨利迦叶的葡萄酒，还有勒鲁瓦大妈的酒，也是极贵的酒。

大洋彼岸的美国的膜拜酒，也是让人疯狂让人痴呆。啸鹰的葡萄酒，1992 年首次发行是 50 美元，到了 2010 年的交易价格是 10 260 美元。这是什么节奏？

面对这些神一样的葡萄酒、神经病一样的葡萄酒，我们除了发呆，就是思考，凭什么？

好的风土当然非常重要。人类每到一个地方，首先考虑的就是，这块地是不是适合种植庄稼，因为民以食为天。葡萄酒农每到一个地方就是思考，这地适不适合种植葡萄，特别是基督教远征世界的时候。连云南那样的亚热带高地、日本长野一带、长年冷季够长的加拿大都不放过，那么南北纬度 30 度至 50 度的黄金走廊就更不会放过了。

神一样的好酒，风土当然不是关键的要素。因为，一个产地的风土大致是相同，但是一个产地只能产生少数几个神酒。就好像一个族群，也只有一两个领袖脱颖而出。因此，产生神酒的主要原因，在于酒庄的老板是神一样的人。大地对人类是公平的。

市场的运作，我们也常常视之为神酒产生的重要原因。这点是没有办法回避的。当然也跟神人的推销和广告理念有关。

因此我们来看看神一样的酿酒师和庄主，是怎么伺候她的酒庄的。

我想不外乎这么几个原因。

首先，种植大气。拿罗曼尼康帝来举例说明，他们家每公顷种植 10 000 株。过于密集的种植，会影响葡萄苗的生长，无论是阳光，还是地底吸取水分和营养，都会有影响。

其次，树龄不能太年轻。姜还是老的辣，看来用在葡萄酒种植上，也是管用的。通常年轻的葡萄苗，五年以内是不会用来酿酒的。如果庄主志存高远的话，轻松轻松白养它五年再说。罗曼尼康帝的葡萄苗的树龄都在 60 年以上。

然后，葡萄地里绝不使用化肥。化肥对土地的伤害是非常巨大的，因此，神人酿酒师不约而同地放弃使用化肥，而是使用有机肥料，枝叶、果仁、根茎和牛粪的混合物。除此之外，连除草剂都不使用。

再者，各显神功抗虫害。葡萄园周围种满了玫瑰花，通过玫瑰花优先感染霉菌的情况，来预知葡萄苗的健康状况。到了秋天，用丝网把整个葡萄地天罗地网地盖起来，防止贪吃的小鸟来啄食葡萄，新西兰的小鸟们异常喜欢吃葡萄。

此外，要舍得。夏天的时候，工人在葡萄地里修剪葡萄苗，一大串一大串地剪下来，防止过多的串串影响葡萄枝苗的生长。剪得越狠，留下葡萄长得越好。你说一家 10 口人，口粮只有 4 人份，这能吃得饱吗？在秋天收葡萄进行分选的时候，全部人工分选，而且逐个分选，那才是变态。挑选越是严格，最后呈现好酒的机会就越大，这样的后果就是产量极少。产量极少，就是酿酒师和庄主的目的，因为精选出来的必是极品。一个酒庄的千秋伟业就是要奉献极品，因为不差钱。这样说吧，罗曼尼康帝每公顷只能产出 2 600 公升的葡萄酒，平均每三棵树才出一瓶葡萄酒。勒鲁瓦太太的出产量更低，平均五棵树才有一瓶葡萄酒。只有舍，才有得，就是这个道理。

最后，精心呵护才是真。还记得勒鲁瓦太太每夜徜徉在地窖的传说吗？每个橡木桐的葡萄酒就是酿酒师的孩子，时刻关注他们熟成的状态，时刻进行适当的干预，才能使葡萄酒在熟成阶段呈现完美的状态。试想想，如果你们家地窖里上 10 000 个橡木桐，你能告诉我，你准备怎么监控这些桶的葡萄酒熟成的状况。少而精，永远是奢侈品横行的真理。

还有极其重要的就是，一定要整几个年份，不要出酒。年份不好，咱家没有酒卖，因为今年的酒达不到我庄的要求，所以全部不卖。谢谢各位！

要做到上面这七点，主人必须是一个神一样的人，要不，根本没有办法扛下来。好在葡萄酒酒界这种人不少，所以有不少神一样的美酒。这种神人酿酒师和庄主都有一个相同的群体写照就是：向葡萄地要精选，向橡木桐要精品，给家族塑精神。

向这些人致敬！

第 96 夜
阿根廷为你欢笑

1982 年，美国加州的纳帕谷的酒庄，每逢周末都会迎来一个来自阿根廷的中年男子。这位男子，品尝着纳帕谷出色的美酒，思考着什么，四周观望着，像是在寻找什么。他的眼睛里充满了激动和信心，他似乎在纳帕谷找到了人生中最重要的东西。他确实找到了人生的珍宝，不仅如此，他还找到了阿根廷葡萄酒的明天。

这位中年男子，就是来自阿根廷门多萨（Mendoza）产区卡泰纳·萨帕塔酒庄（Bodega Catena Zapata）的主人。2009年他成了世界葡萄酒界时代杂志的封面人物，被著名权威杂志《品醇客》（*Decanter*）评为2009年风云人物。这个称号是对他终生致力于阿根廷葡萄酒事业的最高荣誉。他就是：尼古拉斯·卡泰纳。

1982年，卡泰纳受邀成为加利福尼亚大学农业经济系的客座教授。

此时的卡泰纳教授早已是阿根廷卡泰纳·萨帕塔酒庄的主人。早在1963年，卡泰纳就接管了父亲尼古拉·卡泰纳创立的酒庄。

尼古拉斯早在1960年攻读美国哥伦比亚大学经济学博士时，尼古拉斯就明白将来自己要承担起经营家族酒庄的重任。

从1963年接管家族企业到1982年的20年时间里，卡泰纳将自己的青春奉献给了这片土地。但是1982年的加州访问，彻底改变了他的栽培和酿酒法，甚至葡萄酒理念。

加州纳帕谷罗伯特·孟达维酒庄（Robert Mondavi），对卡泰纳影响深远。孟达维酒庄的葡萄种植和钻研，对学者型的卡泰纳非常震撼，为什么不可以根据土壤和天气进行因地制宜的研究，通过嫁接和克隆找到最合适风土的葡萄苗？为什么不可以让门多萨葡萄苗找到最适合的土地？为什么不可以摈弃传统的高产量的劳作方式，改为低产量高品质的生产思维？

想到这里，卡泰纳顿时信心十足。

这一干就是10年。1991年，卡泰纳带着他的葡萄酒返回美国，引起轰动，他的霞多丽和赤霞珠都非常受欢迎。

1997年，卡泰纳的酒在阿根廷的盲品大赛里，直接打败了法国名酒拉图、奥比安和纳帕谷的名酒。卡泰纳取得了巨大的成功，他对自己的土地越发充满信心。

距离1982年时间过去了15年，这个意大利移民的第三代，继承发扬了祖父的光荣传统，让意大利人的酿酒精神得以弘扬。那个葡萄酒工人卡泰纳的孙子，成为阿根廷的骄傲。

站在卡泰纳酒庄的葡萄地里，远处是常年积雪不化的安第斯山脉，雄伟高耸的安第斯山脉挡住了西边太平洋的水汽，门多萨省又远离东边的大西洋，此地有着类似沙漠的气候，年降水量只有200毫米。明朗干燥的气候，靠着安第斯山脉的融雪的水流，卡泰纳酒庄的葡萄苗生机勃勃。这使我想起了贺兰山和祁连山，同处于葡萄酒黄金纬度上的中国产区和门多萨多么相像！类似沙漠的气候，昼夜温差大，雪水灌溉，少虫害。门多萨获得了成功，为什么中国不可以？难道缺乏是向卡泰纳这样热爱葡萄和葡萄酒的经济学博士吗？当我穿过祁连山脚下的河西走廊时，看着车窗外远处的祁连山脉上的皑皑积雪，我在心里想，山脚下应该有几个出色的酒庄吧？他们说有的，那是高台县骆驼城祁连龙蛇珠葡萄酒。如今，贺兰山脚下的葡萄酒也是林林总总，我期望民族葡萄酒的希望能在那里茁壮成长，因为有卡泰纳的成功，我们有信心！

在阿根廷人们都沉迷于多酿酒、高产量的时候，卡泰纳提出了低产量、重营销的思路，这种离经叛道的做法，让阿根廷人难以理解，但是，事实证明了卡泰纳的正确。这是葡萄酒酿造的理念。

今天，安第斯山脚门多萨地区，海拔900至1 500米的地区，汇集了一大批出色的酒庄，这些酒庄汇成了阿根廷葡萄酒的主力军团，向着世界葡萄酒的战场前进。

这个军团的主要成员有：来自英国的埃德蒙·诺顿的诺顿酒庄，推进高级化进程，因为得到了奥地利施华洛世奇家族的赞助，从而有实力生产高级葡萄酒；法国波美侯地区的内利斯酒庄老板加尔辛家族投资的诗歌酒庄(Poesia)；奢侈品大亨LVMH集团下属的安第斯之阶(Terrazas De Los Andes)；阿根廷爱特恰特家族下属的雅克秀雅酒庄(Yacochuya)；法国圣爱美浓顶级酒庄白马庄投资的安第斯白马庄(Cheval Des Andes)。这样看来，阿根廷门多萨产区的高档酒圈里，外来势力很强大啊！

但是话说回来，能够吸引这么多大腕投资门多萨，足以证明此地是块宝地。

记得喝过卡泰纳酒庄的那款马尔贝克(Malbec)，着实让人迷恋。印象中，来自法国南部的葡萄品种马尔贝克，是浓烈、粗糙、奔放的葡萄酒，为何远渡重洋，来到海拔1 000米的门多萨，就变得那样温柔、伤感和细腻？着实让我费解，但也更加坚定了我对门多萨的信心，这是块宝地，可以让粗鲁的汉子变得优雅、绅士、细腻、层次分明。这是卡泰纳马尔贝克给我的印象，就是在罗伯特·帕克那本世界顶级葡萄酒全书中第一个酒庄卡泰纳给我的印象。

第97夜
酒中乐事

自古以来，美酒和高歌似乎从来都是孪生子。酒至酣，君不见无数才子高人，佳作无数。

李白的《将进酒》，肆意奔放，豪情万丈！

曹操的《短歌行》，志在天下，满腔热血；

王维的《渭城曲》，酒后歌声里的离愁别绪；

杜牧的《遣怀》里青楼醉歌的惆怅和失落；

岑参的《白雪送武判官归京》里满饮壮行的英雄气概……

这酒里的歌，这酒后的曲，

伴随多少壮士奋勇向前，

遣散多少离愁别绪，

安抚多少怀才不遇的伤感，

疗治多少夜不能寐的痴情怨人，

壮了多少英雄胆。

最坦荡的当数王翰的《凉州词》，一句脍炙人口的“葡萄美酒夜光杯”，流传至今。

无论葡萄酒，还是我朝自古以来的谷烧，这些酒都以同样的方式滋润和激励一代代土地之上的人们，给人以希望，给人以安慰。

酒使人敏感，酒壮人胆。那些平日里少言的人们酒后健谈，那些平日古板正经的人们酒后自由奔放，放歌是酒至酣处最常见的方式。

酒窖准备了一台电钢琴，一套扩音系统，一把吉他，还有一只手鼓。这些乐器给我们带来了多少快乐和美妙的回忆。

还记得我们一起在《当我想你的时候》里，让眼泪飞；

还记得我们一起合唱《春天里》感叹生命；

还记得我们一起轮唱《橄榄树》回望来时之路；

还记得我们一起吟唱《没离开》感慨繁华落尽见真实；

太过美好的回忆，太多美妙的旋律，太多触及内心的诗歌，在葡萄酒的催情和酵化下，让我真真切切地感受生命的珍贵和人生的酸甜苦辣。

那些纷繁的情绪一直都在我们的生命里，

那些动人的旋律也一直在那里守候我们，等待我们吟唱；

葡萄酒可以使每个人变成诗人、变成歌者，这是很多酒友没有想到的，当葡萄酒遭遇音乐的时候发生的奇迹。

还有当我们重逢时，浓烈的情感，让我们期望用法国南部的红酒，还有来自意大利东部温尼托产区瓦布里切拉（Valpolicella）的阿玛若尼（Armarone）来为聚会推波助澜。此时如能来上几首友情大合唱，岂不是相当应景和抒怀吗？

当我们有大喜事的时候，我们定要打开一支法国波尔多的列级酒，或者美国纳帕谷的名酒，让伟大的架构，那耸立的均衡，还有深深打动人的优雅，那澎湃汹涌的激情，带来美好的庆祝。让我高唱《祝酒歌》，中国的，外国的，都可以，那奔放的旋律和高亢的歌声定会让高潮迭起。

当生命历尽沧桑，当世事褪去繁华，当湖面安静恬美，我们多想打开来自勃艮第的黑皮诺，任凭那优雅的花香、细细滑滑的丹宁合了你的双眼，任泪水流淌在你的眼角。此时，来上几首疗伤的情歌，在外加几首流行民谣，还有什么比这更让人动容的呢？

让我们尝试打开那些尘封已久的回忆，那些酸楚，那些青涩，那些如烟的往事。白葡萄酒或许更合适了，那些柠檬黄或者淡黄色液体，在不知不觉的交谈里，徐徐下咽。当音乐徐徐响起的时候，你的伤感从内心深处徐徐升起。蔡琴的歌声，李宗盛的旋律，此时似乎最能拨动你的心弦。

没有摇滚的青春是白瞎了的青春。我们每个人都在摇滚，只是摇滚的幅度不同而已。人生就是一场舞会，当音乐响起的时候，有人在恣意摇摆，有的人轻松摇摆，有的人轻轻点头，有的人立于繁忙中，心随乐动。人生本身就像一次摇滚，奋斗抗争，进取前进，欢笑落泪，永不止步，这就是摇滚的精神。因此，每次酒会，摇滚是最能点燃聚会高潮的，无论是崔健的蓝色旋律，还是汪峰眼泪神曲，或是来自披头士的茱迪，让我们一起高歌吧。歌唱伟大的生命，歌唱这个狗屎世界。

时而伤感，

时而奔放，

时而狂放不羁，

时而多情不已。

你都快忘记自己了。

忘记自己来自门外那个世界，那个城里的自己。

你听到了自己的呼唤。听到了心的声音。

来，干杯！

干了这杯，让我们一起唱首老歌。

让我们一起回忆那些逝去的时光，

一起凭吊那逝去的青春。

感谢上帝给了我们美酒，音乐，

还有那些我们歌唱的爱情。

美酒，音乐，爱情。

第98夜
九 问

1845年，澳大利亚南部的阿德莱德(Adelaide)市郊的玛吉尔。一个年轻人，看着刚刚种植下去的葡萄枝，脸上充满了满足和憧憬。作为一个医生，他深信他种植下去的就是自己的医疗理念和健康梦想，他要告诉世人，葡萄酒就是健康的保证。这个年轻人创建的酒窖，后来成了澳大利亚最著名的酒庄，也酿造出了澳大利亚最昂贵的葡萄酒。

这位年轻人就是奔富(Penfolds)。

这个酒庄就是今天的奔富酒庄。

葡萄酒具有医疗功效，成了百年来人们一直在讨论的话题。科学家们也在不停地实验，试图找出葡萄酒给人们的健康带来的好处。

葡萄酒专家们和医学家们，告诉我们葡萄酒的功效十分惊人。一朋友心血管有些问题，去看医生，医生的建议直接就是“回去，每天一杯葡萄酒”。葡萄酒真的如此强大吗？这是真的吗？

一问葡萄君，葡萄酒能治脑血栓，真的吗？

葡萄酒里含有一种叫白藜芦醇的化合物，这种白藜芦醇可以抑制血小板凝集。我不是太懂医，但是脑血栓是血凝导致不通，倒是真的。这种白藜芦醇存在于葡萄的皮里，每升葡萄酒含有 0.2 微克的白藜芦醇。实验表明，即使将葡萄酒稀释 1 000 倍，对抑制血小板凝集仍然有效，抑制率达到 42%。好家伙，总算可以避免脑血栓导致的半边瘫痪的可怕老年了。

二问葡萄君，饮用葡萄酒可以防止肾结石吗？

德国的研究者表明，饮用葡萄酒可以防止肾结石。早先说的，多饮用饮料和水可以防止肾结石，并不全面。要知道，我们目前的饮用水的问题大大存在。在对 4.5 万的健康人和病人观察之后，科学家们发现，饮用葡萄酒的人得肾结石病的风险最低，得病的风险比无饮用葡萄酒的人要低 36%，比喝咖啡和喝茶低了老多。如果我没记错的话，我们的肾负责对我们摄入的液体进行过滤，如果水质不行的地方，肾结石的发病率很高。但是，葡萄酒似乎可以通畅那些过滤渠道，使得结石难以产生。

三问葡萄君，葡萄酒可以防癌吗？

科学家们做了个实验，用葡萄酒去喂养得了癌症的老鼠。实验发现，葡萄酒对癌症有抑制作用。美国伊利诺斯药科大学的研究人员，选用桑葚、花生、葡萄皮，来抑制癌细胞的病变，发现葡萄皮的抑制力最强。研究人员发现葡萄酒含有一种防止乳腺癌的化学物质，这种物质的功效就是抵抗雌性激素，而雌性激素就是乳腺癌的罪魁祸首；喝点葡萄酒，绝对不是件坏事。

四问葡萄君，葡萄酒真的能减肥吗？

我总算明白了，我最近忙到没时间喝酒，发现身体又开始膨胀了，原来如此。他们说的葡萄酒可以使得肠胃对脂肪的吸收放缓。脂肪吸收慢，自然我就不肥了，是吧？

五问葡萄君，多喝葡萄酒，要做千里眼，真的吗？

研究表明，葡萄酒可以防止视网膜变性，视网膜变性就是由于视网膜里的有害氧分子游离，使肌体内黄斑受损，而葡萄酒里的白藜芦醇含有消除氧游的物质，这样就可以防止视力变坏和衰退。喝到老，千里眼。有点意思！

六问葡萄君，饮用葡萄酒可以提高记忆力？

当我减肥的时候，我饿得饥肠辘辘，自然神情恍惚，记忆力下降。但是葡萄酒可以让我保持旺盛精力，不会因为节食而导致记忆力下降。当我节食时，我选择葡萄酒做我的伙伴。我信赖葡萄酒。

七问葡萄酒，葡萄酒可以让我年轻几岁吗？

葡萄皮里含有抗衰老的自由基，这种自由基可以延缓衰老。我们知道，人的一生和葡萄酒一样，都是被氧化的一生，我们身体里有90%是水分。人体氧化的凶手不是氧气，而是氧自由基，这种氧自由基易引起化学反应，损害DNA和身体重要的生物分子，从而使身体老化。葡萄酒含有抗氧化剂，那些林林总总的酚化物，维生素C、E还有微量元素锌、硒、锰，都能帮助你消除和对抗氧自由基，从而延缓衰老。啊，这么看来，喝酒能年轻啊！

八问葡萄君，葡萄酒可以让女人更美吗？

葡萄酒可以让女人的皮肤更细腻。那是因为葡萄酒所含的果酸，具备抗皱和洁肤的作用。万能的葡萄酒啊，这都行吗？这种搞法，那妹子明天就用澳洲酒开始泡澡了，果酸固然好，但是那是葡萄酒啊。完了，这下漏嘴了。巷子里张大爷是榨果汁的，那日神秘地拉住我。袁教授啊，这是果酸酵素，拿回去，让太太洗脸的时候拍拍脸，洗头的时候护护发。看着张太太那俊俏的模样，我半信半疑地收了。原来这果酸真的是神物吗？

九问葡萄君，九九归一，最后一问。葡萄酒能治感冒吗？

流感是全世界医生们棘手的问题。因为流感的病毒对大多数药物具有抗药性。但是，人们发现喝葡萄酒的人很少感冒。自此喝了葡萄酒，我已经很久没有感冒了。科学家们把葡萄酒和病毒培养液混在一起进行实验，发现病毒在葡萄酒照顾下渐渐失去了活力。这是因为葡萄酒含有苯酚类化合物，能在病毒表面形成一层薄膜，使其难以进入人体细胞。嘿嘿，真的很神奇啊。感冒的那位兄弟，你今天喝了葡萄酒吗？

九问葡萄酒，
功效是否有。
济世又健身，
华佗满桌走。

第99夜

我不是酒鬼，我酒量小小

我的父亲喜欢喝酒，喝家乡的米酒，酒后的父亲满脸通红。父亲属于沉默寡言的类型，喝多了倒头就睡。总的来说，酒品还是不错。在我记忆里，很多人喝多酒就喜欢大声喊叫，或者回家揍娃打老婆。小时候，我非常讨厌那种酒后闹事的人，当然，小伙伴们看笑话另当别论。

后来上学了，也算是根正苗红的孩子。一则出身寒门，没有多余的钱上街买酒喝，饭票尚且不够吃，何来花天酒地；二则，自小不喜欢醉酒，心底深处排斥喝酒，要是碰上同学邀请去喝酒，我每每都是婉言谢绝，说自己不会喝酒。

后来参加工作，单位里未婚青年老师一大堆，每天其乐融融，酒肉不断。参加工作的单位是一所中专学校，年轻老师真心多，我们那个单身宿舍楼就有光棍老师30个。每逢周末，或者欧洲杯、世界杯、亚洲杯，大伙儿就聚在电视房里，喝啤酒看电视，那些日子真是美好极了，人生的几个铁哥们也是在那时喝出来的。那时磁带成天播放老狼的《同桌的你》，李春波的《小芳》，那是个青春里全是伤感的时代。酒量很一般，啤酒也就一瓶。最高纪录就是，在情伤后，猛干啤酒，干到第三瓶，死活弄不下去，但是醉生梦死的效果倒是达到了。

后来，酒成了我青春时光里浇灭忧愁、欢天喜地的象征参照物。只要我喝酒，就两件事，要不是被人伤了，要不就是碰上了喜事。只有这样，才犯得着我去拼那三瓶啤酒、三两白酒的酒量。

就我这前科，如何跟一个品醇客扯上关系？一听说要喝酒，立马就想到：横竖豁出去了！

而现在，一听到喝酒，就充满了渴望和好奇，就像去相亲似的，对即将到来的她，充满了渴望和想象。你说我这节奏，是怎么回事？

初识红酒专家徐均先生，金伯利酒窖创始人，那是三年前的一个晚上。我刚从一个演出现场下来，朋友电话给我："过来一个饭局，介绍个红酒专家给你认识。"

那晚三瓶葡萄酒，等我赶到时，已经饭局中间了，进度差不多了。徐老师已经给大家讲解了如何品尝那三款酒，并且引导大家认识和感受三款酒的风格。刚刚落座的我，迎来三杯酒，朋友说："三款酒，三杯酒。请饮用，然后用三首歌来表达你的感受。"那日三款酒的风格迥异，我记得第一款简单、清爽、酸度高；第二款浓烈，辛香而奔放；第三款，丰富、雅致、清秀而优雅。我记得我演唱了三首歌来附和这三款酒。第一首《在那遥远的地方》，纯真无瑕的爱情故事，何尝不是这简单的相爱，但青春的爱情何尝不是常常伴随着酸涩和纠结；第二首，《美丽的西班牙女郎》，那奔放的舞步，那诱惑的眼神，那来去如风的个性，何尝不是那样的浓烈和辛香；第三首歌《你是我心爱的姑娘》，那首汪峰的老情歌，捉摸不透的女孩，个性独立的女孩，在相爱的日子带来的感觉何尝不是这样令人辗转反侧，夜不能寐。窈窕淑女，君子好逑。三首歌结束后，大家拍手称好。因为，我的歌曲阐述和徐老师刚才我来之前的讲解竟然不谋而合。就这样，我和徐老师因此结识，算是高山流水遇知音啊。我在音乐界少有人这样心灵相通，竟然在酒桌上遇到了高人。在徐老师的引导下，我开始对葡萄酒感兴趣了。

这是一个神奇和伟大的世界。每支酒后面都有一个长长的酒庄历史故事，每个故事里都有那么多令人感动的瞬间。这些瞬间里，凝聚了多少人的酸甜苦辣，凝聚了多少坚守进取，才有了这难得的美酒玉液。

接触葡萄酒的日子里，我逐渐改变了自己，改变了生活的态度，甚至改变了工作的规划。

葡萄酒释放了我自己，作为一个音乐工作者，我们常常在舞台上表演，面对上千观众，充满自信，陶醉其中。可是现实生活中，有很多音乐从业人，不喜欢社交，喜欢宅在自己的工作室里，摆弄设备，琢磨软件。我就是这样一个人。除非逼不得已的饭局，否则能找理由推的，就一定借故不参加。这应该算是社交恐惧症，害怕面对陌生人群。在葡萄酒会的日子里，我变得渴望与人交流，特别是当葡萄酒在身体发酵时，我坐在钢琴面前，酒友眼里的眼神，常常让我感到信任、安全和温暖。此时，我才发现，来聚会的人都是来寻找信任、安全和温暖的。我们为什么拒绝新的聚会？我开始展示一个全新的自己，这个自己就是舞台上曾经表演的自己，自信、乐观的我。

当我访问新西兰的那些酒庄时，当我徜徉法国葡萄酒世界时，我常常惊叹，那些小小的酒庄，就如同路边小卖部的酒庄接待室。新西兰北岛马丁堡的新天地酒庄（Ata Rangi），一个小卖部似的访客接待室，一个干净的酿酒车间。就在这样一个村里的小作坊里，酿出的葡萄酒却远赴欧美，出现在豪华晚宴的餐桌上。后来我知道，在世界上很多葡萄产区，都有很多这样的小酒庄，他们没有雄伟的城堡，没有庞大的酿酒车间，但是他们却酿出了世界级美酒。人生何尝不是这样？不是你要做多大的项目，做多大的商业集团，关键是你能不能做一个精致上乘的项目。如果你能沉下心来，哪怕一个小项目，你也能做出世界惊人的成绩。今天的商业社会，动辄就是以帝国形容，动辄就是全国连锁、跨国连锁，所有的声音都是指向你要干件大事情。马云都成中国首富了，你为什么不加快扩张你的商业王国？我也曾经迷失在这漩涡中，直到在马丁伯勒那个小酒庄，轰的一声，推倒了我雄伟的商业理想。就如同波美侯的美酒，就是因为少，才得以高价难求。那些酒庄启发了我停下了迅速扩张的计划，而是更加用心做好现有的学校，管理更细致，硬件更完全，平台更宽广，发展更深层。这是葡萄酒告诉我的。世界上有无数个老板，但是只有一个晓斌音乐教育的校长。感谢，葡萄酒让我明白了这点。凡事要做精，而不是求全。这纷繁世界，有所为，有不所为。

最后想说的是，葡萄酒让我终于可以告诉别人，音乐不是我的爱好，音乐是我的职业，我的爱好是品尝葡萄酒。我很高兴地告诉你：我是个品醇客！

第100夜
葡萄酒和音乐那点事

一个音乐工作者，来聊葡萄酒，你硬是撑着不聊音乐和葡萄酒的关系，不聊聊音乐和葡萄酒的事情。你真是扛得住啊！都九九归一了，九十九夜聊完了，也该聊聊音乐与葡萄酒的事情了。

行，来聊聊！

自从接触葡萄酒以来，大大小小的酒会参加了不少。每每酒至酣处，朋友总是热情地邀请我，为大家高歌一曲。当然，每当这时，我自己也是非常想唱的，但是对一个歌手来说，在喝多的情况下唱歌，是非常危险的，此话怎么讲呢？首先，酒醉的情况，我们对声带的控制会更加迟钝，失败的风险非常大，对于一个专业歌手来说，评估表演风险是第一因素。这就是为什么很多场合，大家邀请歌手临时献唱，会遭到各种理由的拒绝，有时连“大姨妈”都被请出来挡驾。对于歌手来说，不进行无准备的歌唱表演，那是职业操守。因为没有准备，或者酒醉失声状态下歌唱，会影响歌唱表演的水平，从而引起公众对歌手专业水准的怀疑。

其次，就是酒醉后，大脑记忆会下降，平时记得好好的歌曲，会出现失忆和混乱。这也会影响表演的质量。

话说回来，在酒到酣处的时候表演歌唱的优势就是，容易引起共鸣。因为酒后的人们情感特别脆弱和敏感。平时坚强，冷傲的人们，几杯下肚，顿时柔软和温顺极了。音乐这个时候的感染力和煽情力，比平时要强大几倍的功力。在酒会上，把人唱哭，对于我来说，不是第一次了。这也是我非常享受的事情。

酒后的人们，敏感脆弱，多情伤感。那些陈年旧事，只要轻轻一抖，就撒了满地。当他拾起往事时，音乐此时进入他的心房，共鸣顿时合拍。情感大门洞开，感慨万千，泪涌而出。

还记得第一次，在一个聚会上，大家想听我唱，通常我唱歌都会找一个人来说事，或者找一个故事来讲述，引导大家进入歌曲的意境，把情感铺垫好。只要不出意外，一定成功。当然前提是，不要有人捣乱。所有我最讨厌在我铺戏时，有人不合时宜地插嘴，打乱了大家的情绪基调。那次，我想献歌给我的一个大哥和大嫂。他们都是那种从商的知识分子，非常有文艺范，崇尚自由，爱情至上，环游世界是人生梦想，家庭幸福是人生标尺，在经过许多沧桑坎坷后，迎来了人生的辉煌。那次，我决定献唱一首《张三的歌》给他们。

我要带你到处去飞翔
走遍世界各地去观赏
没有烦恼没有那悲伤
自由自在身心多开朗
忘掉痛苦忘掉那地方
我们一起启程去流浪
虽然没有华厦美衣裳
但是心里充满着希望
我们要飞到那遥远地方
看一看，这世界并非那么凄凉
我们要飞到那遥远地方
望一望，这世界还是一片的光亮

当我唱完第一句的时候，准备抬头和他们进行眼神交流时候，我就发现嫂子已经泪流满面，用手捂住嘴，已经刹那间哭得不成样子了。我一下就完全投入歌曲里，也满含泪水歌唱下去。所有的人都沉浸在歌曲里，大哥把嫂子搂在怀里听完歌曲。最后大家一起在副歌的部分进行大合唱，满含泪花把这首平凡小人物的梦想之歌合唱完毕。那是非常感人的一次。

在歌唱中，听众当场失声痛哭，不是第一次了。但是更夸张的就是，两个人一起喝酒，对方突然在听完第一句歌后，哭得崩溃。作为一个歌手，我的任务就是完整诠释完歌曲，任凭她哭得梨花带雨、娇羞可爱。当然，我自己很清楚，别人哭不是你唱得好，而是因为音乐共鸣了她的伤心事，她为往事和昔人而哭泣。这是一件美好的事情，你要做的就是，当你唱完歌，走过去举杯和她说：好了，一切都好了，走一个！

还有些时候，你必须通过拥抱来帮助她们释放，因为音乐使得人家乱了方寸。

所以说来，酒到酣处乐作陪，泪洒衣襟不自已，只是情到至深处。音乐美酒的结合就是这样。音乐和葡萄酒开启了我们感官的敏感点。好的音乐，直指你的内心，让你动容，让你感动。好的葡萄酒，也是这样。首先是视觉，然后通过你的嗅觉，然后再通过味觉，让你的感官全部打开。清澈、纯色的液体，各种丰富的气息，还有味觉所带来的所有经验回忆，这一切都会让你感到，有一种穿越的感觉。因为嗅觉和味觉，是一种经验感受。葡萄酒对你的刺激，会让喝酒的人有一种似曾相识的怀旧感。

常常有朋友问，能不能用一首歌来形容一瓶酒。我常常拒绝他们的要求，我只想说，音乐和酒没有什么关系，有关系的是情绪和情感。

每瓶酒都有自己的个性，就像人一样，每个人都有符合性格的歌曲。所以，如果非要给葡萄酒配歌，也只能是按照酒的特性，来配置一些该类型的歌曲。就如同霞多丽葡萄酒(Chardonnay)，性格优雅，层次丰富，细致典雅。我们就可以配合些优雅的钢琴、提琴音乐，或者配些抒情美声女高音的咏叹调，千万不可上死亡摇滚、金属摇滚，那是完全两个世界的东西。

在我看来，葡萄酒和音乐其实没有太多关系。葡萄酒没有音乐性，但是葡萄酒有文化性。不同地方的葡萄酒，都凝聚当地的文化。而文化里面又包含了音乐的内容。当我了解一款葡萄酒，我常常要了解这个地方的历史、风俗民情，以及当地的音乐。当我要记住一种葡萄酒的感觉的时候，我希望是形成一种立体的记忆。这里包括葡萄酒本身传达的气味和味觉，还有当地音乐在大脑形成的记忆，当然还有这个地方的民俗风情所形成的身临其境的幻觉。这就是我说的立体葡萄酒感＝味觉＋听觉＋幻觉，这是获得美妙感觉的最好途径。所以，当我们品尝一款葡萄酒时，我比较愿意推荐当地的音乐。因为艺术、文化和葡萄酒都带有强烈的地域色彩和鲜明个性。

当你品尝西班牙的里奥哈的葡萄酒时，热情奔放的弗拉门戈音乐回旋耳旁，西班牙姑娘爽朗的笑容，夹杂当地明亮色彩的建筑所带来的幻觉；然后，田普兰尼洛葡萄酒所带来的丰富酒体，精致丹宁还有浓厚不化的宝石红，这一切构成了西班牙的葡萄酒回忆。

可是当你品尝法国勃艮第的葡萄酒时，你放上一张巴赫的法国组曲。

伴随巴赫音乐的华丽精致的洛可可风格的古键盘琴音，你在脑海里幻想古典时期巴黎浮华奢侈的宫廷情景；你再感受勃艮第黑皮诺所带来的清新的香气，还有层层变化的气息，以及那如华丽丝绸般的口感，还有那久久不散的典雅的口感。你难道还会忘了勃艮第的葡萄酒吗？

因为我们用"味觉＋听觉＋幻觉"形成了一种葡萄酒记忆。

音乐是一样很神奇的东西，她会依附在一些东西上面，永远留在你的记忆里。还记得，20 世纪 90 年代初的港产片里，一旦出现辣妹的情欲画面，同时出现的就是萨克斯乐器那如泣如诉的演奏。作为一个萨克斯乐手，我很长一段时间都有阴影。

当音乐依附在哪瓶酒上时，你的一生都在某个醉点迷恋那首乐曲，这就是一种缘分。

所以在酒会上献上合适的音乐，会给大家带来美好的感受和美妙的回忆，这就是我们要做一个成型的社交葡萄酒派对品牌"美酒音乐汇"的初衷。希望通过美酒和音乐的结合，让派对更美好，让生活更美好。

请为我的"美酒音乐汇"加油。

第 101 夜

写着写着，冬天来了！

这是秋的深处，南方的冬天快来了，想来动笔写 101 夜，已经半年。好在当初定的计划是 101 夜，如果是一千零一夜，那将是怎样的惨象？所以，每每朋友们开玩笑地问我，一千零一夜写完没，我顿时背上冒汗，庆幸当初没有头一热定下一千零一夜的写作计划。

《葡萄酒 101 夜》，不是一本葡萄酒工具书，更不是一本葡萄酒教程，我自己觉得它更像是一本读书笔记，一部品酒笔记，一本葡萄酒爱好者初级入门的学习笔记。我从 2012 年开始学习葡萄酒，并且迷上葡萄酒。我这人有个特点，一旦对某个事情感兴趣，就要把它搞清楚。这 101 篇小文章，就是我尝试弄懂葡萄酒的一个心理轨迹——从环游世界葡萄酒产区，从世界各国葡萄酒的级别认定，到葡萄酒心理学和社会现象，从葡萄酒接触者渴望解决的问题。当初写这个系列的初衷，就是想帮助朋友们，了解和学习葡萄酒。

凭什么我有资格写这个东西呢？首先，不是每个人在学习葡萄酒的时候，都能碰到一个好的引路人。先是遇到红酒专家徐均先生，再后来，从中法侍酒师冠军刘玲老师的课堂学习。这都是非常宝贵的机会，在徐先生的教导下，在刘老师的指导下，在酒友们的交流下，我开始渐渐确立起葡萄酒的社交价值理念。这种理念直接让我将葡萄酒生活定义为一种有品质的生活，一种精致生活的载体。帮助爱好葡萄酒和想要了解葡萄酒的朋友，成为我生活中很重要的事情。因为每次到了晚餐和午餐的时间，我的微信总会收到朋友发来求救的酒标。酒标所蕴含的内容，是足足可以讲上一整天的。这里面牵涉国家历史状况，产区，品种，酿造工艺，酒品质量，法律，还有酒庄缘来。每次翻来覆去的解答，让我觉得很有必要为他们写些东西。我想写100个话题吧，应该没有问题。事实上，在深入接触葡萄酒后，我发现这是一个非常庞大的课题，也是一个无止境的世界，一千零一夜都不一定能讲完葡萄酒的话题。

其次，我做了是十几年的老师，深入浅出地阐述问题，生动形象地描述问题，似乎对我来说，不是一件难事。面对那些初学者，去繁就简，抓住核心和主体，是我这些文字里面的主要手法。初学者是不喜欢教条般的陈述的，为了让大家在读这些文字的时候有所意会，我是各种办法都用上了，诗歌、小小说、评论文章，还有模拟品酒笔记，甚至连我的情感观那样隐私的话题，都拿来和大家分享。看见我多么实诚了吧？在 Dr. Wine 葡萄酒应用 APP 连载的日子里，总是有酒友夸奖我："写得真好！""文采了不得！""您这是用生命在写啊！""兄弟，你这药不能停啊，大家受不了了。"我知道这都是大家的鼓励和支持。中国葡萄酒的文化传播，确实需要不同的声音来响应，对于初学者来说，要去读葡萄酒著作，去详细了解产区的风土和各个酒庄的情况，确实没有那个时间和精力。我这几年来的主要工作，主要是让大家听到更多生动有趣的葡萄酒评论，从而让葡萄酒爱好者学习到更多的知识和内容。写到50夜的时候，我感到自己写不下去了，我开始怀疑自己当初的想法是不是正确，这个系列文章有没有写的必要。但是，网友的留言和鼓励，让我感到有种责任感，一定要把它写完。

再者，我想说的是，101夜是写完了，但是对我来说，却更加战战兢兢。

金伯利的CEO金景哲先生对我说：晓斌老师，这101夜写完后，你就是专家了。然而，随着写作的不断推进，话题也开始变得专业和深奥，我自己也越来越感到，自己在葡萄酒方面需要学习的东西、需要去访问的葡萄酒产区可以列个长长的名单，需要去品尝的葡萄酒更是多到无数。这几年来，我品尝的葡萄酒应该有三百多瓶了，然而面对这葡萄酒世界的浩瀚星空，我顿时感到自己多么的渺小，但是又庆幸自己站在了星空之下，可以用谦卑的心，仰望星空，寻找、学习和辨认那颗颗明星。

最后，我想说的是，这些文字确实是我用心写就的。从小，我就渴望做个文学家，当个作家，写小说，写剧本。小学三年级，我开始写日记，记录生活中点点滴滴，记录乡村里的晨晨昏昏，记录童年时光的欢笑和泪水。等到长大后，品尝爱的酸与涩后，那就更是写个不停。满纸忧伤，满腔相思，青春时光里满满的失落。做个文学家的梦想倒是没有实现。因为，音乐向我敞开了一扇大门，那里辉煌明亮，我终于走进了音乐的世界，但是，喜欢写字的习惯，喜欢用文学艺术的语境和意境来描述音乐，从而更敏感地感受音乐，却帮助我在音乐这个领域取得了一些成功。不做声音的奴隶，要做声音的思想家，音乐不仅仅是悦耳的声音，更应该是这个时代的奏鸣。音乐家首先是个诗人，因为诗人最敏感，敏感到可以听见时代微弱的脉搏和激情的涌动。把时代的感动，把心的震撼，通过旋律写出来，就一定能感动观众和听众。因为，你是真实的，因为你是真诚的。真实表达自己，真诚写就文字，才能感动读者。文如其人，真诚就是我的座右铭。笑我也好，责我也好，嗤我也好，我就是我，用心写字的晓斌。

用心做音乐，用心做教育，用心写字，用心品每支酒，用心交每个朋友，一切自心而来。所以你看到这101篇小文章，就是我心里的101个感动，感动生命因为美酒而沉醉，感动生命因为音乐陶醉，感动生命因为相遇而一醉方休。

来，让我们举杯！我亲爱的朋友！

后记

晓斌,豫章人氏。生于70时代,成长于变革时期。

童年虽然游玩于村野,顽劣不化,但走出大山经商的父亲,带回的杂志和书籍,为我打开一个全新的世界。从小便向往远山外面的世界,明了唯有读好书才是去往外面世界的唯一办法,遂改了野性,书中求索。后来,遂了心愿,考学离乡求知。

北上京都,南下粤地,西去英伦,东游澳洲。辗转在不同的城市,学习、工作、生活、旅行。走得越远,山村却离心越近,原来自己一直没有走出山民纯真质朴的世界。

主业音乐教育,从教23个春秋,从幼儿教育到职业教育,我行走在播撒音乐种子的路途上。2006年成为自由音乐人,成立音乐教育公司和音乐制作工作室。音乐对于我来说,是职业又是生活。直到2012的秋天,偶然撞入葡萄酒的世界,便沉迷不已。那些传承千年的酒庄,那些美酒背后感人的故事和人,那些在故土上孜孜不倦酿造美酒、超越自我的人们,深深感动了我,感动于守候土地,感动于奉献佳酿,感动于葡萄酒倾注的人们精益求精、传承创新的精神。在游遍半个世界后,才发现前半生的学习和思考,是为了更好地描写那些土地,绘就那些质朴的人们,还有那地里生机勃勃的葡萄苗,以及那片天空下的喜怒哀乐和生息劳作。爱上葡萄酒和传播葡萄酒,了却了一个农民儿子的心愿,因为葡萄酒就是土地的馈赠。

国人刚开始接触葡萄酒,我愿做掌灯之人,作拙文闲聊101夜,照亮初学者的葡萄酒之路。愿奏乐高歌,举杯欢笑,共赴美酒盛宴,同享美满人生。美妙在杯盏之间,共鸣在字里行间。

书,是写完了。文字对于我来说,就是真诚,就是把内心的所思所想毫无保留地写下来。那些深夜写下的文字,结集成册,端在我们的手上了。此时此刻,感谢的话语满满地洋溢在我的心房里,汇集成一句话:谢天谢地,因为有你们!

我要把此书献给我的太太陈登。感谢你接受一个不完美却追求完美的男人,感谢你陪伴一个不完美却渴望完美的男人。

本书能顺利出版，要感谢金伯利酒业三杰——徐均、金景哲、何岗，感谢Dr. wine的熊三木和辛华，感谢赞赏项目的创始人陈序和王留全，是你们的支持和赞赏社交出版平台圆了我的少年梦。感谢赞赏的康晓明，感谢广州酒友“公子基”，感谢我的葡萄酒老师、2014年中法葡萄酒侍酒赛冠军刘玲老师。

感谢赞赏过程中，无数的好兄弟、亲姐妹，无数素未谋面的朋友，展示了他们的热情和深情，全力赞赏我的出版计划，让我在24小时内收获了三百多份温暖的赞赏，众筹资金达到启动出版的要求。感谢大家的真诚赞赏和慷慨解囊，我将终生铭记这些朋友的名字：

金伯利创始人徐均、金伯利总经理金景哲、月影、京威汽配陈临生、巨峰广告颜峰、闻达英语芬妮、摄影名记朱习、幼教专家陈守红、文彩娟、左欣、DW(Dr. wine)的胖叔、周京华、张琴、金伯利酒业杨艳秋、刘子光、DW的Jade、刘云、上海橄榄秦晶、翟爱梅、叶钟文(澳门)、吴志红(澳门)、肖婕(澳门)、王斌、王少华夫妇、Raymond、金泓宇、易楠、马莹莹、陈登、杨键丰、刘利贵、吴汉云、傅踢踢、DW的Annie、深圳徐樱子、黄琳琳、陈楚豪、田晓玲、张汉民、胡静泊、微友风中叮咛、许怡、易楠楠、魏五哥、杜国龙、胡蓓蓓、陈晓华、林蓓、黎可馨、公子基、珠海女中王嘉烨校长、胡有仁、黄鹏鹏、施慕蕊、胡剑川、张俊(新西兰)、李琦(新西兰)、周沫、袁小林、王菲、欧阳佳文、王晋军、章伟刚、酒友阿杜、潘桂云、恬恬、伍琦、郭若愚、珠海电台阳光、小旭、廖思平、赖霜、刘子辰、樊磊、肖潇(古筝琴师)、孙超、谭治华、康宏波、常笑、朱晓红、宋湘莹、蒙相彬、何松、Mony、邓华飞、程国锋、李铮运、肖辉、陈利、李红、梁爽、吕茹、李娟、程春燕、朱礼民、吴茵、学生李志楷、学生张巍然、刘秀珍、学生姚锦鹏、学生程美惠、樊天兵、陈燕英、林权红、单旭明、黄晓星、诸庆、吴晓芸、澳广芦军、珠海秦晶、文东、谢宇靖、郑翔英、彭科、彭邵伟、邹运莲、宗诚、吖宝、朱云飞、李晓、陈伟杰、黄燕飞、杜奋、李东林、那个那个熊、小许老师、周智丽、喻新华、魏燕、翟爱梅、王婉卿、刘芳、廖瑞雪、余静华、Rebecca、颜晓静、欧阳清霜、王琦、黄维、霍青桐、朱思维、傅盛裕、李大巍、彭涛、张堃、旷晨、樊海昕(天幕网友)……

晓　斌

2015年3月

图书在版编目(CIP)数据

葡萄酒101夜/袁晓斌著. —上海：东方出版中心，2015.5（2015.7重印）

ISBN 978-7-5473-0778-6

Ⅰ.①葡… Ⅱ.①袁… Ⅲ.①葡萄酒—基本知识 Ⅳ.①TS262.6

中国版本图书馆CIP数据核字(2015)第078364号

葡萄酒101夜

出版发行：东方出版中心
地　　址：上海市仙霞路345号
电　　话：62417400
邮政编码：200336
经　　销：全国新华书店
印　　刷：上海书刊印刷有限公司印刷
开　　本：710×1020毫米 1/16
字　　数：238千字
印　　张：16.5 插页：2
版　　次：2015年5月第1版 2015年7月第2次印刷
ISBN 978-7-5473-0778-6
定　　价：49.00元
